ディープ
ラーニング
を支える技術2

ニューラルネットワーク
最大の謎

Okanohara Daisuke
岡野原大輔
[著]

技術評論社

本書について

ディープラーニングは、優れた直感と気力、勇気が必要な野心的な実験によって前進してきました。ほとんどの実験が失敗に終わっていった中、成功した実験結果はそれまでの統計や機械学習の常識を打ち破ってきました。なぜうまくいくのか、またはいかないのかを多くの研究者が説明を試み、数年から長い場合は数十年もの時間をかけて謎解きを行っていきます。こうした発展の仕方は実験科学に近く、はじめになぜかうまくいく実験結果や、それまでの理論とは矛盾する実験結果が見つかり、それらを解明していく中で徐々に謎が解かれていきます。

本書では、この中でもディープラーニングの大きな二つの謎の解明について紹介していきます。なぜ学習できるのか、なぜ汎化するのかという謎です。

2010年頃はそれまでの経験から、大きなニューラルネットワークを学習することは不可能なくらい難しいと思われていました。ニューラルネットワークの学習問題は、最適化が難しい非凸最適化問題であり、それまで小さなニューラルネットワークを学習させることすら難しかったためです。しかし、2012年のAlexNetをはじめとする多くの実験によって、大きなニューラルネットワークであっても学習は成功し、しかもどのような初期値からスタートしても同じような性能に達成することがわかり、現在は誰でも簡単に数百万から数億パラメータのモデルを学習させることができます。この謎の解明の過程で、大きなニューラルネットワークの学習問題が、非凸最適化問題でありながらも、任意の初期値から最適解に近い極小解まで到達できる性質を持っていることがわかってきています。

また、ニューラルネットワークはパラメータ数が多いため、過学習しやすく汎化しにくいと思われていました。過学習を抑えるために、問題の複雑さ

にあわせてパラメータ数を必要最低限に少なくすることが必要であるということは、機械学習の教科書の最初に書いてあるような基本中の基本です。それにもかかわらず、ニューラルネットワークはパラメータ数が多くても汎化し、さらに条件を満たせば、むしろパラメータ数が多ければ多いほど、汎化し、学習効率も上がることが成り立つということが実験的にわかっていました。これらについては、ニューラルネットワークのモデルや学習手法が持つ、陰的正則化、フラットな解、宝くじ仮説などのしくみが重要な役割を果たしていることがわかってきています。

　これらの謎について、そもそも何が謎だったのか、これまでに何がわかっているのかをできるだけ正確かつ平易に説明するようにしました。

　また、今後のディープラーニングを中心とした人工知能の発展における重要な要素として、ディープラーニングを使った「生成モデル」と「強化学習」を紹介します。現在、ニューラルネットワークは予測タスク(分類、回帰)に多く使われていますが、今後は生成や最適制御といった部分でも活用され、その適用範囲が大きく広がっていくと考えられます。

　ディープラーニングを使った生成モデルである深層生成モデルは、これまで不可能だった画像、音声、化合物といった高次元データを、高忠実に生成できるようなモデルです。さまざまなデータを生成できるだけでなく、条件付け生成を利用することで、狙ったデータを設計して生成することができます。条件付け生成は、さまざまな予測問題も包含しており、非常に広い問題に応用することができます。また、生成モデルを学習することによる表現学習や事前学習(GPT-3など)は、多くの成功事例があります。さらに、生成によって解析する Analysis by Synthesis は、究極の解析手法として今後重要になると考えられます。あわせて、本書では VAE や GAN に加えて、他書ではまだ扱っていないような新しい生成モデル(自己回帰モデル、正規化フロー、

拡散モデル)についても取り上げます。

　ディープラーニングを使った強化学習である深層強化学習は、現実世界の幅広い問題について解決可能な手法です。強化学習は、教師あり学習とは違って、学習データを真似るのではなく、それを超えるような最適制御を実現することができます。一方、強化学習は予測問題よりも難しい、確率的要素を多く含み、非i.i.d.(非独立同分布)問題を扱う必要があり、独自の学習手法を発展させてきました。こうした強化学習とディープラーニングが持つ「表現学習」が組み合わさったことで、数々のタスクを解けるようになりました。本書では、強化学習の基本から紹介するとともに、DQN や AlphaGo ファミリーなどの例を紹介します。

　本書の終盤には、今後のディープラーニングや人工知能で必要となると考えられる事項について書きました。教師あり学習に代わる学習手法、計算性能と人工知能の関係、幾何や対称性の導入、そしてシステム1やシステム2についてです。

　本書はおもに、ディープラーニングをすでに学んでいる人、使っている人、これからの発展の方向性を知りたい人に向けてまとめました。また、前書『ディープラーニングを支える技術 ──「正解」を導くメカニズム[技術基礎]』に引き続き、本書はさまざまな手法やアイディアをカタログのようにまとめるのではなく、それらの背後にある原理、原則、考え方を中心に解説をしていき、その中でさまざまな手法を位置づけて紹介していくように心がけました。本書が多くの方々にとって、ディープラーニングや人工知能に対する理解を助け、さらに関心を高めるきっかけにつながれば幸いです。

本書の構成

本書は、全6章から成ります。

第0章　ディープラーニングとは何か
表現学習とタスク学習、本書解説の流れ

「ディープラーニングとは何か」について紹介していくとともに、各章の簡単な導入を行います。

第1章　ディープラーニングの最適化
なぜ学習できるのか

ディープラーニングの最適化を扱い、一つめの謎である「なぜ学習できるのか」について解説します。ディープラーニングにおける最適化問題が、非凸最適化であり、勾配降下法による最適化が苦手とする極小解、プラトー、鞍点が無数にあるにもかかわらず、なぜ安定して最適化できるのかを解説します。また、学習の効率化手法としてモーメンタム法と学習率の自動調整法を紹介し、ハイパーパラメータ最適化についても解説します。

第2章　ディープラーニングの汎化
なぜ未知のデータをうまく予測できるのか

ディープラーニングの汎化を取り上げ、二つめの謎である「なぜ汎化できるのか」について解説します。ディープラーニングはパラメータ数が多く、過学習しやすく汎化しにくいと思われていましたが、実際にはモデルの表現力を自動的に制限するさまざまな陰的正則化が備わっていることで汎化することを説明します。また、明示的な正則化として有効なデータオーグメンテーションやドロップアウトなどについても解説します。

第3章　深層生成モデル
生成を通じて複雑な世界を理解する

ディープラーニングを使った生成モデルである「深層生成モデル」を紹介します。生成モデルは、さまざまなデータを生成できる、学習するシミュレータであるとともに、生成を通じてデータを認識/解析することができます。また、条件付け生成をうまく設計することで、さまざまなタスクを解くことができます。本章では代表的な深層生成モデルであるVAE、GAN、自己回帰モデル、正規化フロー、拡散モデルを解説し、それらの背景にある原理について説明します。

第4章　深層強化学習
ディープラーニングと強化学習の融合

「深層強化学習」について解説します。強化学習は、エージェントが環境との相互作用の中で、何らかの効用関数を最大化できるような行動を選択できるように成長していくような学習手法で、さまざまなタスクを統一的なフレームワークで学習できます。ディープラーニングによる「表現学習」と組み合わさることで、それまで解くのが難しいと思われていた多種多様なタスクを解くことができるようになっています。本章では深層強化学習の実現例として、DQNとAlphaGoファミリーについて紹介します。

第5章　これからのディープラーニングと人工知能
どのように発展していくか

　　ディープラーニングや人工知能が今後どのように発展していくのかについて、4つの視点から可能性を探っていきます。一つめは、学習手法の発展でとくに「教師なしデータ」を使った「自己教師あり学習」について紹介します。二つめは、計算性能と人工知能の関係であり、これまで「計算性能の向上」が人工知能の発展を担ってきたこと、今後もこのトレンドは続くのかについて解説します。三つめは、現実世界の代表的な特徴/制約である「幾何」や「対称性」をどのように学習に取り込むかについてです。四つめに、現在のディープラーニングや人工知能が達成していないこと、今後の発展の可能性について考えます。

本書の想定読者

　本書はおもに、ディープラーニングをすでに学んでいる人、使っている人、これからの発展の方向性を知りたい人に向けて執筆しました。また、これからの人工知能、ディープラーニングの周辺分野を取り巻く技術と研究に興味がある方にとっても、現状何がわかっていて、これから何が未解決問題なのかが把握できるようにまとめましたので参考になると思います。

前提知識について

　本書を読むために必要となる特別な前提知識は、それほどはありません。以下のような基礎知識があれば、より読みやすいでしょう。

- 高校数学
  - ➡とくに役立つのは線形代数、微分、確率といった知識
- コンピュータの基本的なしくみ
  - ➡プロセッサ、メモリ/記憶装置、並列処理、計算量、データ構造

　解説にあたり、本書では数学や事前に学習が必要なパートをできるだけ使わず平易に、ただ正確に説明するように心がけました。一方、いくつかの部分では数学的な知識を使った説明を最低限加えることで、より本質を掴めるようにしました。こうした部分は、読み飛ばしても先に進めるように解説を構成しています。

本書の補足情報

　本書の補足情報は、以下から辿れます。

URL https://gihyo.jp/book/2022/978-4-297-12811-1

基本用語の整理

本書には、幅広い用語や概念が登場します。本書を読み進める際の補足として、本書で使用する機械学習 / ディープラーニング / 人工知能関連の基本用語をまとめました。いずれの用語も使用される場面や文脈などで種々の違いが出てくることがありますが、必要に応じて参考にしてみてください。

AI → 人工知能

ASIC *Application-specific integrated circuit*

特定用途向けに作られたチップ。画像処理や信号処理に特化したチップが広く使われている。近年では、ディープラーニング処理に特化した ASIC が作られている。

CNN → 畳み込み層

GPU *Graphics processing unit*

もともとは CG (*Computer graphics*) の描画専用装置。CG ではピクセル (*pixel*)、ポリゴン (*polygon*)、レイ (*ray*) などを独立かつ並列に計算できるような問題を扱うことが多く、GPU はこうした並列計算処理を高速に実現するためのしくみが備わっている。また、こうした並列計算処理のプログラムを書くための開発環境 (CUDA など) が整備されている。かつては GPGPU (*General purpose GPU*、汎用 GPU) という名称も使われていた。

i.i.d. *Independent and identically distributed*

独立同分布。各サンプルがお互い独立であり、同じ分布からサンプリングされているような分布。機械学習における学習や利用 (推論) 時において、解析しやすいことからデータが i.i.d. であることを仮定することが多い。一方、実際の問題においては、学習時と利用 (推論) 時のデータ分布が異なる、各サンプルが独立でないなど i.i.d. が成り立たない「非 i.i.d.」(非独立同分布) である場合が少なくない。

MLP *Multi-layer perceptron*

多層パーセプトロン。総結合層と活性化関数だけを重ねて作られたニューラルネットワーク。入力層、出力層、1 つ以上の「隠れ層」の 3 層以上で構成される。

ReLU ➡活性化関数

RNN ➡回帰結合層

Softmax ➡活性化関数

Transformer

自己注意機構を用いて、集合から集合への変換を実現する。集合としては系列（文字列）、2次元グリッド、3次元グリッド、グラフなどが対象となり、これらの構造情報は位置符号を使って別途入出力に追加されて扱う。Transformerは符号化器と復号化器から構成される。符号化器は自己注意機構を使って入力から複数の特徴情報を計算する。復号化器は自己注意機構に加えて、復号化器の下層の情報から符号化器の情報を読み取る相互注意機構を使って情報を読み出し、処理を行う。自然言語処理（BERT、GPT-3）や画像認識（ViT）などで幅広く使われている。

アーキテクチャ設計　*neural network architecture design*

ニューラルネットワークがどのような種類の層を、どのように組み合わせて使うのかの構造を決める、ネットワークアーキテクチャ（*neural network architecture*、ニューラルネットワークアーキテクチャ/ニューラルアーキテクチャ）の設計を指す。従来の機械学習ではドメイン知識を利用し、入力を機械が扱えるような特徴に変換する特徴設計が重要だったが、ニューラルネットワークではドメイン知識を活かしたアーキテクチャ設計が重要である。アーキテクチャ設計によって学習効率や汎化性能、計算量が大きく変わってくる。

重み　*weight*

係数。ある入力に対応するパラメータ。重みベクトル、重み行列。

音声認識　*speech recognition*

マイクなどで取得した波形データから、音声を推定するタスク。波形データから特徴量を抽出する「フロントエンド」、特徴量から音素へ変換し、文字へ変化する「音響モデル」、生成された文字列が尤もらしいかを評価する「言語モデル」から構成されることが多い。

回帰結合層　*recurrent layer*

ループ（*loop*）を含む層で、ある層の出力を次の時刻の同じ層の入力として使う。系列データや逐次的に解を修正していく場合に使われる。このようなル

ープを含むようなニューラルネットワークを RNN（*Recurrent neural network*、
リカレントニューラルネットワーク）と呼ぶ。RNN は内部状態を持っており、
同じ入力を処理する際に内部状態が違うことで挙動が変わるようなネットワ
ークとみなせる。

過学習　*overfitting*

訓練データではうまく予測できているのに、訓練時には見なかった未知のデ
ータではうまく予測できない状態。訓練データのみに成り立つような、誤っ
た仮説を元に学習しているような状態。機械学習は、多くの仮説（あるパラメ
ータのときのモデルが一つの仮説）の中から、多くの訓練事例を説明する仮説
がどれかを探しているような問題とみなすことができ、仮説数が多すぎると
真に正しい仮説よりも、訓練データでたまたま成り立ってしまった誤った仮
説を選択する可能性が高くなり、過学習が起こりやすくなる。過学習を防ぐ
には、モデルの表現力を抑える（＝仮説数を抑える）、訓練データを水増しす
るデータオーグメンテーションなどの正則化が効果的である。

学習　*learning / training*

機械学習の文脈において、学習はコンピュータがデータから「ルールや知識を
獲得」するアプローチを指す。狭義には、データとモデルを入力とし、パラメ
ータを推定する過程を「学習」と呼ぶ。

図　　　**学習の例（教師あり学習）**

- 正解（ラベル）との違いから誤差（エラー）を求める **例** 回帰 $I(y, y)=(y\text{-}y^*)^2$
  目標 I が小さくなるように各重みパラメータ $\{w_i\}$ を調整する
  問題 各重みをどのように調整すればよいか？ **誤差逆伝播法**

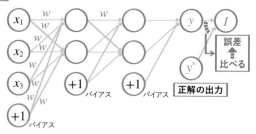

学習と推論　*training and inference*

機械学習やディープラーニングで主要な手法である教師あり学習における処
理は大きく分けると、データからルールや知識を獲得する「学習フェーズ」と、

学習済みモデルを使って予測や分類を行う「推論フェーズ」に分かれ、それぞれを学習 / 訓練、推論と呼ぶ。

確率　*probability*　➡p.103のコラムを参照

確率的勾配降下法　*stochastic gradient descent*

勾配降下法を適用する際、目的関数がすべての訓練データに対する損失関数の値の和である訓練誤差で表されている場合、勾配を求めるには、毎回すべての訓練データを参照しなければならず計算量が大きくなる。一部の訓練データ（ミニバッチと呼ぶ）を使って勾配の近似を推定し、この近似を使って勾配降下法を行う最適化手法を「確率的勾配降下法」と呼ぶ。不正確な勾配を使うため、収束するまでの更新回数は多くなるが、各更新時の計算コストを大きく減らせるため、全体の計算コストを大きく減らすことができる。

カスタムSoC　*custom system-on-a-chip*

SoCは一つのチップ上に各種回路を組み込んで一つのシステムとして動作させるもので、スマートフォンは機種ごとに設計されたカスタムSoCが使われている。

画像認識　*image recognition*

画像データを入力として、画像内容を推定するタスク。画像に写っているのは何であるかを推定する画像分類や、検出、セグメンテーションなどの各種タスクを含む。画像認識においては、ある画素だけを見てもそれが何であるか認識できないため、数十〜数百といった広い領域の画素情報を統合して扱う必要がある。

活性化関数　*activation function*

線形変換の表現力を持つ接続層の後に、適用する非線形変換を行う関数。ReLUやシグモイド関数などがある。非線形の活性化関数を導入することで、関数全体が非線形関数になる。複雑な入出力関係を扱うことができるようになり、モデル、ニューラルネットワークの表現力を向上させることができる。

関数　*function*

入力を与えると出力を返すしくみ。関数の結果に関数を後続させた全体も関数である。機械学習 / ディープラーニングでは、関数をつなげていくことで複雑な関数を表現する。目的関数、損失関数（誤差関数）、閾値関数、活性化関数や畳み込み関数などが登場し、学習対象のモデルもパラメータによって挙動を変える関数で表す。

機械学習　*machine learning*

コンピュータがデータから「ルールや知識を獲得」(学習)するアプローチ。データとモデルを入力とし、パラメータを推定する学習によって学習済みモデルを獲得する。代表的な学習手法として、教師ありデータを使って学習する教師あり学習、教師ありデータを必要とせず別の尺度を利用した教師なし学習、環境中の行動とそれに対応した報酬を使って学習する強化学習がある。

訓練データ/開発データ/テストデータ　*training data / development data / test data*

機械学習を行う際に、学習に使うデータを「訓練データ」と呼び、またその性能を評価する際のデータを「テストデータ」と呼ぶ。また、学習では決定できないハイパーパラメータ調整などに使うデータを「開発データ」と呼ぶ。これらのデータを十分な量とカバレッジ (*coverage*) を揃えられることが、学習成功の必要条件となる。

ゲート機構　*gate unit*

入力をそのまま流すか、それとも遮断するかを決めるしくみ。ゲート機構を使うことで、入力や内部状態の一部をフィルタリングして読み取ることができる。層数が多いネットワークやRNNで問題となる勾配消失/勾配爆発を防ぐ工夫として採用される。代表的なゲートとしてはLSTM (*Long short-term memory*) やGRU (*Gated recurrent unit*) がある。

言語モデル　*language model*

与えられた文字列の出現確率を与えるようなモデルであり、多くは文脈に後続する単語を予測する自己回帰モデルとして表される。N-gramベースやLSTM、Transformerを使ったモデルがある。言語モデルは機械翻訳や音声認識などで使われるほか、近年はGPT-3に代表される自然言語の表現学習を行うためのタスクとして注目されている。

勾配　*gradient*

入力がスカラー値の場合における「傾き」という概念を、入力がベクトルである関数の場合に拡張したもの。最適化問題で、パラメータをどの方向に動かせば最小化できるかを求める際に、その方向を与えるのが勾配である。

勾配降下法　*gradient descent*

最適化問題において、目的関数のパラメータについての勾配を使ってパラメータを逐次的に更新する最適化手法を勾配降下法と呼ぶ。とくにパラメータが高次元である場合に有効であり、多くの高次元データを入力とする最適化

問題で勾配降下法を使うようになっている。一方、勾配降下法は勾配という
局所的な傾き情報を使った手法であり、目的関数が凸であるなど、いくつか
の条件が備わっていない場合は、勾配降下法を使って最小解に到達できる保
障がない。本書では、ディープラーニングの学習問題が非凸な目的関数を扱
うのにもかかわらず、勾配降下法を使っても最適解に近い解が得られること、
また目的関数や更新方法を工夫することで更新を速められることについて説
明する。

誤差　*error*

学習における予測と正解との差。訓練データ全体にわたっての損失関数の値
の平均を「訓練誤差」(*training error*、経験誤差)、未知データでの誤差の期待
値を「汎化誤差」(*generalization error*、期待損失)と呼ぶ。一般に、モデルは学
習時に訓練誤差を小さくするように最適化しているため、訓練誤差は汎化誤
差と同じか、それより小さくなる。また、誤差逆伝播法において、目的関数
に対して各層の入力についての勾配を、その層の「誤差」と呼ぶ。

誤差逆伝播法　*back propagation*

ニューラルネットワークの勾配降下法を使った学習時に必要となる、出力に
対する各パラメータについての勾配を効率的に求められるアルゴリズム。ニ
ューラルネットワークを多くの関数の合成関数とみなし、全体の微分を、各
関数の微分を掛け合わせることで表現し、また出力から入力に向かって、各
層の入力についての勾配(誤差)を順次求めていくことから、あたかも誤差が
出力から入力に向かって伝播しているようにみなせる。このことから、この
名前がついている。ニューラルネットワークに限らず、微分可能、もしくは
それに類した計算が可能な関数を組み合わせた場合に適用可能である。

最適化問題　*optimization problem*

変数(パラメータ)と目的関数が与えられたとき、目的関数の値を最小化(最大
化でも良い)するような変数を探す問題。機械学習の「学習」は訓練誤差と正則
化項の和を目的関数とモデルのパラメータを変数とした最適化問題を解くこ
とで実現される。ニューラルネットワークの学習における目的関数は、解析
解を求めることは一般に困難で、適当な初期値から始めてそれを逐次的に改
善していくことで解を探索する。

最尤推定　*maximum likelihood estimation*

パラメータを推定する際に、与えられた観測データを最も生成しそうなパラ
メータを推定結果として利用する手法。与えられたモデルでサンプルを観測
する確率を「尤度」と呼ぶため、最尤推定は尤度が最大となるようなパラメー

タを推定結果として利用する手法といい直すことができる。尤度の尤は「尤も
らしい」という意味。

シグモイド　→活性化関数

自己注意機構　*self- attention unit*

前の層の結果を注意対象とし、情報を集約して出力を決定するようなモデル。
固定のデータの流れ方を使う他の接続層とは違って、自己注意機構は入力ご
とに適したデータの流れ方を学習し、それを使ってデータを流すような手法
とみなすことができる。BERTやGPT-3など自然言語処理の多くの重要なア
ーキテクチャ、画像認識など他のタスクにも採用されるようになってきてお
り、最も注目されているアーキテクチャの一つである。

事前学習　*pretraining*

大規模な学習データセットを利用して学習し、得られたモデル(事前学習済み
モデル)や学習結果を別のタスクを学習する際の初期値などに利用する手法。
元々画像認識のタスクで行われていたが、BERTやGPT-3をはじめ、自然言
語処理でも大規模なコーパス(*corpus*、テキストデータ)を用いて大きな成功
を収めている。

自然言語処理　*natural language processing*

人間が普段使っている言語(プログラミング言語と対比し、自然言語と呼ぶ)
をコンピュータを使って処理する分野で、形態素解析、構文解析、語彙や段
落の意味解析、談話解析、自動要約、言語理解、機械翻訳などのタスクが扱
われている。

人工知能　*artificial intelligence*

AI。人が備えているような知能を計算機上で実現する試み。人工知能では人
の知能を参考にしつつ、必ずしもそのしくみをすべて再現する必要はなく、
現在は計算機上で別のしくみで知能を実現しようと研究/開発が行われてい
る。

深層学習　→ディープラーニング

推論　→学習と推論

スキップ接続　*skip connection*

層やブロックなどで入力を変換する際、変換結果に入力自身を足すことで、

変換をスキップして出力に接続するしくみ。誤差逆伝播時に上層の誤差を下層に崩さずに、そのまま伝える役割を果たしている。勾配消失問題を解決するとともに、逐次的な推論を実現し、学習の安定性や効率性に劇的な効果を生み出す。

正規化層　*normalization layer*

活性値を正規化させる正規化関数を適用するような層。活性値を正規化することで、学習を安定化させたり学習効率を上げるだけでなく、各層の入力が偏るのを防ぎ、モデルの表現力を高く保つことができる。代表的な正規化層として、ミニバッチを用いる「バッチ正規化」「グループ正規化」「層正規化」などがある。

正則化　*regularization*

機械学習では、学習時に訓練誤差の最小化に加えて、汎化性能を上げるために行う操作のことを指す。一般に、正則化はモデルの表現力を抑え、学習したいモデルの特徴や制約を、訓練データとは別に与えることによって達成される。汎化性能を改善できる方法であれば、何でも使うことができる。たとえば、目的関数に訓練誤差に加えて正則化項を加えたものや、学習時に一部の内部状態を強制的に0にする、ノイズを加える、訓練データを水増しするデータオーグメンテーションなどが知られている。

接続層　*connected layer*

入出力間をつなげる層であり、重みであるパラメータで特徴づけられた線形関数を表現している。ニューラルネットワークの挙動を特徴づける最も重要な層であり、接続層と活性化関数（＋正規化層）を組み合わせてニューラルネットワークを構成する。主要な接続層として「総結合層」「畳み込み層」「回帰結合層」がある。

セマンティックセグメンテーション　*semantic segmentation*

画像認識手法の一つで、画像の画素ごとにそれがどのクラスに属するのかを推定するタスク。推定結果は、同じクラスの物体ごとに違う色で塗られた塗り絵のような結果が得られる。

線形モデル/非線形モデル　*linear model / nonlinear model*

線形モデルは、入力に対して出力が線形の関係を持っているようなモデル。入力が1次元であれば直線、2次元であれば平面のようなモデル。線形モデルが表す線形関数は、関数の中でも基本的かつ重要な関数で、世の中の多くの現象が線形性を持ち、持っていない場合でも局所的には線形性を持つため、

線形関数で表すことができる。これに対し、非線形モデルは、入力と出力間の非線形な関係を表すことができるモデル。ニューラルネットワークは非線形モデルであり、幅（組み合わせる関数の数）が十分大きい場合、任意の関数を任意の精度で近似できることがわかっている（万能近似定理）。

層　*layer*

ニューラルネットワークを構成する一つの単位であり、入力に対し接続層による線形変換を適用した後に、非線形の活性化関数を適用した結果を「層」と呼ぶ。ニューラルネットワークは複数の層から構成され、入力から出力までがこれらの層を重ねたものとみなせる。最初の入力の層を「入力層」と呼び、最後の層を「出力層」、その間の中間にある層を「中間層」と呼ぶ。

損失関数　*loss function*

訓練データで与えられる正解に対し、予測がどれだけ間違っているのかを表す関数。0/1損失、クロスエントロピー損失、二乗損失、絶対損失などが用いられる。学習は、損失関数を使って表される「現在の予測の間違っている度合い」を小さくするようなパラメータを求める最適化問題を解くことで実現される。どのような損失関数を使うかによって、学習が成功するか、学習結果のモデルがどのような性質を持つのかが決まるため、損失関数の設計は重要である。

多層パーセプトロン　➡MLP

畳み込み層　*convolutional layer*

畳み込み操作を行う層。畳み込みは入力から、各パターンが出現しているのかを表す特徴マップを返すような線形関数である。層の特徴として、近い位置間にある入出力間しか接続していないような疎な接続であり、また、異なる位置間でパラメータを共有しており、パラメータ数が総結合層に比べて少ない。入力を並行移動させた場合、出力も並行移動するという、並行移動に対する同変性を備える。畳み込み層を使ったニューラルネットワークをCNN（*Convolutional neural network*）と呼ぶ。画像認識や音声認識などで広く使われている。

注意機構　*attention unit*

あるデータを読み込む際に、どの部分を選択的に読むこむかを決めるしくみであり、データに応じて、データの流れ方（接続）、そのパラメータの重みを変えるようなしくみとみなすこともでき、関数を入力に応じて適応させることができる。代表的な注意機構として、ソフト注意機構、ハード注意機構、

自己注意機構、相互注意機構などがある。注意機構はネットワークの表現力を飛躍的に向上させると同時に、学習の効率性、汎化能力を大きく改善し、Transformerなどの例で見られるように、現在のディープラーニングの中心的な役割を果たしている。

ディープラーニング　*deep learning*

「ニューラルネットワーク」と呼ばれるモデルを使って、データからルールや知識、表現を学習し、学習されたモデルを使って予測や認識、生成などさまざまなタスクを実現する手法。とくに、層数が多く、幅の広いニューラルネットワークを使った場合に、従来の浅く幅の狭いニューラルネットワークを使った場合と対比して、「ディープラーニング」と呼ばれる。現在の人工知能の中心を担っている手法の一つ。

テンソル　*tensor*

ディープラーニングの文脈においては多次元配列であり、0個以上の添字で指定できるような値の集合。スカラー、ベクトル、行列を一般化した概念である。

特徴設計　*feature engineering*

入力を機械が扱えるような特徴(ベクトル)に変換する関数設計。従来の機械学習では、専門家がドメイン知識を利用して特徴設計を行う。

凸関数と最適化　*concex function and convex optimization*

凸関数は、関数の形が下に凸であるような関数であり、2階微分が非負であるような関数である。また凸関数でない関数を「非凸関数」と呼ぶ。最適化問題の目的関数が凸関数の場合、極小値(周囲より、その位置の値が小さいようなときの値)は全体の最小値に一致し、勾配降下法で最小値に到達できることが保障される。

ドメイン　*domain*

問題対象の領域。ドメイン特化型のモデルといえば、その特定の問題にしか適用できず、他の問題には使えないという手法を指す。

ニューラルネットワーク　*neural network*

単純な関数を大量に合成して作られた関数であり、入力に対し、接続層と呼ばれるパラメータを持った「線形変換」と、活性化関数と呼ばれる「非線形関数」を繰り返し適用していき、入力から出力を計算するモデル。元々は脳のしくみを模して作られた。

バイアス *bias*

偏り。線形変換においては、入力に依存しない項を「バイアス項」または単に「バイアス」と呼ぶ（入力に依存する項を「ウェイト /*weight*」と呼ぶ）。また、学習した結果のばらつきで、真のモデルの周辺にばらつくのでなく、特定の方向にばらつく場合の影響も「バイアス」と呼び、学習データのばらつきによる影響を表す「バリアンス」とあわせて「バイアス-バリアンス分解」と呼ぶ。
また、学習時に、訓練データ以外の知識を意図的に設計して導入したバイアスを「帰納バイアス」と呼ぶ。

ハイパーパラメータ *hyperparameter*

学習前に、前もって決める必要があるパラメータ。代表的なハイパーパラメータの例として、勾配降下法の学習率のような学習の挙動を制御するパラメータ、層数や層の幅（ユニット数）、正規化項の重みなどがある。

バッチ正規化 ➡正規化層

幅 ➡ディープラーニング

パラメータ *parameter*

機械学習やディープラーニングの文脈においては関数の挙動を特徴づけるような変数。パラメータで特徴づけられたモデルを「パラメトリックモデル」（*parametric model*）と呼ぶ。ニューラルネットワークの場合は、接続層に付随する重みやバイアス、正規化層に付随する係数などがパラメータである。学習は、訓練データとパラメトリックモデルを使って定義される目的関数を最小化するようなパラメータを求めることで達成される。

パラメータ共有 *parameter sharing*

関数の異なる位置で同一のパラメータを共有すること。ニューラルネットワークの重要な考え方であり、パラメータを少なくすることで学習や推論の効率化を達成できるだけでなく、対象問題が持つ対称性（不変性や同変性）をモデルに事前知識として導入することができる。たとえば、畳み込み層では異なる位置で同じパラメータを共有して使うことで、画像の平行移動 / 並進移動に対する同変性を達成でき、RNNは異なる時刻で同じパラメータを共有して使うことで、時刻シフトに対する同変性を達成し、自己注意機構も同様に異なる位置で同じパラメータを共有して使うことで、入力集合に対する置換同変性を達成する。

汎化能力　*generalization ability*

有限の訓練データから学習して、無限の未知データに対してもうまく動くようなモデルを獲得できる能力。機械学習の最も重要な能力である。

表現学習　*representation learning*

データの表現方法自体を、データから学習する手法。ディープラーニングは、多くの問題の表現学習で有効なことがわかってきている。

目的関数　*objective function*

獲得したい関数や知識を表す関数。機械学習では、目的関数の最適化問題を解くことで学習を実現する。

モデル　*model*

対象物や対象システムを情報として抽象的に表現したもの。対象となるシステムのうち、興味のある部分だけを切り取って簡略化し、扱いやすく本質を捉えられるようにしたものともいえる。機械学習におけるモデルは、対象の問題で獲得したい未知の分類器や予測器を表したものであり、入力を与えると出力を返すような関数とみなすことができる。ただし、純粋な関数とは限らず、状態や記憶を持つ場合もある。

モデルサイズ　*model size*

モデルの大きさのことで、多くの場合はモデルのパラメータ数で評価される。モデルサイズが大きいほど、表現力が高くなる。従来の機械学習ではモデルサイズが大きくなると過学習しやすくなると考えられていたが、ディープラーニングの学習設定などいくつかの条件設定を満たせば、モデルサイズが大きくなるほど汎化性能が向上し、学習効率もむしろ高くなることがわかっている。

第**1**章
ディープラーニングの最適化
なぜ学習できるのか　　　　　　　　　　　　　　　10

第2章 ディープラーニングの汎化
なぜ未知のデータをうまく予測できるのか

第3章
深層生成モデル
生成を通じて複雑な世界を理解する
82

第4章
深層強化学習
ディープラーニングと強化学習の融合

142

第0章

ディープラーニングとは何か

表現学習とタスク学習、本書解説の流れ

　本書は『ディープラーニングを支える技術 ──「正解」を導くメカニズム［技術基礎］』の発展版といえる本です。本書ではとくに、ディープラーニングをすでにある程度知っている方、これから研究開発などで取り組んでいきたい方にとって興味が湧くような深めのトピックを扱っています。

　学習／最適化と汎化の章では、ニューラルネットワークの最大の謎である、なぜ学習できるのか、なぜ汎化するのかについて解説していきます。ニューラルネットワークの学習は、最適保証が難しい「非凸最適化問題」、またデータ数よりパラメータ数が多い「過剰パラメータ表現」を扱います。このような場合での学習や汎化を調べるには従来の機械学習とは違う原理、しくみが必要です。

　また、アプリケーション例として生成について扱っています。生成は生成タスクだけでなく、通常の予測や分類タスク、そして表現学習においても重要です。また、条件付け生成によって非常に多くの問題を教師情報を使わずに推論でき、汎用目的の予測モデルとして重要となっています。

　そして、強化学習についても詳しく取り上げていきます。AlphaGoなどで代表されるように強化学習は、プランニング、制御、探索など人工知能にとって重要な問題を統一的なフレームワークで解けるとともに、まだ人類も解いていないような問題を解ける可能性を秘めています。

　最後にディープラーニングや人工知能の、現在の課題と今後の発展について、4つのテーマを挙げて議論していきたいと思います。

　はじめに、本章では「ディープラーニングとは何か」について紹介していくとともに、各章の簡単な導入を紹介します。

0.1
［速習］ディープラーニング

本節で「ディープラーニングがどのようなものか」を確認しておきましょう。

● ディープラーニングは「表現学習」を実現する　表現学習とタスク学習

ディープラーニングは幅が広く、層数が多いニューラルネットワークをモデルとして使った機械学習です 図0.1 。

図0.1　　**ディープラーニングの概要と大きな二つの謎**

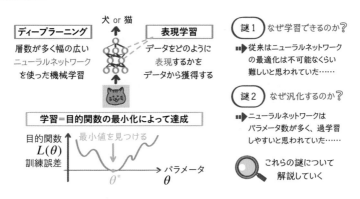

ディープラーニングは「データをどのように表現するのか」をデータから学習する、いわゆる**表現学習を達成する**ことにより、従来の機械学習のモデルよりも優れた予測性能を達成します。新しいタスクを学習する際、学習はデータを含めた問題をどのように表現するかという**表現学習**と、その表現上でタスクを実現するような分類や回帰を学習する**タスク学習**に分けられます。そして、良い表現を獲得できるかどうかが、学習を成功させる上で重要です。従来は問題ごとに、どのような表現が良いかを人が設計していましたが、ディープラーニングでは特徴をデータから獲得します。

> **従来の特徴エンジニアリング**　　　　　　　　　　　　　　　Note
> 　特徴関数の集合で得られるのが「表現」であり、従来は特徴関数を設計する**特徴設計**、**特徴エンジニアリング**（*feature engineering*）が重要でした。

ニューラルネットワークは
パラメータで特徴づけされた複数の層から構成される

ニューラルネットワークは、**単純な関数を大量に組み合わせる**ことで**複雑な関数を構成**しています。

これらの関数は**層**(*layer*)という単位でまとめられています。一つの層は「**接続層**」と呼ばれるパラメータを持った**線形変換**と、「**活性化関数**」と呼ばれる要素ごとの**非線形変換**、そして「**正規化層**」から構成されます。

そして、i層めの出力は$i+1$層めの入力となります。これらの層を重ねていき、入力を順に変換していくことで最終的な出力を求めます。

ニューラルネットワークは、関数$f(x; \theta)$で表すことができます。このxは入力であり、θはモデルのパラメータです。この$f(x; \theta)$をパラメータθによって特徴づけられた関数と呼び、パラメータθを変えると関数の挙動が変わります。このようなパラメータで特徴づけされたモデルを**パラメトリックモデル**と呼びます。

これら**パラメータ**は、ニューラルネットワークの接続層や正規化層、活性化関数などに付随するパラメータ(重み、バイアス)を集めたものです。

ニューラルネットワークのパラメータ数 Note
通常のニューラルネットワークでは、パラメータ数は数万から数億、とくに大きなモデルではパラメータ数は数兆個にも達します。

最適化問題を解くことで学習を実現する

ニューラルネットワークの学習とは、学習用のデータ(以下、「訓練データ」と呼ぶ)を使って、**目的のタスクが達成できるようなパラメータを推定すること**です。この学習は、その他多くの機械学習と同様に、**最適化問題を解くことで達成**します。具体的には、タスクごとにパラメータ(と訓練データ)を入力とした**目的関数**$L(\theta)$を設定し、この目的関数が最小となるようなθを求める最適化問題を解きます。

目的関数として何を設定するか Note
教師あり学習の場合は予測誤差(正解と予測がどれだけずれているか)、生成タスクの場合は生成誤差、強化学習の場合は収益予測誤差などを設定します。

3

0.2
ニューラルネットワークの「学習」における大きな謎

　本書では、ニューラルネットワークの学習における大きな謎の二つを解き明かしていきます。それはなぜ学習が成功するのか、なぜ汎化するのかです。

［謎❶］ニューラルネットワークの最適化問題は難しいと思われていたが解けてしまう

　ニューラルネットワークの学習が難しいと思われていたのは、この学習の**目的関数が非凸関数**(*non-convex function*)**であり、かつ最適化にとって難しい現象が起きる**と考えられていたためです。

　何が難しいか、そしてなぜそれが解けてしまうのかについては、第1章で紹介していきます。

［謎❷］過剰パラメータ表現で汎化しないと思われていたが汎化する

　また、ニューラルネットワークは**過剰パラメータ表現**(*over-parameterized representation*)と呼ばれる、パラメータ数が訓練データ数よりもずっと多いような表現を利用します。従来の機械学習の理論からは必要最低限なモデルサイズを使うのが汎化を防ぐためには重要だと考えられていました。ニューラルネットワークはそれより大きなサイズでも過学習しにくく、さらにはいくつかの条件を満たした場合はモデルサイズが大きいほど学習効率が上がり、汎化性能も高くなることがわかっています。

　なぜこうしたことが起こるのかについて、第2章で解説していきます。

0.3
これから学ぶ生成モデル

　ディープラーニングが最初に成功し、実用的に広く使われているのが「分類」や「予測」といったタスクです。これに対し、「生成」を扱う生成モデルとしても優れていることがわかってきました 図0.2 。

図0.2 生成モデルにはさまざまな用途がある

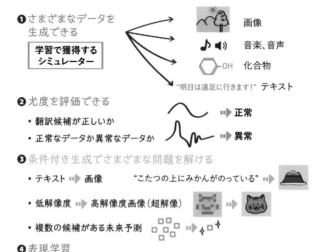

生成モデルは対象ドメインのデータを生成できる

　生成モデルは、対象ドメインのデータを生成することができます。たとえば、本物と見まごうような品質の人の顔写真や自然風景などを生成することができるようになっています。

　さらに、こうしたデータは従来のCGとは違って、いくつかの意味に紐づく連続的なパラメータで特徴づけられており、滑らかに画像を変化させていくことができます。対象ドメインは画像、音声、動画、言語、化合物、電子回路、建造物など、さまざまなものが扱えます。

生成モデルは与えられたデータの尤度を評価できる

　また、生成モデルは、与えられたデータの尤もらしさである尤度（確率）を評価することができます。たとえば、機械翻訳や音声認識での解候補をどれが尤もらしいかを評価することができます。

　生成モデルのもう一つの重要な使い方として、Analysis by Synthesis（生成を通じた認識/解析）があります。たとえば、画像認識した結果を元に再度画像を生成してみて、実際の画像と比較し、認識結果に間違いないかを確認したり、修正することができます。

条件付け生成を使って、多くの問題を解くことができる

　さらに、入力に条件付けして別のデータを生成する**条件付け生成**が、多様なタスクを解くための強力なフレームワークであることがわかってきました。たとえば、予測や分類も入力に条件付けして出力を生成するタスクとみなせますし、一部のデータが欠損している場合にそれを補間するタスクも欠損を生成するタスクとみなせます。

　条件付け生成は、妥当な正解出力が複数存在する場合も自然に扱えます。低解像度の画像を入力とし、高解像度の画像を出力とすれば、超解像の問題（低解像度の画像に対応する高解像度の画像は無数に存在する）を解くことができます。また、非常に少ない訓練データ数の場合（訓練データがない場合も含める）でも、条件付け生成を使うことで問題を解けるようになっています。

生成モデルは表現学習にも有効

　そして、**生成モデルは表現学習にも有効**です。データの生成過程を獲得することで、データの「もつれを解いた表現」が獲得できるためです。

　このようなディープラーニングを使った生成モデルの例と、その応用例について、第3章で紹介していきます。

0.4
これから学ぶ強化学習

　人工知能が発展したことを示す例として、「AlphaGo」が挙げられるでしょう。AlphaGoはコンピュータ囲碁を劇的に進化させ、2016年に世界トップ棋士の一人を破ったことは当時大きなニュースとなりました。この実現には、強化学習とディープラーニングの融合が必要でした。

深層強化学習　ディープラーニングと強化学習の融合

強化学習は、ディープラーニングとは独立に発展を遂げてきました。しかし、強化学習も、教師あり学習同様に**表現学習が重要**です。そして、ディープラーニングと強化学習を組み合わせた**深層強化学習**は、強力で多くの重要な問題を解くことができます 図0.3 。

図0.3　　**ディープラーニングと強化学習の融合**

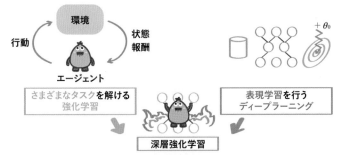

強化学習の価値、方策のモデル化に**ニューラルネットワーク**を利用
➡ 多くのタスクで人と同じか、人を超える性能を達成

強化学習は現実世界に見られるタスクを解くことができる

強化学習は、エージェントが環境との相互作用の中で、試行錯誤しながら成長していくような学習手法です。教師あり学習では正解が与えられ、それを真似るだけで良かったのが、強化学習では正解が与えられず、さまざまな試行を行い、何が正解かを求めていく必要があります。

強化学習は、人や動物の学習過程の観察から生み出されてきました。それもあって、強化学習は、人や動物が実世界で直面するような問題を解くことに長けています。そのため、強化学習によって学習されたエージェントは外から見ると、あたかも意志を持って行動しているかのごとく知的に振る舞うように見えます。コンピュータ将棋や囲碁などで人よりも強いエージェントと対戦している場合は、人にも把握できない大局観などに驚かされることもあります。

強化学習は
プランニング、探索、将来予測、環境変化への対応などを包含する

　強化学習によってたとえば、将来どうなるのか予測した上で行動する**プランニング**（*planning*）、まだ収集できていないような情報を集める**探索**、現在の状況や場面を評価する**価値**、環境が変化していく**非i.i.d.**に対応する問題を扱うことができます。

強化学習とディープラーニングは融合し、
驚異的な成果を上げていった

　強化学習の大きな課題は、環境から受け取る**情報（観察や報酬）**をどのように表現し、自分の行動、それに寄与する**価値に変換するか**という部分です。この**表現学習**の部分で、ディープラーニングが大きく貢献しています。

　第4章では強化学習の基本、近年の発展とともに、ディープラーニングとどのように融合しているかをDQNやAlphaGoの例を使って説明します。

0.5
ディープラーニングと人工知能の課題とこれから

　ディープラーニングは、現在の人工知能の発展の中心を担っている技術です。しかし、人の知能と比べると、まだ改善が必要であり、実用段階に至っていない部分も多くあります。本書の最終章では、それらの中で重要な課題を整理するとともに、その解決に向けた取り組みを紹介していきます。

[テーマ❶] 必要な学習データ量をいかに減らせるか
学習手法の発展

　一つめは、ディープラーニングは、人と比べて**大量の学習データを必要する**ことについてです。人と比べると、ディープラーニングは同じ精度に達するのに、数百倍から数万倍のデータを必要とします。

　この問題を解決できる手法として、自己教師あり学習や、教師なし学習による表現学習、また事前学習済みモデルを使って数例のデータからタスクを実現するZero-Shot/One-Shot/Few-Shot学習を紹介します。また、タスク指示や事例を条件として、条件付け生成で問題を解くプロンプト学習も紹介します。

[テーマ❷] どのように必要な計算リソースの拡大と付き合うか
計算性能の改善

二つめは、**今後さらに計算リソースが必要とされる**ことについてです。

とくに、2020年になって報告された「自己回帰モデルのべき乗則」では、データ、モデルサイズ、投入計算リソースが大きければ大きいほど汎化性能が高くなることが示され、さらに理想的なモデルサイズ、投入計算リソースは、現在使われているものよりずっと大きいことを示唆しています。なぜこうしたことが起こるのかを説明した後、これを実現するために必要な計算インフラについても説明していきます。

[テーマ❸] 世の中に見られる対称性をどのように考慮できるか
問題固有の知識

三つめは、**問題が持つ対称性の導入**です。世の中の多くの問題ではさまざまな対称性や規則が見られます。これらには物理の方程式で表されるようなものもあれば、特定の問題でしか成り立たないようなものもあります。こうした対称性や規則をモデルや学習に導入していくことで、学習効率や汎化性能を劇的に改善することができます。ここでは、とくに幾何、つまり**データ変換に対する不変性や同変性**を中心に紹介していきます。

[テーマ❹] 学習データ分布外の汎化
システム2、シンボルグラウンディング、抽象的な思考

四つめは、「システム2」への対応です。『ディープラーニングを支える技術』で述べたように、人の意思決定は、速いが不正確な**システム1**と、遅いが正確な**システム2**が組み合わさって実現されていると考えられています。

現在のディープラーニングが達成している大部分はシステム1であると考えられ、まだシステム2は達成できていないと考えられます。また、抽象的な概念や知識、たとえばテキスト上の概念と現実の概念を結びつけるといったことはできません。今後の人工知能の発展を考えるとシステム2や抽象的な思考をどのように実現するかが重要になってくると考えられます。これについて、第5章の最後で考えていきます。

それでは、ディープラーニングの大きな謎である、なぜ学習できるのか、なぜ汎化するのかについてから、話をスタートすることにしましょう。

第 1 章

ディープラーニングの最適化

なぜ学習できるのか

図1.A　本章の全体像

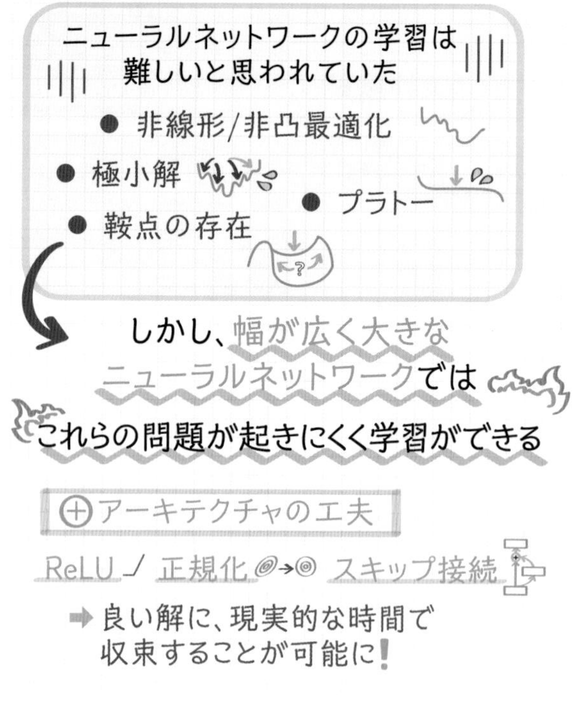

ニューラルネットワークの学習は難しいと思われていた

● 非線形/非凸最適化

● 極小解

● 鞍点の存在

● プラトー

しかし、幅が広く大きなニューラルネットワークではこれらの問題が起きにくく学習ができる

⊕ アーキテクチャの工夫

ReLU　正規化 ◉→◉　スキップ接続

➡ 良い解に、現実的な時間で収束することが可能に！

本章では「学習のエンジン」ともいえる最適化について説明します 図1.A 。

ディープラーニングは最適化問題を解くことによって、モデルのパラメータを決定し、学習を実現します。ディープラーニングの学習の際に扱う最適化問題はパラメータ数が多く、最適化が難しい非凸最適化問題であるため、以前は最適化は不可能なくらい難しいと考えられていました。

しかし、現在では、ディープラーニングの学習を誰でも簡単に解くことができるようになっています。本章では、難しいと考えられていた「最適化問題がなぜ解けるのか」について解説していきます。また、最適化問題が解けるといっても最適化には莫大な計算がかかり、効率的な最適化が必要です。そこで、「どのように最適化をするのか」についても見ていきます。

最後に、誤差逆伝播法の枠組みを使った学習では決定できない「ハイパーパラメータの最適化」を取り上げます。

学習 / 最適化手法の高速化

❶ モーメンタム法の導入 **❷ 学習率の自動調整**

- RMSProp
- Adam ・AdaBelief
- NovoGrad ・Lookahead Optimizer　など

ハイパーパラメータの最適化

→ モデルパラメータではないパラメータ

誤差逆伝播法で自動的に決められない

- 最適化の挙動を決める
- 正則化の挙動を決める
- ネットワークアーキテクチャを決める

1.1
最適化による学習

本節では、ディープラーニングの学習における最適化問題について、基本事項やニューラルネットワークの学習の難しさを確認してから、なぜニューラルネットワークの学習が成功するのかを探っていきましょう。

[再入門]ディープラーニングにおける最適化問題

はじめに、ディープラーニングにおける最適化問題を復習しておきましょう。ディープラーニングを含めた機械学習は、学習を**最適化問題**として定式化し、最適化問題を解くことでモデルのパラメータを決定し、学習を実現します 図1.1 。この最適化問題における**最適化対象は問題の入出力ではなく、モデルのパラメータである**ことに注意してください。

図1.1 　　　**最適化問題を解くことで学習する**

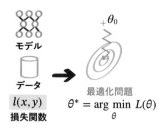

モデル

データ
$l(x, y)$
損失関数

最適化問題
$$\theta^* = \arg\min_\theta L(\theta)$$

機械学習（ディープラーニングを含む）は
モデル、データ、損失関数を定義し、
学習対象のパラメータ θ を変数とした最適化問題を解くことで
学習済みモデルを得る

ディープラーニングの最適化問題の定式化

次に、ディープラーニングがどのような最適化問題を解くのかについて、詳しく見ていきましょう。

最適化問題を解く上で使うのは、学習対象の「モデル」「訓練データ」、そして「損失関数」です。

●········ **モデルとパラメータ**

先述のとおり、ディープラーニングは**モデル**として、ニューラルネットワークによる関数 $y=f(x; \theta)$ を利用します。ここでニューラルネットワークは入力 x を受け取り、出力 y を返すような関数です。パラメータ θ は、ニューラルネットワークを構成する接続層などに付随するパラメータ（重み、バイアスなど）をすべて集めたものです。

ニューラルネットワークの大きな特徴は、**ニューラルネットワークが微分可能な計算要素から構成されており、誤差逆伝播法を使える**ことです。誤差逆伝播法を使うことで、ニューラルネットワークがどれだけ大きく、複雑になったとしても、パラメータについての勾配を誤差逆伝播法を使って効率的に求めることができます。勾配については後でまた説明します。

●········ **訓練データと損失関数**

訓練データは、入力 x と出力 y のペア (x, y) から成り、これらを集めた訓練データセット $\{(x^{(i)}, y^{(i)})\}_{i=1}^{N}$ を利用します。損失関数 $l(y, f(x;\theta))$ は、データとモデル $f(x; \theta)$ を入力とする関数です。

損失関数は、モデルが訓練データをうまく分類したり回帰できている場合に小さい値をとり、そうでない場合は大きな値をとるような関数です。一般に損失関数の値は非負であり、うまく分類/回帰できているときは 0 になるようにします。

●········ **最適化の目的関数は「平均誤差と正則化項の和」**

この**モデル**、**訓練データ**、**損失関数**を使って最適化対象の目的関数を定義します。まず、訓練データ全体における損失関数の値の平均を**訓練誤差**と呼び、次のように定義します。

$$L_{\text{train}}(\theta) = \frac{1}{N} \sum_{i=1}^{N} l(y^{(i)}, f(x^{(i)};\theta))$$

さらに、汎化性能を改善するための**正則化項** $R(\theta)$（多くの場合はパラメータのみに依存するが、データに依存する場合もある）を導入します。正則化項については後ほど詳しく扱います。そして、訓練誤差と正則化項を合わせた関数を $L(\theta)$ とします。

$$L(\theta) = L_{\text{train}}(\theta) + \lambda R(\theta)$$

ただし、$\lambda > 0$ は訓練誤差と正則化のどちらを重視するのかを決める**ハイパーパラメータ**です。この関数 $L(\theta)$ が最適化対象の目的関数です。

●……… **パラメータを最適化対象変数とした最適化問題を解き、学習する**

この目的関数を小さくするようなパラメータ θ を探索することで、学習を実現します。与えられた関数を最小化するような引数を返す関数を arg min と書きますので、学習によって目的関数を最小化するようなパラメータを返す操作は次のようになります。

$$\theta^* = \arg\min_\theta L(\theta)$$

この最適化は**勾配降下法**で実現します。**勾配**($gradient$)は、その位置において関数の値が最も急激に増加する方向を指します。同様に、勾配の負の方向は、関数の値が最も急激に減少する方向を指します。目的関数の現在のパラメータ θ_t におけるパラメータについての勾配 g_t を計算し、その勾配に従って現在のパラメータを逐次的に更新していきます。

$$g_t = \left.\frac{\partial L}{\partial \theta}\right|_{\theta = \theta_t}$$
$$\theta_{t+1} = \theta_t - \alpha g_t$$

上記で縦棒と $\theta = \theta_t$ という表記が出てきましたが、これは「θ が θ_t という値をとったときの勾配」という意味です。以降では煩雑になるので省略します。

また、$\alpha > 0$ は**学習率**と呼ばれるパラメータです。α が大きければ、今の勾配方向に沿ってパラメータを大きく更新し、小さければ少しだけ更新します。

この**更新**を繰り返していくことで、**最適化**を行います 図1.2 。

図1.2 　　　**負の勾配方向に進むことで最適化する**

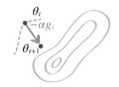

最適化は現在のパラメータ θ_t で
目的関数の勾配 g_t（目的関数の値が最も急激に増える方向）を求め、
それを $-\alpha$ 倍した（α は学習率）ぶんだけ進むことを繰り返す

　また、勾配を求めるには、訓練データ全体を走査する必要があります。これは、目的関数がすべての訓練データに対する損失関数の和として定義されているためです。しかし、更新するたびに、勾配を求めるためにすべてのデータを走査すると、更新あたりの計算量が大きくなってしまいます。

　そのため、すべてのデータではなく一部のデータをサンプリングします。これをミニバッチ(*mini-batch*)と呼びます。そして、ミニバッチを使って推定した勾配$\hat{g}$の近似を、真の勾配の代わりに使って最適化を行います。

$$\theta_{t+1} = \theta_t - \alpha\hat{g}_t$$

これを**確率的勾配降下法**(*stochastic gradient descent*、SGD)と呼びます。

● ニューラルネットワークの学習の難しさ

　ニューラルネットワークは誤差逆伝播法を使って勾配を求め、確率的勾配降下法を使って最適化します。

　しかし、このやり方で最適化できるというのは、実は自明ではありません。勾配降下法は、今の位置より最も低くなる方向に進み、また次の位置で最も低くなる方向に進むという一種の貪欲法(*greedy algorithm*)です。

> **貪欲法**　　　　　　　　　　　　　　　　　　　　　　Note
> 　貪欲法は、全体を見ずに、局所的な情報を元に、その場で一番良いと思われる選択をするアルゴリズム。

　しかし、ニューラルネットワークの目的関数は非凸関数であり、凸関数のように勾配降下法によって最適解が見つかる保証がありません。そのため、勾配降下法を使っても必ずしも最適解を見つけられるとは限らず、また、収束に非常に大きな時間がかかってしまうかもしれません。

　このニューラルネットワークの最適化問題が抱える問題点は、大きく次の三つにまとめられます。

●⋯⋯⋯[問題点❶]極小解が存在する

　一つめは**極小解**(*local minimum*)の存在です 図1.3 。目的関数は、**最適解**(*global minimum*)とは異なる位置に落とし穴やゴルフコースのバンカーのように局所的に値が小さくなっているような位置があります。こうした位置を

「極小解」と呼びます。最適解であれば極小解ですが、この逆の極小解であれば最適解であることは成り立たず[注1]、最適解でない極小解は無数に存在しえます(後述)。最適解、極小解はそれぞれ「大域的最適解」と「局所的最適解」と呼ぶこともあります。このような極小解は最適解が達成する値に比べて、その値が非常に大きいということもありえます。

図1.3 **極小解の存在**

現在のパラメータから勾配に従って最適化した場合、
最適解ではない極小解にはまってしまう可能性がある

勾配降下法は今の位置から最も下る方向に進んでいくため、学習率をうまく調整すると極小解に到達することは保証できます。しかし、最適解に到達することは保証できません。

さらに、いったん極小解に到達してしまうと、すべての勾配は極小解のほうを向いているので、そこからは勾配を使って脱出することはできません。そのため、最適解でない極小解に到達した場合は、再度勾配とは違う方向にあえて進んで目的関数を登った上で他のもっと低いところを探さなければなりません。

そのため、勾配降下法を使って最適化した場合、極小解にはまってしまう可能性が高いことが考えられます。実際、隠れマルコフモデルやk平均法(*k-means clustering*、k-means)など非凸な目的関数を持つ最適化問題は、勾配を使って学習する場合、悪い解に収束してしまうことが問題となります。

注1 目的関数が凸の場合、極小解は最適解となります。ニューラルネットワークの場合は目的関数が非凸のため、これが成り立ちません。

●········[問題点❷]プラトーが存在する

二つめは**プラトー**(*plateau*)の存在です 図1.4 。まっ平らな場所でほとんど傾斜がないような場所を「プラトー」と呼びます。このような場所では勾配はほとんど0であり、値を小さくできる方向の情報を与えてくれません。

図1.4 　　　プラトー

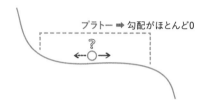

プラトーでは、勾配がほとんど0になって
消失してしまうため、勾配降下法による最適化は止まってしまう

たとえば、高原地帯やグランドキャニオンのような大きな丘の上にいる場合を想像してみてください。丘の上はほぼ真っ平らなので、どちらの方向に進んだらその先に下る方向があるのかは足元の傾きだけではわかりません。

別の言い方をすると、勾配が0になっている状態というのはパラメータを少し変えても関数の値がまったく変わらない、**パラメータが出力に効いていない状態**といえます。

勾配降下法によってプラトーに到達してしまうと、勾配降下法は進む方向がわからず立ち往生をして止まってしまいます。目的関数の値がまったく減らず、収束に非常に時間がかかったり、収束しないという問題が発生します。

このプラトーは**勾配消失問題と同じ**ですが、現在のパラメータの位置だけではなく、その周辺にわたっても勾配が消失している点が問題を難しくしています。もし現在の位置だけで勾配が消失しているならば、パラメータに適当にノイズを加えて脱出することが可能ですが、周辺も消失している場合は脱出できません。

また、単に勾配のスケールが小さいだけであれば、学習率を大きくすれば解決できるかもしれませんが、それだけでは解決できないのが次に説明する鞍点の存在です。

●………[問題点❸]鞍点が存在する

三つめは **鞍点**(*saddle point*)の存在です 図1.5 。鞍点とは乗馬の鞍のように、ある方向には上がっていて、ある方向には下がっているような場所のことをいいます。

図1.5　　鞍点

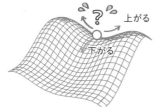

鞍点は馬の鞍のように、ある方向には上がっていて
別の方向では下がっているような場所

最適化の際には一度下って
方向を変え、再加速が必要

勾配降下法は、鞍点をとても苦手とします。自分自身が「最適化変数」だとして、この鞍点を最適化時に通過することを想像してみてください。鞍点を通過する際には、反り上がっている高い方向から下ってきて、一度傾きが収まるのですが、そこで方向を大きく変えて、別の方向に向かってまた加速して下っていく必要があります。そこでは、下るスピードも、方向も、大きく変える必要があります。このような変化のときは、学習率などを精密に制御しないと最適化は発散したり、プラトーと同じく、その位置で止まってしまうことになります。たとえば、プラトーにいると思って、学習率を増やして脱出しようと思ったにもかかわらず、実はある方向については傾きが急激に大きくなっている場合だと、値が発散してしまいます。

なぜニューラルネットワークの学習は成功するのか

ニューラルネットワークの目的関数には、このような「極小解」「プラトー」「鞍点」が無数に存在することがわかっています[注2]。そのため、勾配降下法を

注2　●参考：Y. Dauphin and et al.,「Identifying and attacking the saddle point problem in high-dimensional non-convex optimization」(NeurIPS 2014)

使って最適化することは、不可能なくらい難しいと考えられていました。

　実際、2012年より前の研究では、ニューラルネットワークの学習において勾配降下法を使った場合は極小解やプラトー、鞍点にはまってうまく学習できないことが報告されており、大きなニューラルネットワークの学習は、何か画期的な工夫がないと不可能だと思われていました。

　ところが、こうした予想に反して、大きなニューラルネットワークを勾配降下法を使って学習しても、なぜか成功することが実験的にわかってきました。ここでの「学習が成功する」とは、目的関数の値をほぼ0近くまで小さくできるということを意味します。AlexNetやその後続の研究は、こうした学習できないという常識に挑戦して、大きなニューラルネットワークの学習に成功させてみせたことに大きな意義があったといえます。

　そして、不思議なことにニューラルネットワークの幅が大きければ大きいほど、勾配降下法を使って学習が成功することが実験的にわかっていました。しかも、どんな初期値を利用しても成功し、ほぼ同じような性能を持つ解に到達できることがわかりました。

　学習を容易にした部分では、「ReLUのような活性化関数」「正規化層」「スキップ接続」が大きな役割を果たしていることは確かですが、それだけではこれら「極小解」「プラトー」「鞍点」といった根本的な問題は解決できません。

　そこには、ニューラルネットワークの最適化問題が持つ特殊な性質が関係していることがわかってきています。これらについて、説明していきます。

Star-convex Path

　ニューラルネットワークの目的関数がどのような形をしているのかを調べた結果、多くの場合Star-convex Path[注3]を持つことが実験的にわかりました。Star-convex性は目的関数全体では凸性を満たさないが、現在の値と最適解との間にだけ凸性が成り立つというもので、領域として見た場合、最適解を中心として星状の形をしていることから「Star-convex Path」という名前がついています。

　このStar-convex Pathが存在するため、最適化空間中に極小解、プラトー、

注3　•参考：Y. Zhou and et al.「SGD Converges to Global Minimum in Deep Learning via Star-convex Path」(ICLR、2019)

鞍点が無数に存在するとしても、幅が広いニューラルネットワークであれば
最適化の際にはほとんどそうした位置は通らず、初期値から最適解まで氷河
の谷（氷河地形の谷）のような、最適化しやすい道を通っていけるのだろうと
考えられています 図1.6 。

図1.6 　　　**Star-convex Path**

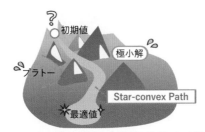

ニューラルネットワークの学習では途中に無数の極小解、プラトー、
鞍点が存在するが、初期値から最適値まで
氷河の谷のような Star-convex Path が存在し、
最適化に成功しやすいことがわかっている

最適解は広がりを持った領域を持ち、それらはつながっている

　また、ニューラルネットワークの目的関数においては最適解は一点ではな
く、無数にあり、かつそれらの最適解は広がりをもった領域であり、さらに
それらの領域はお互いつながっていることも実験結果からわかってきまし
た注4。これには、**ニューラルネットワークが異なるパラメータで同じ関数を
表せる**という**特異モデル**（*singular model*）であることも大きく関係しています。

　ここまでの話は実験的にわかったことであり、どのような場合に成り立つ
のか、なぜそういうことが起きるのかという説明はできませんでした。
　次項からは、なぜそのようなことが起きるのか、どのような場合に起きる
のかという理論解析結果について紹介していきます。

注4　•参考：T. Garipov and et al.「Loss Surfaces, Mode Connectivity, and Fast Ensembling of
　　　DNNs」（NeurIPS、2018）

線形ニューラルネットワークや活性化関数が特別な場合、極小解は最適解と一致する

通常のニューラルネットワークの学習で使う目的関数は複雑すぎて解析するのが難しいので、その代わりに「簡単だがニューラルネットワークの重要な特徴を持ったモデル」を使って、最適化問題を調べる試みが進められてきました。

はじめに、低ランク行列を使って行列要素を補間する問題の場合、目的関数は非凸でありながら、極小解はすべて最適解であることが証明されました[注5]。この低ランク行列による行列要素補間問題は、レコメンデーション（recommendation）などの問題で見られる重要な問題であり、非凸最適化問題においても最適解が保証されるというこの結果は当時衝撃的でした。この低ランク行列を使って行列要素を補間する問題は、1層の隠れ層を持つニューラルネットワークで重みが共有されているような場合と同じであり、ニューラルネットワークも似たような性質を持つのではないかと予想されました。

実際、非線形活性化関数を使わず、線形関数の接続層のみを使った線形ニューラルネットワークの場合、すべての極小解が最適解であることが証明されました[注6]。線形ニューラルネットワークの場合、ニューラルネットワークが表す関数自体は線形ですが、**学習に使う目的関数は最適化対象のパラメータに対し非凸である**ことに注意してください。このように、極小解と最適解が一致するのであれば、勾配降下法によって最適解（極小解）に到達することが保証されます。

幅が広いニューラルネットワークであれば極小解、プラトー、鞍点に遭遇する確率が低い

そして、ニューラルネットワークの隠れ層が1層で、活性化関数が多項式関数であり、隠れ層のユニット数が十分大きい場合（幅の広いニューラルネットワークの場合）、任意の初期値から最適解（目的関数の値を0にできるような値）までで目的関数の値が単調減少するようなパスが必ず存在することが証明されました。

この場合、勾配降下法を使えば、任意の初期値から極小解には遭遇せず、

注5　• 参考：R. Ge and et al.「Matrix Completion has No Spurious Local Minimum」(NeurIPS、2016)
　　　• 参考：S. Bhojanapalli and et al.「Global Optimality of Local Search for Low Rank Matrix Recovery」(NeurIPS、2016)

注6　• 参考：K. Kawaguchi「Deep Learning without Poor Local Minima」(NeurIPS、2016)

最適解に到達することができます[注7]。一方で、活性化関数が多項式関数で表せない場合（ReLUなども含む）、どれだけニューラルネットワークの幅を広くしても、最適解より悪い極小解は必ず存在することも証明されました。

しかし、**ニューラルネットワークの幅が十分大きい場合は、こうした極小解に遭遇する可能性が急激に小さくなる**ことも同時に示されました。

一般のニューラルネットワークの場合、幅を広くした場合、最適化しやすくなります。初期値のすぐ近くに、最適解とほぼ近い性能を持つ極小解が存在する可能性が高くなるためです。この場合、初期値から最適解までの間に極小解やプラトー、鞍点に遭遇する確率はほとんどなくなります 図1.7 。

図1.7 **幅の広いニューラルネットワークは最適解が近い**

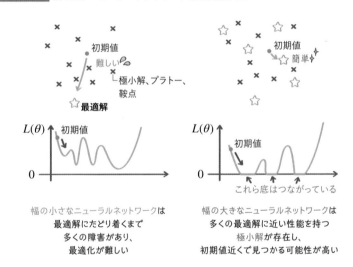

$L(\theta)$ 初期値

幅の小さなニューラルネットワークは
最適解にたどり着くまで
多くの障害があり、
最適化が難しい

$L(\theta)$ 初期値

これら底はつながっている

幅の大きなニューラルネットワークは
多くの最適解に近い性能を持つ
極小解が存在し、
初期値近くで見つかる可能性が高い

これは、パラメータ数が大きく幅の広いネットワークが最適化しやすい理由の一つです。最適化問題においていくつかの仮定をおけば、ニューラルネットワークの最適化が良い極小解に収束することが証明されています[注8]。

注7 ・参考：L. Venturi and et al.「Spurious Valleys in One-hidden-layer Neural Network Optimization Landscapes」(JMLR、2019)
注8 ・参考：Z. Allen-Zhu and et al.「A Convergence Theory for Deep Learning via Over-Parameterization」(ICML、2019)
・参考：L. Venturi and et al.「Spurious Valleys in One-hidden-layer Neural Network Optimization Landscapes」(JMLR、2019)

●········ 最適解は必ずしも汎化性能が高いとは限らない

さらに近年では、最適解は必ずしも汎化性能が高いと限らないことがわかってきました。むしろ、目的関数上の最適解よりも、勾配降下法で到達する必ずしも最適解ではない**極小解のほうが汎化性能の高い、フラットな解である**ことがわかっています。フラットな解ほど、より多くの位置から収束する可能性が高く[注9]、勾配法で到達しやすいためです。

このように、モデルのパラメータ数が多いほうが学習効率が高く、汎化性能も高くなることもわかっています。こうした、モデルが大きいほうが最適化（学習）も汎化もしやすいという事実は、従来の機械学習の直感や理論とは逆であり、非凸最適化問題の中でも新しい問題クラスであるとして注目されています。

初期値の大きさのスケールで学習によって動く範囲が大きく変わる

最適化問題においてさらに、最終的に到達する位置だけでなく、**どのような軌道を描いて初期値から進んでいくか**というダイナミクスの解析も進んでいます。

こうした研究では、**ニューラルネットワークの初期値のスケールの大きさ**によって、学習のダイナミクスや汎化性能が大きく変わることがわかってきました。具体的には隠れ層が1層のニューラルネットワークにおいて、隠れ層のユニット数を M としたとき、そのパラメータの初期値のスケールが $1/M$ より大きいか、小さいかで、大きく変わってきます。

●········ パラメータの初期値のスケールが大きい場合

前者のパラメータの初期値のスケールが大きい場合は、各パラメータは十分大きく動くことができ、結果としてニューラルネットワークは初期値周りの線形近似で訓練データを十分にフィットすることができます。

このような状況は、「Neural Tangent Kernel」（**NTK**）と呼ばれるカーネルを使って解析することができます[注10]。

注9　より広い領域の候補がその解に収束することを「ベイスン（*basin*、たらい）が大きい」と呼び、フラットな解は「ベイスンが大きい」と表現します。

注10　• 参考：A. Jacot and et al.「Neural Tangent Kernel: Convergence and Generalization in Neural Networks」（NeurIPS、2018）

●········ **パラメータの初期値のスケールが小さい場合**

これに対し、後者の初期値のスケールが小さい場合は、ニューラルネットワークは初期値周りの線形近似で訓練データを十分フィットすることができず、非線形（テイラー展開の2次項以降）の効果も利用してフィッティングする必要があります。このような場合の解析方法として、**平均場解析**[注11]を使う手法が提案されています。

この2つの状況の場合、学習速度や得られるモデルの特徴や汎化性能が大きく異なってきます。前者の場合（NTK）では学習の結果、明示的に使っていないが発生する陰的正則化はL2正則化に対応し、後者の場合（平均場理論）の陰的正則化はL1正則化[注12]に対応します。

これらの陰的正則化があるおかげで、過剰パラメータでも過学習しないと考えられます。このような陰的正則化については、次章で扱っていきます。

最適化を助ける活性化関数やアーキテクチャの工夫

こうして、大きなニューラルネットワークも学習できることは示されましたが、それでも**初期値やハイパーパラメータ調整が難しい問題**があるほか、層の数が数十〜数百と増えた場合は、**学習が安定しない問題**がありました。

これらの問題に対して、ニューラルネットワークを学習しやすくするための多くの工夫がなされてきました。とくに重要な役割を果たしたのは、

- ReLUなどの（勾配が消失しない）区分線形関数（活性化関数）　図1.8 **❶**
- バッチ正規化などの正規化関数　図1.8 **❷❷'**（正規化層）
  ➡ 目的関数の形状を最適化しやすい形に改善できる
- スキップ接続　図1.8 **❸**

です。これらによって、**目的関数が勾配降下法で最適化しやすいような形に変わっています。**

注11　•参考：A. Nitanda and et al.「Stochastic Particle Gradient Descent for Infinite Ensembles」（arXiv:1712.05438）など。

注12　•参考：L. Chizat and et al.「Implicit Bias of Gradient Descent for Wide Two-layer Neural Networks Trained with the Logistic Loss」（COLT、2020）

図1.8 最適化を助ける工夫

ReLUなどの区分線形関数は
プラトーの発生を抑える

正規化によって目的関数の傾きを抑え、
学習率を大きくしても鞍点を安定して
通過できるようにする

活性化関数の直前に正規化（バッチ正規
化など）を使うことで、プラトーを抑える

スキップ接続により、途中の層で勾配が
消失しても、下の層まで勾配は伝わる

●⋯⋯ **ReLUなどの区分線形関数、バッチ正規化などの正規化関数**

ReLUなどの区分線形関数は、正規化関数と組み合わせればプラトーが発生
しにくい構造になっています。

値が負の場合は0になりプラトーが発生していますが、正規化関数の性質か
ら、常にいずれかの訓練データにおいては勾配が発生しており、ミニバッチ全
体では勾配が得られるようになっています。

バッチ正規化は、値が偏らないようにすることでプラトーを防ぐとともに、
目的関数の傾きを緩やかにすることで鞍点上でもより大きな学習率を使って
も発散しないようにします。

●⋯⋯ **スキップ接続**

そして、スキップ接続は、勾配を下の層まで消失させず伝える効果があり
ます。さらには、プラトー（勾配消失）が発生する一つの原因にパラメータの
対称性があることがわかっていますが、スキップ接続はこの対称性を破るこ
とに貢献します[注13]。

注13 • 参考：A. E. Orhan「Skip Connections Eliminate Singularities」（ICLR、2018）

1.2
［概要］学習の効率化

　ここまで、なぜニューラルネットワークの最適化問題が難しいと思われて
いたのに最適化できるのかについて説明してきました。幅の広いニューラル
ネットワークを使い、活性化関数、正規化、スキップ接続を使うことで目的
関数が非凸であっても勾配降下法を使って最適解（もしくはそれよりも汎化性
能が高い極小解）に到達できるのです。

　一方で、到達できるといっても最適化には必要な計算リソースは大きく、
最適化の際にかかるコストを最小化する工夫が必要です。ここからは、最適
化手法の改良による学習の高速化について見ていきます。

高速化の二つのアプローチ

　高速化のアプローチは大きく分けると、「モーメンタムの導入」と「学習率の
自動調整」の二つがあります。

　モーメンタムの導入は、勾配推定時の「ノイズ」を除去し、更新方向が安定
し、目的関数の最適化しにくさを表す「条件数」を改善する効果があります。

　学習率の自動調整は、プラトー、鞍点を乗り越えるのに重要です。これま
で学習率は1つのスカラー値として見てきましたが、鞍点でも説明したよう
に次元ごとに調整する必要があります。ここでは、学習中の情報を元に、学
習率を次元ごとに自動調整できる方法を紹介していきます。

　また、モデルのパラメータ数が多いため、**最適化の際に使用するメモリ量**
も問題となります。いかに使用メモリ量を抑えつつ、最適化していくかにつ
いて紹介していきます。

●‥‥‥‥**本章で登場する学習の高速化手法について**

　次節からは、はじめに**モーメンタム法**について取り上げ、続いて**学習率の自
動調整**の例として**RMSProp**を説明します。これら2つを組み合わせた手法とし
て**Adam**を紹介します。この**Adam**の**メモリ量を削減する手法**として**NovoGrad**、
また**Adam**の汎化性能を改善した手法として**AdaBelief**を押さえます。最後に、
これらの手法と組み合わせられる工夫として**Lookahead Optimizer**と**Stochastic
Weighted Averaging**も見ておきましょう。

1.3
モーメンタム法

　勾配降下法は強力であり、そのままでも多くのニューラルネットワークを学習させることができます。一方で、大きなモデルを大きなデータを使って学習させた場合、学習に数時間〜数日かかることも珍しくありません。そのため、勾配降下法による学習を高速化させる方法が多く提案されています。

　本節ではその代表的な手法の一つ、「モーメンタム法」と呼ばれる最適化手法を取り上げます。

勢いを持って目的関数を下るモーメンタム法

　勾配降下法は、あたかもゴルフコースで一番傾斜が大きい方向に毎回下っていくような方法とみなすことができます。目的関数の等高線が歪んでいたり、ひしゃげているような場合では、毎回下る方向がジグザグと変わってしまい、最適解の方向になかなか進めません。

　これに対し、**モーメンタム法**(*momentum SGD*、モーメンタム付き勾配降下法)は、大きな重いボールを転がしていくような方法です 図1.9 。

図1.9 　　**モーメンタム法**

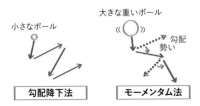

モーメンタム法は大きな重いボールを
転がした場合と同様に、
勾配に加えて、これまで転がってきた勢いをもって
次の位置が決まる

　その場での傾斜に加えて、これまで転がってきた勢いを持って次の位置が決まります。**勾配**を「ボールを押す力」だとしたら、**勢い**は「速度」に相当します。この速度のことを**モーメンタム** v_t と呼びます。各位置の勾配 $\hat{g}$ ($\hat{g}$ は一部

のサンプルから求めた勾配 g の推定量であることに注意)はモーメンタム v_t を更新し、モーメンタムが現在の状態 θ_t を更新します。$\alpha > 0$ は**学習率**です。

$$v_{t+1} = \beta v_t + \hat{g}_t$$
$$\theta_{t+1} = \theta_t - \alpha v_{t+1}$$

　ここで新しく導入された β は、**過去の勾配をどれだけ覚えておくのかを司る重みパラメータ**です。β が大きいほど過去の勾配を覚えており、β が小さいほど過去の勾配を忘れるようになります。この重み β は、過去の勾配には指数的に適用されるため、ずっと前の勾配の影響はほとんど 0 になります。

　先ほどの更新式によって、モーメンタムが過去の勾配を指数的に重み付けをした和を表していることを見てみます。時刻 $t+1$ におけるモーメンタムは $v_0 = 0$ とおくと、

$$v_{t+1} = \beta v_t + \hat{g}_t = \beta^2 v_{t-1} + \beta \hat{g}_{t-1} + \hat{g}_t = \sum_i \beta^i \hat{g}_{t-i}$$

と計算されます。

　昔の値 $\hat{g}_{t-i}$ を、指数的に小さく重み付け(β^i)した上での和を求めていることがわかります。

モーメンタム法はノイズを除去し、更新方向を安定化させる

　このように、モーメンタムは、**一定期間の勾配情報を使って勾配を平滑化している**とみなせます。そのため、モーメンタム法は各勾配推定にノイズが含まれている場合に、そのノイズを抑えることができます。また、過去の重みは指数的に小さくなるので、過去の値を急速に忘れることができます。これによって、目的関数の等高線がひしゃげていて過去の勾配方向と今の勾配方向が違う場合にも、急速に対応することができます。

　モーメンタムの β を調整する際は、はじめに β をできるだけ 1 に近い値(0.999 など)に設定し、次に学習率 α を発散しないぎりぎり大きい値に設定するようにして調整することが推奨されます。これらのハイパーパラメータの設定については、続く「条件数とモーメンタム」で解説を行います。

[アドバンス解説] 条件数とモーメンタム

このモーメンタムがどのような役割を果たしているのかについて、理論解析をしましょう[注14]。本項は、他の部分に比べると高度な数学を扱っています。読み飛ばしても続く解説の理解には大きな影響はありませんので、必要になった際に参照してみてください。

ここからは理論解析しやすいように、ニューラルネットワークの学習で扱う最適化問題の代わりに、それを単純化した目的関数が入力 θ の2次関数で表される場合を考えます。

$$f(\theta) = \frac{1}{2}\theta^T A \theta - b^T \theta$$

ここで登場する θ, b はベクトル、A は行列です。一つめの項 $\theta^T A \theta$ は展開すると、$\theta_i A_{i,j} \theta_j$ のように、θ の2次の項が出てくるので $f(\theta)$ は θ についての2次式であり、A が2次の項の係数、b が1次の項の係数に対応します。

さらに解析しやすいように、A は対称行列であり、正則だと仮定します。この場合、最適解を与えるパラメータ θ^* は $f(\theta)$ が凸関数であることから、θ について勾配を求め、それが0になるようなベクトルを求めることで得られます。

$$\nabla f(\theta^*) = A\theta^* - b = 0$$
$$\theta^* = A^{-1}b$$

●……勾配降下法による最適解への収束

次に、勾配降下法による最適化が、すでにわかっている最適解 θ^* に対し、どのように収束していくのかを見ていきます。

この最適化問題の勾配、および勾配降下法による更新は、次のようになります。

$$\nabla f(\theta) = A\theta - b$$
$$\theta^{(t+1)} = \theta^{(t)} - \alpha(A\theta^{(t)} - b) \quad \boxed{\text{式 1.A}}$$

$\theta^{(t)}$ は、勾配降下法の t ステップめのパラメータを表します。

注14 • 参考：G. Goh「Why Momentum Really Works」（Distill、2017）

●⋯⋯⋯ 固有値

続いて、行列 A は対称であるため、次のように固有値分解できます[注15]。

$$A = Q\Sigma Q^T$$

ここで $Q=[q_1, ..., q_n]$ は固有ベクトル q_i を各列に並べた行列（Q は直交行列なので $QQ^T=Q^TQ=I$、I は単位行列）、Σ は対角成分に固有値（$\lambda_1, \lambda_2, ..., \lambda_n$）を最小の固有値 λ_1 から最大の固有値 λ_n まで順に並べたような対角行列です。

先ほどの勾配降下法の式を、これら固有成分ごとに表すことを目指して変形していきます。まず前出の勾配降下法の更新式 式1.A で行列 A を消すことを目標に、Q^T を左から掛けます。

$$Q^T\theta^{(t+1)} = Q^T\theta^{(t)} - \alpha Q^T(A\theta^{(t)} - b) \quad \boxed{式1.B}$$

Q^TA は ΣQ^T を使って表せます。

$$Q^TA = Q^TQ\Sigma Q^T = \Sigma Q^T \quad \boxed{式1.C}$$

また、A の逆行列 A^{-1} は次のように表せます。

$$A^{-1} = (Q\Sigma Q^T)^{-1} = Q^T\Sigma^{-1}Q$$
（$Q^T\Sigma^{-1}Q$ が A の逆行列であることは、
　これに A を掛けて $Q\Sigma^{-1}Q^TQ\Sigma Q^T = I$ となることからわかる）
$$\theta^* = A^{-1}b（解析解より）$$
$$A\theta^* = b$$
$$Q^Tb = \Sigma Q^T\theta^*（左右を交換後、左から Q^T を掛ける）\quad \boxed{式1.D}$$

となります。これら 式1.C と 式1.D の2つを先ほどの 式1.B に代入すると、

$$Q^T\theta^{(t+1)} = Q^T\theta^{(t)} - \alpha(\Sigma Q^T\theta^{(t)} - \Sigma Q^T\theta^*)$$

が得られます。

ここで $u^{(t)}=Q^T(\theta^{(t)}-\theta^*)$ として変数変換すると、

注15　「固有値分解」と後出の「直交行列」「対角行列」については、『ディープラーニングを支える技術』（第1巻）の Appendix や第4章（白色化）で取り上げましたので、必要に応じて参考にしてみてください。

$$u^{(t+1)} = u^{(t)} - \alpha \Sigma u^{(t)}$$

となります。Σ は $\lambda_1, \lambda_2, ..., \lambda_n$ が対角成分が並んだ対角行列であり、各対角成分ごとに上式を分解できて、$u^{(t+1)}$ の i 番めの成分 $u_i^{(t+1)}$ について、

$$\begin{aligned}
u_i^{(t+1)} &= u_i^{(t)} - \alpha \lambda_i u_i^{(t)} \\
&= (1 - \alpha \lambda_i) u_i^{(t)} \\
&= (1 - \alpha \lambda_i)^t u_i^{(0)}
\end{aligned}$$

となります。

●········ 最適解への収束の解析解

元の式に代入すると、

$$\theta^{(t)} - \theta^* = Q u^{(k)} = \sum_{i=1}^{n} u_i^{(0)} (1 - \alpha \lambda_i)^k q_i$$

となります（Q は直行行列であり、$QQ^T = I$ であることを利用している）。

これが、目的関数が2次関数のとき、勾配降下法によって現在の値が最適解にどのように収束するかを解析的に与えた式です。

この式は、現在のパラメータと最適解との差を固有値 λ_i ごとに分解された和として表現されており、固有値ごとに収束がどのように変わるのかを調べることができます。$u_i^{(0)}$ は i 番めの固有値成分に対応する最適化前の誤差であり、更新ごとに $|1 - \alpha \lambda_i|$ 倍だけ小さくなっていきます。この $|1 - \alpha \lambda_i|$ が 0 に近いほど速く真の解に収束し、1 に近いほど遅く収束します。

そのため、固有値の中で $|1 - \alpha \lambda_i|$ が一番大きくなるような成分が、全体の最適化の足を引っ張ることになります。学習率 α を調整したとき、この成分が一番大きくなるのは、最小固有値に関する成分 $|1 - \alpha \lambda_1|$ か、最大固有値に関する成分 $|1 - \alpha \lambda_n|$ のどちらかです。そこで、この2つの値の最大値を最小化するような学習率 α を、

$$\arg \min_{\alpha} \max \{|1 - \alpha \lambda_1|, |1 - \alpha \lambda_n|\}$$

として求めると、この最小値は $1 - \alpha \lambda_1 = -(1 - \alpha \lambda_n)$ となるとき達成され、

$$\alpha^* = \frac{2}{\lambda_1 + \lambda_n}$$

と求まります。

　また、このときの1回の更新あたり、どれだけ誤差が小さくなるかの割合を表す収束率は$\kappa=\lambda_n/\lambda_1$と置いたとき、

$$収束率 = \frac{\kappa - 1}{\kappa + 1}$$

と与えられます。

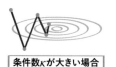 **条件数**　勾配法の最適化の難しさを表す

　このκはAの**条件数**(condition number)と呼ばれ、多くの線形代数の問題で登場します。条件数は、その定義(最大固有値を最小固有値で割っている)より1以上の値をとります。条件数κが大きいほど収束率は1に近づき、勾配降下法による収束が遅くなります。逆に、κが小さく1に近づくほど収束が速くなります。

　実際、目的関数を等高線で見た場合、条件数κが最小の1であれば同心円状に近く、大きい場合は細長く潰れた楕円になっている状態です。そして、条件数が最小$\kappa=1$(つまり、全固有値が同じ)であれば目的関数の等高線は真円であり、勾配は常に最適解の方向を向いているので、勾配降下法は1回の更新で最適解に到達できます。大きければ、最適化はジグザグに進み、収束までに必要な更新回数は急速に多くなります 図1.10 。

図1.10　　**条件数Kと必要な更新回数の関係**

条件数κが大きい場合

勾配降下法はジグザグに進み、
収束までに必要な更新回数は
多くなる

条件数κが小さい(〜1)場合

勾配降下法は最適解の方向に
まっすぐ進み、収束までに必要な
更新回数は少なくて済む

 モーメンタムは条件数を改善できる

　勾配降下法を使った場合の最適解への収束速度は、**条件数に依存する**ことを見てきました。それでは、モーメンタム法を使った場合はどうなるのでしょうか。

　先ほどと同様にして、**モーメンタム法**を使った場合も解析的に求めることができ、最適な学習率、およびモーメントは次のようになることがわかっています。

$$\alpha^* = \left(\frac{2}{\sqrt{\lambda_1} + \sqrt{\lambda_n}} \right)^2$$

$$\beta^* = \left(\frac{\sqrt{\lambda_n} - \sqrt{\lambda_1}}{\sqrt{\lambda_n} + \sqrt{\lambda_1}} \right)^2$$

そして、そのときの収束率は、

$$\frac{\sqrt{\kappa} - 1}{\sqrt{\kappa} + 1}$$

となります。先ほどの勾配降下法の収束率 $\frac{\kappa - 1}{\kappa + 1}$ と比べると、モーメンタム法の場合は条件数の代わりに、**条件数の平方根**が収束率に影響します。そのため、モーメンタム法は条件数が大きい場合でも速く収束します。たとえば $\kappa = 100$ の場合、勾配降下法の収束率は $99/101 = 0.98$ なのに対し、モーメンタム法を使った場合は $\frac{\sqrt{100} - 1}{\sqrt{100} + 1} = 0.82$ となります。この場合、勾配降下法の更新10回分 $(0.98^{10} = 0.82)$ と、モーメンタム法による更新1回分が同じくらいの収束率となります。

　このように、モーメンタム法は条件数が大きい場合の最適化を高速化する役割があります。

　ニューラルネットワークの学習に使う目的関数は、この解析に使ったような2次関数ではありませんが、局所的には2次関数で近似することができます。この場合、この考察で見られたような条件数や収束率の議論が成り立ち、**モーメンタム法を使うことで収束速度を改善することができます**。

　この最適な β^* の式から推察されるように、条件数 κ が大きい場合、最適な β はほぼ1になります。実際、ニューラルネットワークの学習時のモーメンタムで使われる β は $0.9 \sim 0.999$ というように、ほとんど1に近い値が使われ、目的関数の条件数が大きいことが示唆されます。

1.4
学習率の自動調整

　本節では、ニューラルネットワークの学習の高速化において、もう一つの重要なアプローチである「学習率の自動調整」を取り上げます。

学習率の自動調整の要件
設定する学習率は1つのまま、パラメータごとに学習率をスケールする

　モーメンタム法と並んで有効なのが**学習率の自動調整**です。これまで学習率は一つのスカラー値として紹介してきましたが、本当は**次元ごとに学習率を調整すること**が求められます。

　さらに、学習途中で最適な学習率が変わってくる場合もあります。たとえば、鞍点などを通過している場合がそれにあたり、適切なタイミングで学習率を小さくしたり大きくしたりしなければ鞍点を脱出できません。一方で、パラメータごとに別々の学習率を設定し、人手で設定するのも非現実的です。

　そこで、**学習率は1つのまま**、**パラメータごとに学習率をスケールする手法**がいくつか提案されています。

RMSProp 　次元ごとの学習率の自動調整

　学習率を自動調整する最初の例として、**RMSProp**を紹介します。

　RMSPropは、勾配$\hat{g}$に加えて、勾配の成分を次元ごとに2乗した$\hat{g}^2$を計算します。そして、先ほどのモーメント(1次モーメントと呼ぶ)と同様に$\hat{g}^2$のモーメント(2次モーメントと呼ぶ)$m^{(t+1)}$を求めます。最後に、勾配の各次元を、2次モーメントの平方根(*root-mean-square*、RMS)$\sqrt{m^{(t+1)}}$で割って正規化します。

$$m^{(t+1)} = \rho m^{(t)} + (1-\rho)\hat{g}^2$$

$$\theta^{(t+1)} = \theta^{(t)} - \alpha \frac{\hat{g}}{\sqrt{m^{(t+1)} + \epsilon}}$$

　なお、2次モーメント$m^{(t+1)}$が0の場合に、0除算を避けるために、小さい正数($\epsilon > 0$)を分母に足しておきます。

●……… なぜ勾配を正規化するのか

　勾配を、2次モーメントの平方根で正規化することには、さまざまなメリットがあります **図1.11**。

図1.11　勾配を正規化する

なぜ勾配 $\hat{g}$ の各次元を、その2次モーメントの平方根 $\sqrt{m}$
で割って正規化するのか

❶ 勾配のある次元がほとんどのステップで0である場合、
　勾配が0ではないときに大きく更新できる

$\sqrt{m}$ も小さいので割ると、大きな学習率を使って更新することに相当

勾配が0でないとき

更新情報を最大限に活かす

❷ 勾配スケールの変化に対して不変

$\hat{g}$ を c 倍しても $\sqrt{m}$ も $\sqrt{c^2 m}$ となるので

更新幅は $\dfrac{c\hat{g}}{\sqrt{c^2 m}} = \dfrac{\hat{g}}{\sqrt{m}}$ と変わらない

❸ 振動している次元の更新幅を小さくする

分散大　$\sqrt{m}$ も大きい　　　　その方向の更新幅を小さくする

　一つめは、もしある次元の勾配がほとんどのステップで0である場合、そうではない次元に比べて、パラメータ更新の機会がほとんどないので、パラメータ更新時には大きく更新することが求められます。その場合、2次モーメントの平方根 $\sqrt{m}$ は小さな値になっているので、結果としてその次元は**大きな学習率を使って更新します**。

二つめは、**勾配のスケールが変わったとしても更新幅** $\dfrac{\hat{g}}{\sqrt{m^{(t+1)}+\epsilon}}$ **が変わ**

らないことです。たとえば、勾配のある次元の値が c 倍にスケールされたとしても、2次モーメントも c^2 倍にスケールされ、正規化された後の更新幅は、

$$\frac{c\hat{g}}{\sqrt{c^2 m^{(t+1)}}} = \frac{\hat{g}}{\sqrt{m^{(t+1)}}}$$

となり、スケールの影響はキャンセルされます。

　三つめは、**振動を抑制する効果**です。2次モーメント m は各次元の分散を示しています。最適化において、ある次元について最適値の周りで振動を起こしてしまうと、収束は遅くなります。このような振動を起こしている次元の分散は、そうでない次元の分散に比べて大きくなります。分散の平方根で割ることによって、振動を起こしている次元の更新幅を小さくする効果が期待でき、学習を安定化させることができます。

自然勾配法　　　　　　　　　　　　　　　　　　Note

この「勾配を2次モーメントで割る」という正規化は、自然勾配法の近似とみなすこともできます。

- S. Amari「Natural Gradient Works Efficiently in Leanring」(Neural Computation、1998)

Adam　モーメンタムと学習率調整を合わせる

　Adam[注16] は、ニューラルネットワークの学習で最も使われている学習手法の一つです。Adam も RMSProp と同様に、**2次モーメントの平方根で学習率を補正する工夫**（式中の $\sqrt{v^{(t+1)}}$ で割っている部分）を行い、**さらにモーメンタム法を利用します**。また、式の中で出てくる $b^{(t+1)}$ は、過度の振動を抑える効果がある「ダンピングファクター」(*damping factor*) と呼ばれる補正項であり、学習の初期にモーメンタムの推定が不安定な場合を補正する効果があります。

注16　• 参考：D. P. Kingma and et al.「Adam：A Method for Stochastic Optimization」(ICLR、2015)

$$m^{(t+1)} = \beta_1 m^{(t)} + (1 - \beta_1)\hat{g}$$

$$v^{(t+1)} = \beta_2 v^{(t)} + (1 - \beta_2)\hat{g}^2$$

$$b^{(t+1)} = \frac{\sqrt{1 - \beta_2^{(t+1)}}}{1 - \beta_1^{(t+1)}}$$

$$\theta^{(t+1)} = \theta^{(t)} - \alpha \frac{m^{(t+1)}}{\sqrt{v^{(t+1)}} + \epsilon} b^{(t+1)}$$

　なお、RMSPropでは分母のϵは平方根の中に入っていたのに対し、Adamでは平方根の外に出ています。ϵはハイパーパラメータで自由に設定できるので、平方根の中でも外でも表現力は変わらず、慣習的な違いです。

　Adamは、**多くの問題で他の最適化法よりも収束が速く**、とくに自然言語処理などのタスクで広く使われています。

　一方、いくつかの実験で、確率的勾配降下法やモーメンタム法に比べ、Adamを使った場合、**汎化能力が低くなってしまう**ことが報告されました。この汎化能力低下について、完全ではないですが、後述のWeight Decay（L2ノルム正則化）の計算方法を修正することで解決できることがわかっています[注17]。この修正は、すでに多くのディープラーニングフレームワークで適用されています。

最適化におけるパラメータが張る空間　Note

　最適化で、勾配や（1次）モーメントを使っている場合、パラメータが張る空間はデータ空間に限られるのに対し、次元ごとに学習率を調整したり、2次モーメントを導入した場合、パラメータが張る空間はデータ空間を超えてしまい、それが不必要にモデルの表現力を上げ、汎化性能の悪化につながっているのではないかという考察もあります。後述の「ランク最小化」もあわせて参照してください。

NovoGrad　モーメンタムを共有化し、必要メモリ量を減らす

　先述のRMSPropやAdamは、勾配に加えて**1次モーメント**や**2次モーメント**を利用することで収束を速くすることができました。しかし、これらモーメントはパラメータ数と同じ次元数があり、すべてを保存しておくと、メモ

注17　•参考：I. Loshchilov and et al.「Decoupled Weight Decay Regularization」（ICLR、2017）

リ使用量が元のパラメータだけを利用する手法と比べて、2倍、3倍と増えてしまうデメリットがあります。**学習ではメモリサイズがボトルネックとなりがちであり、大きなモデルの学習ができなくなってしまいます。**

　これに対し、1次モーメント、2次モーメントはパラメータ間で似たような値を持つので、別々に持たずに共通化して1つの値を持つことが考えられます。この考えに基づいて作られたのが NovoGrad[注18] です。

　具体的には、NovoGrad は、**層ごとに1次モーメントと2次モーメントを共有して持ちます。**層ごとにこれらのモーメントは変わるものの、同じ層のパラメータ間ではそれほど変わらないためです。以下で$v_t^{(l)}, m_t^{(l)}, \theta_t^{(l)}$は$t$ステップめの$l$層めのパラメータをまとめたものであり、$v_t^{(l)}$はベクトルではなくスカラーです。

$$v_{t+1}^{(l)} = \beta_2 v_t^{(l)} + (1 - \beta_2)||\hat{g}^{(l)}||^2$$

$$m_{t+1}^{(l)} = \beta_1 m_t^{(l)} + \frac{\hat{g}^{(l)}}{\sqrt{v_{t+1}^{(l)}} + \epsilon} + d\theta_t^{(l)}$$

$$\theta_{t+1}^{(l)} = \theta_t^{(l)} - \alpha v_{t+1}^{(l)}$$

※ ここでは上付きの添字lもあり、見やすさのため、添字tは（上付きではなく）下付きにしている。

　ここでdは、Weight Decay（後述）のハイパーパラメータです。こうした工夫を使うことで、元の勾配降下法とメモリ使用量はほとんど同じでありながら、収束を速くすることができるようになっています。

AdaBelief　速い収束と高い汎化性能を両立させる

　AdaBelief[注19]は、勾配が現在の更新の予測方向と合っていれば、大きなステップ幅をとり、合っていなければ小さなステップ幅をとるような方法です。「Adam のような適応型の速い収束」「確率的勾配降下法の良い汎化性能」「GAN（後述）の安定学習」を同時に達成するような方法です。

注18 • 参考：B. Ginsburg and et al.「Stochastic Gradient Methods with Layer-wise Adaptive Moments for Training of Deep Networks」（arXiv.、2019）

注19 • 参考：J. Zhuang and et al.「AdaBelief Optimizer: Adapting Stepsizes by the Belief in Observed Gradients」（NeurIPS、2020）

$$m^{(t+1)} = \beta_1 m^{(t)} + (1 - \beta_1)\hat{g}$$

$$s^{(t+1)} = \beta_2 v^{(t)} + (1 - \beta_2)(\hat{g} - m^{(t+1)})^2$$

$$b^{(t+1)} = \frac{\sqrt{1 - \beta_2^{(t+1)}}}{1 - \beta_1^{(t+1)}}$$

$$\theta^{(t+1)} = \theta^{(t)} - \alpha \frac{m^{(t+1)}}{\sqrt{s^{(t+1)}} + \epsilon} b^{(t+1)}$$

Adamとの違いは、勾配の二乗の指数重み付き和を計算していた部分が勾配-モーメンタムの二乗($\hat{g}$-$m^{(t+1)}$)^{2}の、指数重み付き和を計算したものに置き換わっているところです。些細な違いに見えますが、これにより汎化性能を大きく改善することができると報告しています。

Lookahead Optimizer　先読みしてから更新する

ここまで見てきた**最適化法に組み合わせられる工夫**として、Lookahead Optimizer[20]と呼ばれる手法が提案されています 図1.12 。

図1.12 **Lookahead Optimizer**

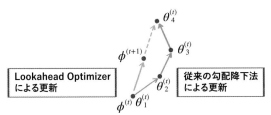

Lookahead Optimizerは毎ステップ更新するパラメータ $\theta_i^{(t)}$ と、
ゆっくり更新するパラメータ $\phi^{(t)}$ を用意する。
$\theta_k^{(t)}$ の更新結果を利用し、
$\phi^{(t+1)} = \phi^{(t)} + \alpha(\theta_k^{(t)} - \phi^{(t)})$ と更新する

Lookahead Optimizerでは、今までと同じように毎ステップ更新するパラメータ θ と、ゆっくり更新するパラメータ ϕ の2つを用意します。

注20 ・参考：M. R. Zhang and et al.「Lookahead Optimizer: k steps forward, 1 step back」
（NeurIPS、2019）

はじめに $\theta_1^{(t)} = \phi^{(t)}$ と初期化します。各ステップで、パラメータは任意の更新アルゴリズム A（確率的勾配降下法や Adam など）を使って $\theta_{k+1}^{(t)} = A(\theta_k^{(t)})$ と更新します。そして、このステップを決められた K 回繰り返して $\theta_K^{(t)}$ が得られたあと、この $\theta_K^{(t)}$ の方向に向かってゆっくり更新するパラメータ ϕ を少しだけ更新します。

$$\phi^{(t+1)} = \phi^{(t)} + \alpha(\theta_K^{(t)} - \phi^{(t)})$$

このようにすることで、たとえ速く更新されるパラメータ θ が振動したり、解の周辺を遠回りしても、ゆっくり動くパラメータ ϕ は、振動が終わった先に向かって安定して更新することができます。あたかも、θ は更新先を先回りしてどのへんが良さそうなのかを求め、その結果を見てから本体の ϕ をゆっくり、しかし確実に進めるような手法です。

この Lookahead Optimizer は、**ハイパーパラメータの違いに対して頑健で あること**がわかっています。これを Adam や NovoGrad など通常の最適化法と組み合わせることで、安定して高速に学習させることができます。

Stochastic Weighted Averaging

ここまでの最適化は**一つの最適解を求める**ような手法でした。これに対し、Stochastic Weighted Averaging（SWA）[注21] は、**最適化途中のパラメータの 平均を解として使う**ことで汎化性能を大きく改善できると報告しています。

この背景には、最適化の後半では真の最適解の周辺を回っており、学習率を下げていっても真の解に到達せず、代わりにその平均のほうが真の解に近づけること [注22]、また、フラットな解の縁より中心のほうが汎化性能が高いと考えられることから（アンサンブルのような効果がある）、**中心に近い平均を使うこと**で汎化性能を改善できるためです。なお、平均を求める際は途中結果をすべて保存しておく必要はなく、それまでの平均をオンライン更新していくことで、元のパラメータを保存する場合の2倍のメモリ使用量で計算できます。

....

注21 •参考：P. Izmailov and et al. 「Averaging Weights Leads to Wider Optima and Better Generalization」（UAI、2018）

注22 一般の確率的最適化問題においても、最適化途中の平均を使う「Polyak-Ruppert Averaging」が収束速度を改善できると知られています。

1.5
ハイパーパラメータの最適化

　本節では、ここまででも何度も登場してきた、ニューラルネットワークの学習で用いられる「ハイパーパラメータ」について取り上げます。

3種類のハイパーパラメータ

　ニューラルネットワークのパラメータは、誤差逆伝播法で勾配を計算し、勾配降下法を使って自動的に決定することができます。

　しかし、誤差逆伝播法＋勾配降下法を使って自動的に決められないパラメータもいくつかあります。これらのパラメータは**パラメータを決めるためのパラメータ**として、ハイパーパラメータまたはメタパラメータと呼ばれます。本書では**ハイパーパラメータ**（*hyperparameter*）と呼ぶことにします。

　ハイパーパラメータは、大きく3種類に分けられます 図1.13 。

図1.13　**3種類のハイパーパラメータ**

$$\theta^{(t+1)} = \theta^{(t)} - \boxed{\alpha}\,\hat{g}^{(t)}$$
学習率
モーメンタム
$$v^{(t+1)} = \boxed{\beta}\,v^{(t)} + \hat{g}^{(t)}$$
$$\theta^{(t+1)} = \theta^{(t)} - \alpha v^{(t+1)}$$

❶ 学習の挙動を決定するパラメータ

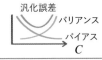

汎化誤差
バリアンス
バイアス
C

❷ 正則化の強さを決定するパラメータ

幅
層数
活性化
関数

❸ ネットワークアーキテクチャを決定するパラメータ

ハイパーパラメータは、パラメータを決めるためのパラメータ。勾配降下法で直接最適化することは難しい

［ハイパーパラメータ❶］最適化の挙動を決める

一つめは、**最適化の挙動を決定するパラメータ**です。学習率α、モーメンタムの推定に関するβ, β_1, β_2、そして勾配を正規化する際の分母に含まれているϵ (*epsilon*)などです。

なお、ϵも分母が0にならない目的で導入されていますが、実は目的関数を2次近似した場合の「補正項として重要な役割」を持っており、適切に設定することで汎化性能が大きく変わることがわかっています[注23]。最適化の際には、このハイパーパラメータも学習率同様に調整したほうが良く、場合によっては数千といった「大きい値の範囲まで探索する必要がある」と指摘されています。

［ハイパーパラメータ❷］正則化の強さや挙動を決める

二つめは、**正則化の強さや挙動を決定するパラメータ**です。Weight Decayの係数、ドロップアウトの係数などが挙げられます（第2章を参照）。

また、ミニバッチサイズは学習効率にも汎化性能にも影響があります。ミニバッチサイズを変えることで勾配の推定精度が変わり、それにより暗黙的に加わるノイズの大きさが変わり、フラットな解が見つかる部分に影響があると考えられるためです。

また、後述するデータオーグメンテーションの強さや種類を決めるパラメータもあります。

［ハイパーパラメータ❸］ネットワークアーキテクチャを決める

三つめは、**ネットワークアーキテクチャ**（*neural network architecture*、ニューラルネットワークアーキテクチャ）**を決定するパラメータ**です。層数や、総結合層の場合はユニット数、畳み込み層の場合は空間サイズやチャンネル数、活性化関数に何を使うか、また活性化関数自身もパラメータを持つ場合があります（この場合、誤差逆伝播法で学習することもできる）。

注23　• 参考：D. Choi and et al.「On Empirical Comparisons of Optimizers for Deep Learning」（arXiv.、2019）

ハイパーパラメータの調整
勾配降下法による最適化とは別に行う必要がある

　これらのハイパーパラメータは、学習効率、汎化性能に大きな影響を及ぼします。これらのハイパーパラメータは人手で調整するか、勾配降下法ではない、別の最適化で自動決定することが必要になります。

　たとえば、汎化性能(未知のテストデータでの性能)を最大化する場合には、検証用のテストデータセットを用意し、訓練用データで学習したモデルを検証用のテストデータセットで評価し、その性能が最も良かったハイパーパラメータの組み合わせを採用する方法が一般的です。また、すべての訓練データを使って評価すると時間がかかりすぎるので、多くの場合、一部の訓練データを使って評価します。

ハイパーパラメータの候補をどのように選ぶか

　候補となるハイパーパラメータの組み合わせをどのように選ぶかについては、グリット探索、ランダム探索、ベイズ最適化を使う方法などが知られています。ここでは、グリッド探索とランダム探索を取り上げて説明します。

●⋯⋯⋯グリッド検索とランダム検索

　グリッド探索(*grid search*)は、各ハイパーパラメータごとにいくつか候補を決めて、それらを組み合わせて調べます。たとえば、ハイパーパラメータが3つu_1, u_2, u_3あり、それぞれについて $\{0.1, 0.01, 0.001\}$ の中から一つ選ぶ場合、$3^3=27$通り試すことになります。

　ランダム探索(*randomized search*)の場合は、すべての値を適当に決めた乱数から選んで選択します。

　最終的な性能に一部のハイパーパラメータしか依存していない場合は、グリッド探索よりもランダム探索のほうが優れていると考えられています 図1.14 [注24]。

　これはグリッド探索の場合、各ハイパーパラメータで探索できる候補数が限られてしまうためです。たとえば、先ほどのグリッドの例では、それぞれのパラメータは3通りしか試すことができませんでした。ランダム探索の場

注24 ● 参考：J. Bergstra and et al.「Random Search for Hyper-Parameter Optimization」(JMLR、2012)

合は各パラメータごとに27通り試すことができるため、良いハイパーパラメータを引く可能性が高くなります。一方で、ランダム探索の場合はすべてのハイパーパラメータを同時に動かしてしまうため、どのハイパーパラメータが実際に効いているかはわからなくなります。グリッド探索の場合は、それぞれのハイパーパラメータの影響について調べることができます。

図1.14 グリッド探索とランダム探索

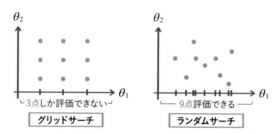

ハイパーパラメータを探索する際、
もし一部のパラメータ（上図 θ_1）のみが性能に貢献している場合、
ランダム探索のほうが多くのパラメータを評価できるため優れている

学習率　最も重要なハイパーパラメータ

ハイパーパラメータの中でも、**学習率は最も大事なハイパーパラメータ**です。学習率は、**最適化の収束速度に影響を与えるだけでなく、汎化性能にも大きく影響する**ためです。学習率が小さすぎると、収束が遅いだけでなく、汎化性能が低いような解にはまってしまいます。また、学習率が大きすぎると、収束しない、発散してしまうということが起きます。

●……学習率は汎化性能に大きく影響する

学習率をうまく調整することで、汎化性能が低い解にはまることを防ぎ、汎化性能が高い解に到達することができます。基本戦略は、**ぎりぎり発散しないような大きな学習率で始めた上で、徐々に学習率を下げていく**ことです。

●……アニーリング

この考え方は、最適化手法で見られる**アニーリング**とよく似ています。

> **Note**
> **アニーリング**
> アニーリング(annealing、焼きなまし法)は元々、金属を熱した後、徐々に冷や
> していくことでより良い結晶状態を得る手法です。それと同様に、最適化でも最
> 初にノイズを大きくして探索し、徐々にノイズを小さくしていくことで、初期に
> 極小解にはまることを防ぎ、最後は解に収束させていく手法を指します。

　学習率が大きい場合は、大きなノイズを加えて最適化している場合に相当
し、学習率が小さい場合はノイズが小さい場合に相当します。大きなノイズ
を加えることで、極小解にはまることを防ぎ、探索対象の中でよりフラット
な解がありそうな領域に到達することを助けます。また、徐々に学習率を下
げていくことで解に収束することができます　図1.15 ❶ 。

図1.15　ウォームアップとアニーリング、コサインアニーリング

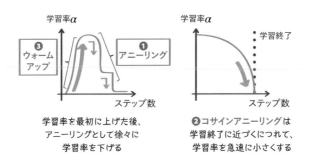

学習率を最初に上げた後、
アニーリングとして徐々に
学習率を下げる

❷コサインアニーリングは
学習終了に近づくにつれて、
学習率を急速に小さくする

　学習率を設定する際はさまざまな学習率を試し、**学習がぎりぎり発散しな
いような学習率を求めます**。ぎりぎりであるほど、汎化性能が高いようなフ
ラットな解が見つかると考えられています[注25]。
　また、学習率は**学習途中で小さくしていく**ことで、汎化性能を大きく向上
させられることがわかっています[注26]。たとえば、50エポック(epoch、段階、
学習回数)め、100エポックめで、学習率を1/10にするというふうにすること
で、汎化性能を大きく上げられます。

注25 ● 参考：A. Lewkowycz and et al.「The large learning rate phase of deep learning: the catapult
mechanism」(arXiv.、2020)

注26 ● 参考：Y. Li and et al.「Towards Explaining the Regularization Effect of Initial Large Learning
Rate in Training Neural Networks」(NeurIPS、2019)

● ········ **コサインアニーリング**

　こうした学習率を徐々に小さくしていく戦略の代表的な手法である、**コサインアニーリング**（*cosine annealing*）は、学習率をコサイン関数の角度が 0 から 90 度までの部分に従って、学習率を最初と中盤は大きくしておき、終盤に向けて急激に下げていきます 図1.15 ❷ 。

● ········ **ウォームアップ**

　また、学習初期の学習率は小さくしておき、徐々に上げていく**ウォームアップ**（*warmup*）も、最適化が難しい学習問題で多く使われます 図1.15 ❸ 。

　これは学習初期は勾配が安定しておらず、また 2 次モーメントの統計量などを使う最適化法の場合は、それらの統計量の精度が十分貯まっていないためです。たとえば、目標とする学習率に向かって $2 / (1-\beta_2)$ 回、線形に学習率を増やしていく手法が推奨されています[注27]。

ミニバッチサイズ　勾配のノイズの大きさを決める

　学習率は、**ミニバッチサイズ**からも影響を受けます。確率的勾配降下法では「真の勾配」に対し、ミニバッチから勾配を計算しているため、**勾配にノイズが載っている**とみなせます。

　このノイズの大きさは、学習率を α、学習データのサイズを N、ミニバッチサイズを B としたとき、$\alpha N / B$ に比例することがわかっています。

　ミニバッチサイズもハイパーパラメータの一つと考えられ、学習効率だけでなく汎化性能に影響を与えます。ある学習率、バッチサイズで汎化性能が最大化されているときに、バッチサイズを a 倍にする場合は学習率も a 倍にすると、同じような汎化性能を達成することができます[注28]。

ハイパーパラメータの自動最適化

　ハイパーパラメータは勾配法で最適化することができず、学習前にあらか

[注27]　•参考：J. Ma and et al.「On the adequacy of untuned warmup for adaptive optimization」（AAAI、2021）

[注28]　•参考：S. L. Smith and et al.「A Bayesian Perspective on Generalization and Stochastic Gradient Descent」（ICLR、2018）

じめ人手で決めておく必要があると説明しましたが、これらのハイパーパラメータを自動最適化するようなライブラリもいくつか登場しています。

この場合、学習の目的関数（訓練誤差）とは別に、ハイパーパラメータ調整用の別のデータセットを用意し、そのデータセット上の目的関数の値を評価することで、自動最適化します。これらハイパーパラメータについての勾配を誤差逆伝播法で求めることはできないので、別の手法を使って求めます。

こうしたハイパーパラメータを調整する手法としてはOptuna（著者が所属するPFNが開発している）[注29]、Hyperopt[注30]、Scikit-Optimize[注31]などがあります。これらのライブラリを使うことで、計算リソースさえ投入すれば最適な（または、それに近い）ハイパーパラメータを探索することができます。

一方で、これらのライブラリも探索範囲や探索戦略を選択する必要があり、これらはユーザーが与える必要があります。人のドメイン知識や事前知識を導入することで、効率的に探索できるようになります。

1.6
本章のまとめ

本章では、学習のエンジンである**最適化**について紹介しました。ニューラルネットワークは勾配降下法を使ってパラメータを最適化しますが、**最適化対象の目的関数**には**極小解**、**プラトー**、**鞍点**といった問題があり、これらをどのように回避できるのかが重要な課題でした。幸いなことに**幅が広く大きなニューラルネットワークの目的関数**は、特殊な性質を持っており、勾配法によって最適解に近い解を見つけられることを説明しました。

最適化を改善させる手法として**モーメンタム法**、RMSProp、Adam、NovoGrad、Lookahead Optimizer、Stochastic Weighted Averaging（SWA）を紹介し、また、最適化を行う際に重要な**ハイパーパラメータ**、**学習率**、**ミニバッチサイズ**などについても説明しました。

....

注29　**URL** https://optuna.org
注30　**URL** https://hyperopt.github.io
注31　**URL** https://scikit-optimize.github.io

第 2 章

ディープラーニングの汎化

なぜ未知のデータをうまく予測できるのか

図2.A　　　**本章の全体像**

汎化性能　未知の入力でもうまく
分類 / 回帰 / 予測
できる性能

従来の前提　**表現力の高いモデル**は
過学習しやすく**汎化**しにくい

表現力が低い　　表現力が高い

* バイアス（偏差、偏り）
* バリアンス（分散）
➡ トレードオフ

Q ニューラルネットワークは
表現力が高いのに汎化する、
なぜ❓

機械学習の目標は、学習時に見たことがない「未知のデータ」をうまく予測できるような汎化能力を獲得することです。従来、大きなニューラルネットワークを使った場合、パラメータ数が多いため、過学習しやすく汎化しにくいのではないかと考えられていました。

　しかし、さまざまな実験からニューラルネットワークは高い汎化性能を達成できることがわかってきました。さらに、ニューラルネットワークは明示的な正則化を加えなくても、高い汎化性能（明示的な正則化を加えたほうがさらに良い）を達成することがわかりました。そして、理論的な研究が進み、ニューラルネットワークは、学習中にデータや問題の複雑さにあわせてモデルの複雑さを自動的に制御する陰的正則化を備えていることで、このような汎化性能を達成することがわかってきました。

　本章では従来の機械学習の汎化理論から説明し、なぜディープラーニングが汎化するのかについて説明していきます 図2.A 。

A モデルの表現力を自動的に制限するしくみが備わっている

- 勾配降下法 → ノルム最小化
- 「確率的」勾配降下法
- ニューラルネットワーク　フラットな解
  の目的関数の形状
- 宝くじ仮説 → "当たり"の
  サブネットワーク

陰的正則化

問題の複雑さに
合わせて
モデルの表現力を
自動調整する

- データオーグメンテーション

通常の正則化

- Weight Decay
  パラメータの大きさの二乗に比例した
  ペナルティを目的関数に加える
- ドロップアウト

2.1
従来の汎化理論との矛盾

　従来の汎化理論に基づけば大きなニューラルネットワークは汎化しにくい
と考えられていましたが、幅が広く層が深いニューラルネットワークは、汎
化能力が高いことが実験的にも理論的にもわかってきています。本節では、
従来の汎化理論とその矛盾について、まずは整理しておきましょう。

従来の汎化理論とニューラルネットワークの汎化

　機械学習が「汎化能力を獲得する」には**過学習を抑制する**必要があり、データや問題の複雑さに応じた**適切な表現力を持ったモデルを使う**ことが重要です　**図2.1**　。

図2.1　　　**従来の汎化理論とニューラルネットワークの汎化**

汎化能力の獲得には、問題の複雑さに
合わせて「適切な表現力を持ったモデル」
の利用が必要

従来は明示的に正則化を与え
モデルの複雑度を制御していた

ニューラルネットワークはランダムに
ラベルを割り振ったデータも丸暗記
できるほど表現力が高い
➡ 過学習しやすいのでは❓

同じモデルが正則化を
加えなくても汎化する❗

問題の複雑さに応じて、
モデルの複雑さを自動制御する
しくみが備わっている❗

簡単な問題には
単純なモデル

難しい**問題**には
複雑なモデル

大きなニューラルネットワーク　　　　　　　　　　　　　　　　Note
　大きなニューラルネットワークといった場合、「幅が広い」ということと「層が深い」という２つの側面があります。幅を広くすると学習（最適化）しやすい、汎化しやすいというメリットがありますが、層を深くすると学習しにくくなるが、汎化しやすいという特徴があります。一方、幅を広くした場合は、パラメータ数や計算量は急激に増えますが、層を深くした場合は深さに線形にしか増えません。

　これに対し、ニューラルネットワークはパラメータ数が多く、実際、ランダムにラベルを割り振ったデータも完璧に丸暗記できるほど、モデルの表現力が高いことがわかっています。

　しかし、驚くべきことに、この表現力の高い同じモデルを使って明示的に正則化を加えなくても汎化します。この謎に対し、ニューラルネットワークは学習中に明示的に正則化を加えなくても、**モデルの表現力を自動調整する「陰的正則化」が発動している**ことがわかりました。

　さまざまな陰的正則化が同時に発動するのですが、この中でも**勾配降下法によるノルム最小化**、**フラット**な解、そして**宝くじ仮説**が重要だと考えられます。これらについて、順に詳しく説明していきます。

［再入門］訓練誤差、汎化誤差、汎化能力

　はじめに訓練誤差、汎化誤差、汎化能力について復習しておきましょう。

　機械学習は、訓練データをうまく分類/予測/回帰（以下、簡略化のため予測とする）できるようにパラメータを調整することで学習します。

　与えられたデータをうまく予測できているかどうかは、「損失関数」と呼ばれる関数で表します。そして、訓練データごとの損失関数の値の平均を「訓練誤差」と呼び、**訓練誤差**を目的関数として、これを最小化する最適化問題を解くことで最適なパラメータを求めます 図2.2 。

図2.2 ［再入門］機械学習の流れ

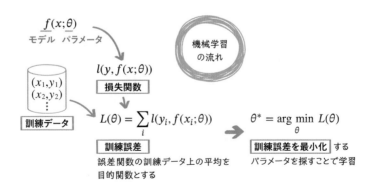

しかし、学習の最終目標は、訓練データをうまく分類することではありませ

ん。訓練誤差を小さくするだけであれば、訓練データを丸暗記すれば済みます。

学習の目標は、学習されたモデルが、訓練データとは違う未知のテストデータ[注1]に対して、うまく予測できるようにすることです。

未知のテストデータ全体にわたって損失関数の期待値をとった値を**汎化誤差**と呼び、汎化誤差を小さくできる能力を**汎化能力**と呼びます。

機械学習の最終的な目標は、**汎化誤差を小さくできるようなモデルを求めること**といえます。

●⋯⋯ 汎化誤差は直接評価できない

汎化誤差を最小化するにあたって、汎化誤差を直接評価できれば良いのですが、機械学習が扱うほとんどの問題ではテストデータをすべて列挙したり入手することはできず、汎化誤差を評価できません。とくに、入力が画像や音声、化合物のような高次元であるデータ、または、低次元であっても連続量を持つデータの場合は、すべてのデータを列挙することは不可能です。

そのため、訓練誤差を汎化誤差の近似として使い、訓練誤差を小さくすることで汎化誤差も小さくなることを期待します。

この際、訓練データと未知のテストデータは同じデータ分布からランダムにサンプリングされている i.i.d.(独立同分布)を仮定します。この場合、訓練データが十分な数あれば、訓練誤差を小さくすることで汎化誤差も高い確率で小さくできることが期待できます。

●⋯⋯ 汎化誤差が大きい理由には「未学習」と「過学習」がある

このように、訓練誤差の最小化によって汎化誤差の最小化を目指しますが、それでも汎化誤差が大きくなってしまう場合があります。この汎化誤差が大きい場合は、大きく二つに分けられます。

一つめは、訓練誤差も汎化誤差も大きいような場合です。この場合を**未学習**(*underfitting*)と呼びます。使っているモデルの表現力が低すぎる、または学習の最適化に失敗していて、もっと良い解が存在するのに発見できていない場合です。二つめは訓練誤差を小さくできているが、汎化誤差が大きくなっている場合です。これを**過学習**(*overfitting*)と呼びます。

注1　正確にはモデルを使う対象データ全体であり、「テスト」をするデータではないので、この用語は不適切ですが、評価する際はテストデータと呼ぶので、本書では「テストデータ」と呼ぶことにします。

　「未学習」は、**モデルの表現力**や**最適化(学習)**の問題により発生します。ニューラルネットワークであれば、モデルの表現力はいくらでも大きくできます。また、前章で説明したように、ニューラルネットワークの学習における最適化問題は、最適解に近い極小解を高い確率で見つけることができます。そのため、適切なネットワークアーキテクチャや学習手法を使えば、未学習は問題となりません。

> **完全にランダムなデータ**　　　　　　　　　　　　　　　　　*Note*
> 　後述するように、完全にランダムなデータであっても、ニューラルネットワークは丸暗記して覚えて訓練誤差を0にすることができます。この場合は過学習が問題となります。

　本章は、後者の「過学習」の場合に焦点を絞って考えていきます。汎化誤差と訓練誤差との差を**汎化ギャップ**と呼びます 図2.3 。
　一般に、最適化問題は、訓練誤差を最小化しようとしているため、訓練誤差の方が汎化誤差よりも小さい値をとり、汎化ギャップは正の値をとります。そして、過学習は、汎化ギャップが大きくなっているような状態です。

図2.3　　　**汎化ギャップ**

↑ 誤差の大きさ	訓練データに対する誤差の大きさを訓練誤差と呼ぶ。
─ 汎化誤差 〔**汎化ギャップ**〕	未知データに対する誤差の大きさを汎化誤差と呼ぶ。
─ 訓練誤差	モデルは訓練誤差を最小化するように学習しているので、汎化誤差のほうが大きい。
	➡ この2つの差を汎化ギャップと呼ぶ

　過学習が起きている代表的な例は「丸暗記」です。表現力が高いモデルを使って学習した場合、訓練データをそのまま丸暗記してしまうことがあります。この場合、訓練データをすべて正しく予測することはできますが、未知データをうまく予測することはできません。丸暗記が起きている場合は、訓練データやテストデータ全体にわたって普遍的に見られるようなルールを学習できていないためです。学校の試験などで、問題とその答えの組み合わせを丸暗記したのに、問題文が少し違っているだけで答えられないようなものです。

　また、過学習が起きているときは、実際の予測には役立たない偽の仮説、法則を導き出し、それに基づいて予測している状態になっているともいえます。この過学習は、学習の際に使った仮説の数がそれを検証するために使える訓練データ数よりずっと多い場合に発生します。

必要以上に表現力の高いモデルは過学習しやすい

　モデルの表現力とは、どれだけ多くの関数を表現できるかという能力です。一般にパラメータ数が多いモデルのほうが、少ないモデルより表現力が大きくなります。

　そして、表現力の高いモデルは、そうでないモデルに比べて過学習しやすく、過学習を防ぐためにはモデルの表現力を適切に抑える必要があります。この原則は古くから、「ある事柄を説明する場合に、必要以上に多くの仮定を使うべきでない」という「オッカムの剃刀」の原則としても知られています。これについては、次のバイアス-バリアンス分解で説明をします 図2.4 。

図2.4　モデルの表現力

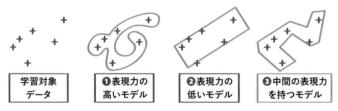

表現力の高いモデルはさまざまな形をとることができ、
過学習を起こしやすい。一方で、表現力の低いモデルは
データをうまくとらえることができない。
適切な表現力を持つモデルを使うことが重要

　表現力の高いモデル 図2.4❶ は、ぐにゃぐにゃといくらでも変形できる柔らかいゼリーのようなものであり、逆に表現力の低いモデル 図2.4❷ はとても硬く、元の形からあまり変形のできない硬い粘土のようなものとみなすことができます。学習というのは、ゼリーや粘土をデータにあわせていくような問題です。表現力の高いゼリーのようなモデルは、局所的にはデータにぴったり合わせることができますが、非常に多くの形をとることができるので

全体では変な形になってしまうということが起きます。そのため、訓練デー
タとは違う点での予測がうまくいきません。これは**過学習**が起きているとい
えます。一方で、硬すぎる粘土では、データに合わせることができません。
これは**未学習**が起きているといえます。

　データの複雑さや観測点数に合わせた、ちょうど良い表現力を持ったモデ
ル **図2.4 ❸** を使うことで、データ分布をうまく説明できつつ、訓練データ以
外の未知データでも正しい予測をしやすくなるといえます。

バイアス-バリアンス分解

　この表現力が高いモデルが過学習しやすくなるという現象は、**バイアス-
バリアンス分解**(*bias/variance dilemma*)と呼ばれる原理を使って説明すること
ができます。ここでは、説明のために単純なモデルを使ってバイアス-バリ
アンス分解を説明します[注2]。ニューラルネットワークを含む、他の機械学習
モデルでも同様の現象が起きることが報告されています。

　以下では仮定として、データは未知のデータ分布$P(x, y)$に従ってサンプ
リングされ、xとyは未知の関数fとランダムノイズϵに従い、次のような関
係を持っていたとします。

$$y = f(x) + \epsilon$$

　ここでϵはランダムノイズであり、その期待値$\mathbb{E}[\epsilon]$が0、分散$\mathrm{var}[\epsilon]$が
σ_ϵ^2であるとします。

$$\mathbb{E}[\epsilon] = 0$$
$$\mathrm{var}[\epsilon] = \mathbb{E}[\epsilon^2] = \sigma_\epsilon^2$$

　訓練データを使ってモデル$\hat{f}(x)$を推定し、これを使って新しいデータxに
対し、$y \simeq \hat{f}(x)$と予測する問題を考えてみます。このモデルがどの程度あ
っているのかの訓練誤差としては、平均二乗誤差を使うとします。

$$\mathrm{MSE} = \mathbb{E}[(y - \hat{f}(x))^2]$$

注2 ・参考：S. Geman and et al.「Neural Networks and the Bias/Variance Dilemma」(Neural
　　　Computation、1992)

●………**訓練データセットのばらつきで異なるモデルがサンプリングされる**

　機械学習は、未知の真のデータ分布から訓練データがサンプリングされ、それを使って未知の関数 f を推定する問題とみなせます。実際の学習では、訓練データセットは固定の一つが用意され、それを使って学習し、学習済みモデルを得ます。もし、別の訓練データセットが与えられたら、それを使って学習すれば、違う学習済みモデルが得られます。これら、訓練データセットのばらつきで、どの程度学習済みモデルがばらつくのかを考えてみます。

　訓練データセットを1つサンプリング注3 $D = \{x_1, x_2, ..., x_n\}$ して、それを使って学習し、学習済みモデル $\hat{f}$ を1つ得ることを考えます。

　次に、実際に学習するときは、このうちの一つの訓練データセットしか使わないのですが、データセットのサンプリングの仕方によってどのように異なる学習済みモデルが得られるのかを調べていきたいので、仮想的に複数の訓練データセット $D_1, D_2, ..., D_k$ をサンプリングすることを考えます。そして、それぞれの訓練データセットに対応する学習済みモデル $\hat{f}_1, \hat{f}_2, ..., \hat{f}_k$ 全体がどのような分布になるのかを調べてみます。この全体の過程は、未知の真のデータ分布を入力とし、たくさんの異なった学習済みモデルが得られる過程とみなせます。そして、一つの学習済みモデルは、モデル上の分布 F から1つサンプリングしたものとみなせます（$\hat{f} \sim F$）。このモデル上の分布を F とします。

●………**真のモデルとサンプリングされたモデルとの差を「バイアス」と「バリアンス」で表す**

　このとき、ある入力 x に対し、真の関数 f による結果 $f(x)$ と、あるサンプリングされた学習モデル $\hat{f}$ による予測 $\hat{f}(x)$ との差はバイアス（*bias*、偏差）とバリアンス（*variance*、分散）という2つの要素に分解して表すことができます 図2.5 。この図の各点は、一つの学習データセットをサンプリングし学習した結果を表し、的の中心が「真のモデル」を表します。

　バイアスは、予測をモデル分布上で期待値をとった結果と真の関数との差を表します。

$$\mathrm{bias}(\hat{f}(x)) = \mathbb{E}_{\hat{f}}[\hat{f}(x)] - f(x)$$

注3　ここではデータではなく「データセット」をサンプリングしていることに注意してください。各データセットは、データを1つずつサンプリングして得ます。

図2.5 バイアスとバリアンス

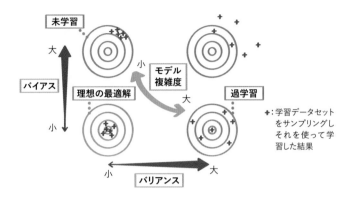

図で見られるように、**バイアスが大きい**ということは、たくさんある**それぞれのモデルによる予測の中心と、真の値（的の中心）がずれている場合**です。

これに対し、バリアンスは、推定ごとにどのくらいばらつきがあるかを表します。

$$\text{var}(\hat{f}(x)) = \mathbb{E}_{\hat{f} \sim F}[(\hat{f}(x) - \mathbb{E}[\hat{f}(x)])^2]$$

図で見られるように、**バリアンスが大きい**ということは**推定値が広がっている**ことを表します。学習した結果、どの点が選ばれるかは、どの訓練データセットをサンプリングして引いてくるかどうかによります。これは、学習者は決定することはできません。良い訓練データセットを引いた場合は真の関数に近い学習済みモデルが得られますが、悪い訓練データセットを引いてしまった場合は、真の関数からは離れた学習済みモデルが得られます。

このとき、あるモデルの汎化誤差の期待値（訓練データのサンプリングについて期待値をとっている）は、次のように評価できます。

$$\mathbb{E}_x[\mathbb{E}_{\hat{f}}[(y - \hat{f}(x))^2]]$$
$$= \mathbb{E}_x[\text{bias}[\hat{f}(x)]^2] + \mathbb{E}_x[\text{var}(\hat{f}(x))] + \sigma_\epsilon^2$$

このように、汎化誤差の期待値がバイアス項（最初の項）、バリアンス項（二つめの項）、そして問題依存のノイズに分解されることを汎化誤差（予測誤差）の**バイアス-バリアンス分解**と呼びます。

これらバイアス項とバリアンス項に対応する誤差は、どのように発生するのかを見ていきます。

●………「バイアス項」が大きい場合

バイアス項が大きい場合は、二つあります。

一つめは、モデルの表現力が、学習目標の関数fを表すのに必要な表現と比べて低い場合です。たとえば、真の予測に必要な関数は3次関数なのに、モデルに2次関数を使っていれば、どのようにパラメータを合わせても真の分布に合わせることができません。未学習が発生している場合ともいえます。

二つめは、**目的関数や勾配が真の目的関数や勾配とずれている場合**です。たとえば、目的関数に近似を使っていたり、勾配に近似を使っている場合、その目的関数を最適化して得られる解は真の解から少しずれている、推定結果に何らかの偏りがあることになります。このような場合も、バイアス項が大きくなります。

> **Note**
> **不偏推定量**
> 　確率分布 $p(x)$ からサンプリングした x の推定量 $g(x)$ の期待値が推定対象の真の値 $f(x)$ と等しいとき、つまり $\mathbb{E}_{p(x)}[g(x)]=f(x)$ を満たすとき、「g は f の不偏推定量である」と呼びます。推定量が不偏推定量であれば、サンプル数を増やしていくに従い、サンプルからの推定値の平均値は真の値に近づいていきますが、不偏推定量でなければ平均値は真の値に近づきません。不偏推定量ではない例として、強化学習のブートストラップによる価値推定が挙げられます（第4章で後述）。

●………「バリアンス項」が大きい場合

続いて、バリアンス項が大きい場合を見ていきます。バリアンスは訓練データセットのばらつきにより、学習済みモデルの予測がどれだけばらつくのかを表していました。ばらつきが大きいと、たとえその期待値が真の関数に近いとしても、得られた1つの学習済みモデルの予測が真の値から大きく外れてしまう可能性があります。

モデルの表現力が大きく、訓練データの違いによって学習済みモデルの予測が異なりやすくなる場合、このばらつきが大きくなります。

●………バイアスとバリアンスのトレードオフ

訓練データセットによらず、汎化誤差の期待値を小さくするには、バイアスとバリアンスを同時に小さくする必要がありますが、これら2つは**トレードオフの関係**にあり、両方を同時に小さくすることはできません。バイアス項が大きい場合は「未学習」が起きている場合、バリアンス項が大きい場合は「過学習」が起きている場合と見ることができます。

そして、モデルの表現力が高いほど、図2.5 の右下のバイアスが小さく、バリアンスが大きい**過学習**の状態に近づき、逆にモデルの表現力が低いほど図の左上のバイアスが大きく、バリアンスが小さい**未学習**の状態に近づきます。

このように、(期待)汎化誤差というのは、モデルを大きくしていくと下がり続けて途中でまた大きくなるような凸関数のような形をとります 図2.6。この汎化誤差が最も小さくなるような位置が、(期待)汎化誤差を小さくできるような「ちょうど良い表現力を持ったモデル」になります。

図2.6 ■ バイアスとバリアンスのトレードオフ

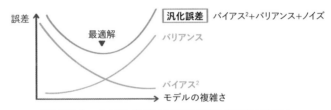

汎化誤差は、バイアス（学習するモデルの期待値が真のモデルとどれだけずれているか）とバリアンス（訓練データの選び方によるモデルのばらつき）に分解できる。モデルの表現力が上がるにつれ、バイアスは減り、バリアンスが増える、トレードオフの関係にある

モデル選択

この問題の複雑さにあわせた、ちょうど良い表現力を持ったモデルを探すタスクを**モデル選択**(*model selection*)と呼びます。

一般に、汎化誤差を直接求めることはできませんが、訓練データとは別に検証用データセットを用意し、検証用データ上の平均誤差を汎化誤差とみなし、検証誤差が最小になるようなモデルを選択することがよく行われます。統計で使われる交差検証を、機械学習の性能評価に適用した考え方です。

また、モデルの複雑さを定量化し、訓練誤差とあわせて汎化性能を推定することも行われます。この場合、訓練データを使って直接最適な表現力を持つモデルを選択できます。このアプローチの代表的な手法としてはMDL(*Minimum description length*、最小記述量原理)、AIC (*Akaike information criterion*、赤池情報量基準)、TIC (*Takeuchi information criterion*、竹内情報量基準)、WAIC(*Watanabe–Akaike information criterion*、渡辺・赤池情報量基準)などがあります。たとえば、TICはニューラルネットワークの汎化ギャップ

を特徴づけるのに有効であることが報告されています[注4]。

ニューラルネットワークは表現力を自動調整する機構を備えている

　ニューラルネットワークは、他の機械学習モデルと比べるとパラメータ数が非常に大きいため、モデルが複雑であり、上のバイアス-バリアンス理論からすると過学習しやすい(低バイアス、高バリアンス)と見られていました。

　しかし、実際はこの予想に反し、汎化能力が高いことがわかってきています。これは、理論や実験が間違っていたわけではなく、ニューラルネットワークはモデルの表現力を必要最低限に抑えるしくみが備わっていたためです。あらかじめ大きめの表現力を持ったモデルを使っておき、問題に応じてこの表現力を適切なサイズまで自動的に小さくしていっているとみなせます。これらについて、以下で説明していきます。

....

注4 ・参考：V. Thomas and et al.「On the interplay between noise and curvature and its effect on optimization and generalization」(AISTATS、2020)

Column

バイアス-バリアンストレードオフの先にある二重降下

　近年、ニューラルネットワークに限らず、多くの機械学習モデルで、訓練誤差が0になるのに必要なモデルサイズより、さらにモデルサイズを大きくしていった場合、再度、期待汎化誤差が下がり始めるという現象が起きることがわかってきました。これを「二重降下」(*double descent*)と呼びます。これは、モデル表現力がサンプルサイズよりずっと大きい場合、バリアンスが再度下がる現象が起きるためです。

　学習対象モデルがニューラルネットワークのように同じ関数を異なるパラメータ表現で表現できる特異モデルであり、小さい初期値から勾配降下法で学習し、入力が予測したい出力に対しすべてが弱く関係しているような場合は、二重降下が起きることがわかっています[注a]。大きなモデルを使ったニューラルネットワークの場合、このような現象が起きるかどうかは現在も議論中ですが、実験的にはそのような現象が見られると報告されています[注b]。

....

注a ・参考：M. Belkin「Reconciling modern machine-learning practice and the classical bias–variance trade-off」(PNAS、2018)

注b ・参考：P. Nakkiran「Deep double descent: Where bigger models and more data hurt」(ICLR、2020)

2.2
ニューラルネットワークと陰的正則化

　ニューラルネットワークは、パラメータ数が多く、表現力も高く、あらゆる関数を近似できる「万能近似関数」として知られています。このような強力なモデルでは、過学習しやすいだろうと考えられていました。

　実際、ニューラルネットワークの学習では、条件によっては過学習の代表的な現象である「丸暗記」が起きます。しかし、ニューラルネットワークの学習では問題の複雑度に応じて、モデルの複雑度を自動調整し、過学習を抑制する「陰的正則化」が起き、汎化性能を高めていることがわかりました。

ニューラルネットワークで丸暗記は起きているか

　訓練データのラベルをランダムなラベルに置き換え、そのデータを使ってニューラルネットワークが学習できるかが調べられました 図2.7 注5。

図2.7　ニューラルネットワークで丸暗記は起きているか

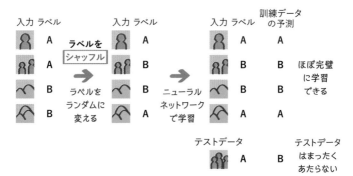

ニューラルネットワークで過学習の代表的な現象である
丸暗記が起きているかを調べるために、訓練データのラベルを
ランダムにシャッフルし学習できるかを調べた
➡ 完璧に学習できるため、丸暗記が起きていることがわかった

注5　•参考：C. Zhang「Understanding deep learning requires rethinking generalization」(ICLR、2017)

　実験の結果、通常の学習よりは時間がかかりましたが、通常のニューラル
ネットワークと学習手法をそのまま使っても訓練誤差を0にできることがわ
かりました。このランダムにラベルを振って作ってある訓練データ、つまり
入力と出力の間に何も法則がないデータをうまく分類できているということ
は、データを丸暗記するしかありません。このように、ニューラルネットワ
ークの学習において丸暗記が起きることがわかりました。

　一方で、同じモデルと学習手法を使って明示的に正則化を適用しなくても
画像認識を学習し、汎化することも実験でわかりました。また、ニューラル
ネットワークは従来の実験より自然言語処理や画像認識、機械翻訳などさま
ざまなタスク、アーキテクチャの場合でも汎化することが実験的に確かめら
れています。しかも、その汎化能力は、他の機械学習手法を超える場合も多
くあることもわかっています。

同じモデルで丸暗記と汎化が発生する謎が解明される

　ここまでの話をまとめると、ニューラルネットワークは表現力が高く、極
端な場合、ランダムにラベルを振った問題設定で学習させると、丸暗記する
ような過学習を起こしますが、通常の問題では過学習せず汎化します。この
ように、同じモデル、学習手法を使っているのに、ある場合は汎化しない丸
暗記を行い、ある場合は汎化するという謎に対し、多くの研究者がその解明
に取り組んできました。そして、完全ではありませんが、その謎の大部分が
解明されてきました。

正則化と陰的正則化

　とくに重要なしくみが、ニューラルネットワークが問題にあわせてモデル
の複雑さを自動で制御する**陰的正則化**(*implicit regularization*)です。

　汎化誤差を小さくするようなアプローチ全般を「正則化」と呼びます。たと
えば、パラメータのノルムを小さくするようにしてモデルの複雑度を制限し、
過学習を防ぐしくみなどが広く使われています。このような明示的に正則化
が行われている場合に対し、「陰的正則化」は**学習の過程で自動的に発動する
ような正則化**です。

学習の過程で、自動で正則化が発動する

このニューラルネットワークの学習における**陰的正則化**[注6]の中心となっているのが「ノルム最小化」「フラットな解」、そして「宝くじ仮説」と呼ばれるしくみです。

ノルム最小化は明示的な正則化としても導入されますが（たとえば、後述のWeight Decayなど）、勾配降下法や学習のダイナミクスにより、L2正則化やL1正則化が自動的に適用されます。

また、勾配降下法やニューラルネットワークの目的関数の形から、到達する解は**フラットな解**に到達します。このフラットな解は、そうではないシャープな解に比べてよりモデル複雑度が低く、フラットな解であればあるほど、単純なモデルに対応するようになっています。

そして、宝くじ仮説は、ニューラルネットワークは学習初期に存在する問題を解くサブネットワークを選択しているだけであるという仮説です。

これら三つについて、順番に解説していきます。

最小ノルム、低ランク　確率的勾配降下法による正則化の効果

最初の陰的正則化の例として、学習に用いる**確率的勾配降下法（SGD）**に正則化の効果があり、汎化に役立つことを説明します。逐次的に更新する勾配降下法によって、目的関数の最小化を達成すると同時に、**最小ノルム**と**低ランク**を達成することができます。また、確率的に探索するということで探索にノイズが加わり、**フラットな解**に到達することができます。これらについて、順に説明していきます。

最小ノルム　逐次的に更新することで最小ノルムを達成できる

勾配降下法は解析的に解を求めるのではなく、現在の候補解を勾配を使って逐次的に更新して解を求めます。

このとき、勾配降下法は小さな初期値からスタートした場合、目的関数の

注6　ここで説明する陰的正則化は、ニューラルネットワークに特別なことではなく、他の機械学習手法でもその条件を満たせば発動します。

値を小さくするだけでなく、**パラメータのノルムが小さくなるような解を見つけられる**ことがわかっています 図2.8 。

> **ノルム**　　　　　　　　　　　　　　　　　　　　　　　　　Note
> ノルム(norm)とは「パラメータの大きさ」を表します。たとえば、ベクトルのL2ノルムは $||\mathbf{w}||_2 = \sqrt{\sum_i w_i^2}$ です。

図2.8　　勾配降下法はノルムが最小となる解を見つけられる

解の集合

勾配降下法は小さな初期値から最適化した場合、
解の集合の中でも、ノルムが小さい解を見つけられる

　パラメータのL2ノルムはモデルの複雑度と関係し、L2ノルムが大きいほど、モデルの複雑度は増えます。モデルの複雑度を抑えるため、このL2ノルムを目的関数に加える**L2正則化**が使われることが多く、ディープラーニングの学習でも後述する**Weight Decay**を使ってL2ノルムを抑えることを助けます。

　しかし、勾配降下法は意図せず、解の中でできるだけノルムが小さいような解を発見することができます。

　勾配降下法は、小さな値で初期化した場合、ノルムが小さい状態からスタートします。そこから更新のたび勾配に従い移動していき、最終的に解集合のどこかに到達します。この最初に到達する解は、たくさんある解の中でも初期値に近い解です。そして、初期値に近いということはノルムが小さい解であることが期待できます。

　以上は大雑把な説明ですが、実際、線形回帰問題や行列分解、線形ニューラルネットワークでは、**勾配降下法によって解の中でもL2ノルムが最小である解を見つけられる**ことが証明されています[注7]。

注7　●参考：T. Hastie and et al.「Surprises in High-Dimensional Ridgeless Least Squares Interpolation」(arXiv.、2019)

　非線形かつ多層ニューラルネットワークの場合、解析は複雑になりますが、特定の条件を満たす場合はノルム最小化と似たような意味を持つ**正規化マージン最大化**（分類面とそれに一番近い点までの距離が最大化するような重みと、そのノルムを正規化した上で一致する）を達成することがわかっています^{注8}。

●……… ノルム最小化と汎化性能

　パラメータのノルムが小さいと、なぜ汎化しやすいのでしょうか。ノルムが1以下のモデルの集合は、ノルムが2以下のモデルの集合に含まれます。つまり、ノルムが小さいモデルの中から選ぶほうが、より少ないモデルの集合から選ぶことになり、表現力が小さくなります。そのため、**ノルムが小さければ小さいほど、モデルの表現力が限られている**ことになります。

　そして、ノルムを正則化項として明示的に導入して制約する場合とは違って、**勾配降下法では、ノルムの大きさは問題の難しさに応じて適切に変えられる利点があります**。小さいノルムで解が見つからない場合は、初期値からさらに離れてノルムを徐々に大きくしていきます。先ほどの、ランダムラベルを使った場合の丸暗記でも、まさにこれが起こっています。ランダムなラベルを予測できるように、通常より学習時間がかかり、より表現力のより大きなノルムを持ったモデルを探索しています。

　このように、**勾配降下法を使うことで、問題の複雑に応じて必要最小限の複雑さを持ったモデルを使うことが実現されています**。

低ランク　各層の表現力を抑える

　また、勾配降下法を使って学習する場合、**パラメータは初期値に各ステップの勾配を足し合わせたものとみなせます**。ニューラルネットワークのある層のパラメータについての勾配 $\mathbf{V}$（パラメータが行列として、勾配も同じように行列で表示する）は、その層の入力 $\mathbf{h}$ と、出力についての誤差 $\mathbf{v}$ の外積 $\mathbf{h}\mathbf{v}^\mathsf{T}$ として得られます。これにより、パラメータの自由度は、その層の入力の自由度と誤差の自由度に制約されます。専門用語を使えば、**データ分布の張る空間とパラメータの張る空間が一致する**ということです。

注8　•参考：D. Soudry and et al.「The Implicit Bias of Gradient Descent on Separable Data」（JMLR、2018）

データの張る空間が全体の空間の一部（低ランク）である場合（**参考** 多様体仮説）、ニューラルネットワークの各層が表現する空間も制約されます。たとえば、入力データの見かけの次元数が大きい場合でも、そのデータのランクや、それを一般化した特異値の分布が急激に減少するような場合は、パラメータも同様に低ランクになったり、特異値の分布が急激に減少するような分布であり、各層の表現力を、データを表すのに必要最低限に抑えることに役立ちます。

ランク   Note

　線形変換（行列）のランクとは**自由度**のことで、行列では独立な行（列）数と一致します。

多様体仮説   Note

　画像や音声などのデータを高次元空間中の一点と考えたとき、自然界に実際に観測されるデータは、その空間中のほんの一部分の空間に偏って分布していると考えられます。各点の周りがn次元的に広がっているような空間を多様体と呼びます。現実世界で観測されるデータの多くが低次元多様体として捉えられるという仮説を多様体仮説と呼びます。

　このように、勾配降下法を使うことで、ニューラルネットワークは必要に応じて表現力をいくらでも大きくできる一方、与えられた問題を解くのに必要最低限の表現力に抑えるしくみを備えています 図2.9 。

図2.9 ■ ニューラルネットワークは問題の複雑さに応じて必要な表現力を変える

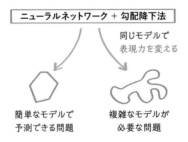

フラットな解

　次の、ニューラルネットワークの汎化性能を高めている理由として「フラットな解」について説明していきます。

　幅の大きなニューラルネットワークを使った学習で見つかる解は、フラットな解であることがわかっています。**フラットな解**(*flat minima*)とは、その解だけでなく、その**周辺も目的関数の値が小さいような解**です 図2.10 。幅の広い底(*wide basin*)と呼ばれることもあります。この反対のシャープな解(*sharp minimum*)は、解の周辺では目的関数の値が急激に大きくなっているような解です。

図2.10 　シャープな解とフラットな解

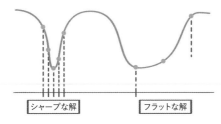

- シャープな解のほうが高い解像度で量子化しなければ最適解を表現できない
- シャープな解よりフラットな解のほうがモデルの記述量が少ない(後述)
➡ フラットな解のほうが汎化しやすい

　フラットな解は、目的関数の形としては底の広い大きなボウルのような形をしています。フラットな解は最適化の変数であるパラメータを多少動かしても、目的関数の値がほとんど変わらないような場所です。つまり、**パラメータに対するノイズにロバスト**(*robust*)**なモデル**ともいえます。

●········ 確率的勾配降下法が生み出すノイズ

　ニューラルネットワークの学習がフラットな解を見つけるのに役に立っていると考えられているのは、一つは**確率的勾配降下法が生み出すノイズ**です。確率的勾配降下法の勾配は**真の勾配の近似**であり、あたかも**真の勾配にノイズを載せた上でパラメータ空間を遷移している**ようにみなせます。このノイズは、汎化性能の高いフラットな解に到達するのを助けています 図2.11 。

図2.11　**ノイズで、シャープな解から脱出し、フラットな解にとどまる**

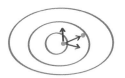

シャープな解は少しのノイズで、　　　フラットな解はノイズが加わっても、
　その領域から外れてしまう　　　　　　その領域内に止まる

　たとえば、最適化の結果、運悪くシャープな解にたどりついてしまった場合でも、勾配のノイズによってその解から離れることができ、別のフラットな解を探索できる可能性が出てきます。それに対し、フラットな解に到達した場合、多少ノイズを加えたとしても、まだ大きなボウルの底の領域であり、フラットな解の領域の中を彷徨い、その外側に飛び出す確率は低くなります。そのため、長い時間、確率的勾配降下法で最適化を続けていくと、シャープな解にいる確率より、フラットな解にいる確率の方が高くなります。これは訓練誤差が十分小さくなった後も学習をし続けることで、汎化性能が改善されていく理由の一つです[注9]。

　このノイズの大きさは**学習率の大きさに比例し、バッチサイズに反比例する**ことがわかっています。そのため、学習率が大きいほうが、汎化性能が高くなるようなフラットな解を見つけられます。一方、学習率が大きすぎると、発散したり解にうまく収束できず、最適化が難しくなります。正規化層を使うと汎化性能が高くなるという理由も、正規化層を使うことで目的関数が発散しにくくなり、学習率を大きくしても発散しないようになり、それによりフラットな解に到達できる可能性を高くし、汎化性能を上げることができるためです。

なぜフラットな解は汎化性能が高いのか

　フラットな解がなぜ汎化性能が高いのでしょうか。フラットな解の汎化能力が高いことは、さまざまな観点で説明できますが、ここでは「最小モデル記述長」（MDL）や「PAC-Bayes」を使って説明していきます。

注9　訓練誤差が小さくなった後にも最適化を続けると、マージン最大化の正則化効果があることが報告されています。
　　　• 参考：D. Soudry and et al.「The Implicit Bias of Gradient Descent on Separable Data」
　　　　（JMLR、2018）

●········**最小モデル記述長に基づく汎化性能**

　モデルの複雑度は、そのモデルを記述するために最低限必要なビット数、い
わゆる「記述量」によって測ることもできます。記述量は、モデルの種類数（の
対数）を表しています。たとえば、10ビットで表現できるモデルは100ビット
で表現できるモデルよりも種類数が少なく単純であるといえます。そのため、
モデルの記述量が違う2つのモデルを使って学習し、それらの**訓練誤差が同じ
であれば記述量が小さいモデルのほうが汎化性能が高い**ことが期待されます。

　訓練誤差だけでなく、そのモデル記述量もあわせて最小となるようなモデ
ルを探索することで、汎化するモデルを探すアプローチは**最小モデル記述長**
（*Minimum discription length*/MDL、最小記述量原理）によるモデル選択基準、
または MDL 基準と呼ばれます。

　そして、フラットな解はシャープな解に比べて、そのモデルの記述量が小
さいことを以下のように示せます[注10]。モデルのパラメータを実際に記述して
保存することを考えましょう。計算機は連続量を保存できないので、ここで
は量子化して記述し、その記述長を考えてみましょう　図2.12 。

図2.12　**フラットな解はモデルの記述量が小さい**

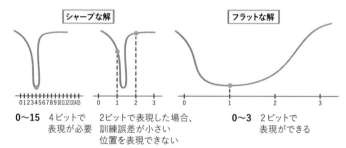

- シャープな解は細かい解像度で保存しなくてはならない
  ➡ モデルの記述量が大きい
- フラットな解は粗い解像度で保存してもよい（ノイズが加わっても大丈夫）
  ➡ モデルの記述量が小さい

> モデルの複雑度はモデルの記述量で表される。
> フラットな解は記述量が小さく、単純なモデルであり汎化しやすい

注10・参考：G. E. Hinton and et al.「Keeping Neural Networks Simple by Minimizing the
　　　　Description Length of the Weights」（CoLT、1993）
　　・参考：S. Hochreiter and et al.「FLAT MINIMA」（Neural Computation、1997）

Note

量子化

　連続量を離散的な値で近似的に表すことを、一般に量子化と呼びます。

　通常パラメータは32ビットや16ビットの浮動小数点で表しますが、これをより小さくするために、適当なスケーリングをして固定ビット数の整数で表すとします。このビット数に応じて、モデルを表す際の「解像度」が変わります。たとえば n ビット使えば 2^n 個の種類を表すことができます。

　フラットな解を記述する場合は、今の解の周辺の目的関数の値も小さいので、解像度を粗くしたとしてもその目盛りのどこかはフラットな解に含まれているので、訓練誤差が小さい解を記述できます。つまり、フラットな解は粗い解像度で表すことができ、記述量を小さくできます。

　それに対し、シャープな解を記述するには、少しでも違う位置を指定してしまうと目的関数の値が急激に大きくなってしまうため、解像度を細かく、記述量を大きくする必要があります。

　先ほどの 図2.12 では、図左のシャープな解は0〜15の4ビットを使って表現する必要があります。この目盛りが一つでもずれてしまうと値が急激に大きくなってしまうため、これより粗い解像度を使うことはできません。一方、図右のフラットな解は0〜3の2ビットだけを使って最適値を表現できます。**シャープな解**はたくさんのビット数を使わないと表現できないようなモデル、つまり**複雑なモデル**であり、**フラットな解**は少しのビット数で表現できるようなモデル、つまり**単純なモデル**で表すことができます。

　そのため、**フラットな解**のほうがモデル記述量が少なくて済む、つまりは単純なモデルであり、**汎化しやすい**といえます。

●……… PAC-Bayesに基づく汎化性能

　フラットな解の方が汎化能力が高いことのもう一つの説明として、「PAC-Bayes」と呼ばれる理論を使うことができます。

　PAC-Bayesでは、汎化性能を学習前のモデルの事前分布から学習後の事後分布までの（確率分布間の距離のような）**KLダイバージェンス**（p.103のコラムを参照）を使って評価することができます。このKLダイバージェンスは、目的関数のパラメータについてのヘシアンのトレース（対角成分の和）として計算できます。これは、目的関数の形が今の位置でどのくらい曲がっている

かを表しています。フラットな解であるほどモデルは曲がっていないため、KLダイバージェンスは小さく、高い汎化性能が期待できます[注11]。

宝くじ仮説　汎化する一つの理由

　ここまで汎化性能が高くなるしくみとして、確率的勾配降下法に基づいた「ノルムが小さく各層の表現力が抑えられるしくみ」「フラットな解に到達するしくみ」があることを説明してきました。最後に紹介するしくみが、「宝くじ仮説」です[注12]。

　宝くじ仮説(*lottery ticket hypothesis*)は、「ランダムに初期化された密なニューラルネットワークは、うまく学習できるような偶然良い初期値の組み合わせを持った**サブネットワーク**を含んでおり、そのサブネットワークだけを取り出し、同じ初期値から学習しても、元のニューラルネットワークと同じ精度に同じ学習回数で達成できる」というものです **図2.13** 。

図2.13 宝くじ仮説

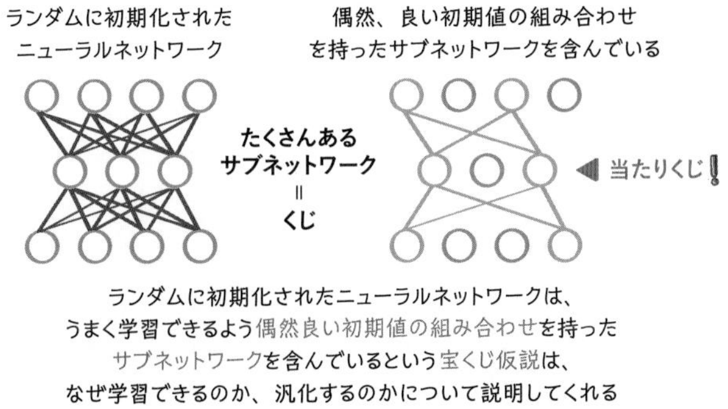

ランダムに初期化された
ニューラルネットワーク

偶然、良い初期値の組み合わせ
を持ったサブネットワークを含んでいる

たくさんある
サブネットワーク
＝
くじ

◁当たりくじ

ランダムに初期化されたニューラルネットワークは、
うまく学習できるよう偶然良い初期値の組み合わせを持った
サブネットワークを含んでいるという宝くじ仮説は、
なぜ学習できるのか、汎化するのかについて説明してくれる

　ランダムに初期化された大きなニューラルネットワークは、無数の異なる初期値の組み合わせを持つサブネットワーク(くじ)を含んでおり、そのほんの一部がうまく学習できるサブネットワーク(当たりくじ)であるという仮説

注11 ・参考：G. K. Dziugaite「Revisiting Generalization for Deep Learning: PAC-Bayes, Flat Minima, and Generative Models」(Doctoral Thesis、2020)

注12 ・参考：J. Frankle and et al.「The Lottery Ticket Hypothesis: Finding Sparse, Trainable Neural Network」(ICLR、2019)

です。

この仮説が多くの場合、成り立つことを実験によって示しました。**学習は
モデルを作り上げていくような過程**というイメージがありますが、宝くじ仮
説は初期値の段階でモデルが存在しており、**学習はそれを削り出していく過
程であること**を示唆しています。

大きなネットワークほどサブネットワークの「くじ数」が多くなる

ニューラルネットワークがうまく学習するためには「ネットワークの構造」
だけでなく、「良い初期値の組み合わせを持っている」ことが重要になります。
そして、たまたま**良い初期値の組み合わせ**を持った**サブネットワーク**は、他
のサブネットワークよりも速く学習が進み、また、他のサブネットワークの
出力結果はその出力側の重みが小さくなることで抑制されていきます。そし
て、学習が終わったときは良い初期値の組み合わせを持ったサブネットワー
クの結果が支配的となり、他のサブネットワークの影響は消えるようになり
ます。

ネットワークが大きくなるほど、サブネットワークの数が指数的に大きく
なり、良い当たりくじが含まれる可能性が高くなります。

たとえば、4層から成るニューラルネットワークで入力層、中間層、出力
層のユニット数がそれぞれ4, 6, 6, 1の場合を考えてみます。この場合、各層
で2, 3, 3, 1というサイズを持つサブネットワークの個数は $6 \times 20 \times 20 = 2400$
個あります（2層めで6つのユニットから3つ選ぶ場合の数は $6 \times 5 \times 4/(3 \times 2)$
$= 20$ となる。他も同様である）。それに対し、ユニット数がそれぞれ4, 12,
12, 1個であるネットワークの場合は、サブネットワーク数は $6 \times 220 \times 220$
$= 290400$ 個になり、8, 24, 24, 1となるとサブネットワーク数は3000万個近
くになります。

このように、**パラメータ数が多くなるほど、サブネットワーク数は指数的
に急激に大きくなっていきます。**

真のモデルが含まれる可能性が高くなる

この宝くじ仮説は、なぜパラメータ数が多くなるほど学習しやすくなるの
か、汎化しやすくなるのかについての説明を与えてくれます。

パラメータ数が少なく、くじ（サブネットワーク）の数が少ない場合は、現

在のくじの中に真のモデルが含まれる可能性は低くなります。この場合、どのサブネットワークも真のモデルとは大きく離れているので、どれか一つの学習が急激に進むわけでなく、お互いが同じくらいの速さで学習し、お互い拮抗して勾配が打ち消し合って学習が停滞しやすくなります。また、そもそもすべてのモデルが間違っているので、一つのサブネットワークを使うのではなく、たくさんのサブネットワークを使う必要があり、必要なパラメータ数も多くなり、汎化性能も低くなります。

もし、たくさんのくじ（サブネットワーク）の中で真のモデルに近いものがあれば、その真のモデルに対応するサブネットワークはすでに最適解に近い場所におり、そのネットワークの学習が急速に進みます。相対的に他のネットワークの学習は停滞し、これまで説明してきた陰的正則化や明示的な正則化によって、それらのサブネットワークに対応する重みが抑えられていきます。パラメータ数が多くても、**実際に生き残るサブネットワークのサイズは真のモデルを表現するのに必要なサイズに抑えられ、過学習も抑えられます。**

宝くじ仮説は理論的にも確かめられてきている

この宝くじ仮説は実験的に確かめられただけでなく、これを支持する理論も登場してきています[注13]。

●········教師ネットワークと生徒ネットワークの例

たとえば、教師ネットワークと生徒ネットワークの二つのニューラルネットワークを用意し、教師ネットワークの出力を正解として、生徒ネットワークがそれを真似する問題設定を考えます　図2.14 。

教師ネットワークは、未知の生成過程 $y=f(x)$ を解析しやすいように、ニューラルネットワークでモデル化したものとみなせます。このとき、教師ネットワークと生徒ネットワークは、必ずしも同じノード数やパラメータ数を持つとは限りません。

注13 ・参考：Y. Tian and et al.「Luck Matters: Understanding Training Dynamics of Deep ReLU Networks」（arXiv.、2019）

図2.14　**教師ネットワークの出力を生徒ネットワークが真似る**

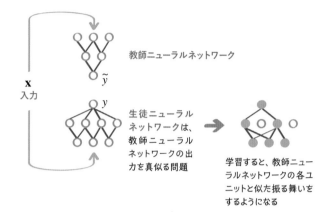

教師ニューラルネットワーク

生徒ニューラル
ネットワークは、
教師ニューラル
ネットワークの出
力を真似る問題

学習すると、教師ニュー
ラルネットワークの各ユ
ニットと似た振る舞いを
するようになる

　この問題において、生徒ネットワークがどのように学習していくかを解析
すると、生徒ネットワークが教師ネットワークの出力を真似られるようにな
るにつれ、教師ネットワークの各ノードの振る舞いを、生徒ネットワークの
対応しているノードが真似るようになります。最終出力を一致させようとす
るフィードバックがあるだけで、隠れ層の各ノードの振る舞いも一致するよ
うになるのです。

　さらに、生徒ネットワークの方がノード数、パラメータ数が多い過剰パラ
メータの場合、教師ネットワークの各ノードに初期値の時点で最も似ている
振る舞いをしているノードがそのノードの振る舞いに対応するようになり、
対応するノードがない生徒ネットワークの出力枝は抑制されていくこともわ
かっていました。

●⋯⋯**世の中の多くのデータ生成過程は階層的かつ構成的である**

　世の中にあるデータは、この教師ネットワークのようにニューラルネット
ワークで生成されているわけではありません。しかし、世の中の多くのデー
タ生成過程は階層的かつ構成的であり、ニューラルネットワークで十分近似
できると仮定できます[注14]。たとえば、画像というデータは元々、それを構成

注14 ●参考：H. W. Lin and et al.「Why Does Deep and Cheap Learning Work So Well?」（Journal
　　　 of Statistical Physics、2017）

する要素を選択し、そのパラメータを決め、世界に設置し、それらが組み合わせて作られる階層的なステップで生成されます 図2.15 。これら、各要素も複数の部分から構成されます。

こうした生成過程は、他の自然現象で見られる多くのデータでも見られます。そのため、世の中にあるデータを使って学習する場合も、この教師/生徒ネットワークの学習と同じように、未知の生成過程を模倣するようなサブネットワークを学習(抽出)しているのではないかと考えられます。

図2.15 世の中の多くのデータ生成は階層的&構成的

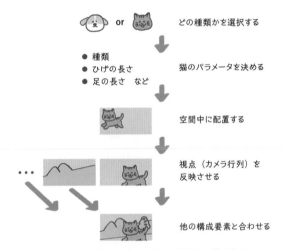

世の中の多くのデータ生成は再帰的かつ構成的で
ニューラルネットワークで近似しやすい

また、宝くじ仮説では、学習後は当たりくじのサブネットワーク以外の部分は、パラメータを動かしても出力がほとんど変わらないような状態になっています。**サブネットワークとは関係のないパラメータの影響はなくなっているため**です。これはフラットな解であるという条件と一致しているといえます。**フラットな解に到達する**ということは、このような**サブネットワークを抽出している**ということにもなります。

2.3
明示的な正則化

本節では、ニューラルネットワークの代表的な正則化手法について紹介していきます。「データオーグメンテーション」「Weight Decay」「ドロップアウト」を取り上げます。

陰的正則化と明示的な正則化

ここまで説明してきたように、ニューラルネットワークの学習では（意図せず）さまざまなしくみが働き、自動的に過学習を抑制する「陰的正則化」が働き、汎化能力の獲得を助けています。確率的勾配降下法がノルム最小化とフラットな解を探すのに役立ち、宝くじ仮説のようにネットワークの中で真のモデルに近いサブネットワークだけを選択するように学習されます。

こうした陰的正則化が働くとしても、**明示的な正則化**をさらに適用し、汎化能力をさらに高めることができます 図2.16 。

図2.16 陰的正則化と明示的な正則化

ニューラルネットワークは明示的に正則化を適用しなくても、
モデルの複雑度を問題の難しさに応じて自動制御する
陰的正則化が発動する

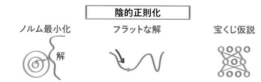

陰的正則化

ノルム最小化　　　フラットな解　　　宝くじ仮説

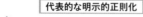

上記に加え、明示的な正則化を加え、さらに汎化性能を改善する

代表的な明示的正則化

データ
オーグメンテーション　　Weight Decay　　ドロップアウト

原点に
パラメータを
ひっぱる

データオーグメンテーション

　学習時に教師データ(x, y)の入力xに対して、変換を与えても出力yは変わらなかったり、もしくは決定的に求められる場合があります。

　たとえば、画像分類の場合、入力画像に対して、ノイズを載せたり、左右反転させたり、色味を少し変えたり、斜めから見たときのように歪ませる変換を与えたとしても分類結果は変わりません。音声認識の場合も同様にノイズを多少加えたり、環境音を載せたり、少し速くしたりゆっくりしたりしても認識結果は変わりません（速度を変えた場合は、認識する位置はそれに応じて変える必要がある）。

　このように、入力に対して出力の意味を変えないような変換を適用し、場合によっては入力変換に応じて出力も変換し、それを使って学習するような手法を**データオーグメンテーション**（*data augmentation*）と呼びます 図2.17 。あたかも訓練データを水増ししているような手法です。

図2.17 　データオーグメンテーション

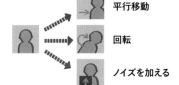

平行移動

回転

ノイズを加える

データオーグメンテーションは、訓練データに予測結果が変わらないような変換を入力に与えて、訓練データを増やす手法

● ‥‥‥‥ **問題ごとに有効なデータオーグメンテーションを定義する**

　このデータオーグメンテーションは、**汎化性能を向上させることができる非常に有効な正則化である**ことが知られています（ここでは、正則化を汎化性能を上げられる手法すべてと定義している）。

　データオーグメンテーションでどのような変換が使えるのかは、問題に依存します。どの変換を使うかによって問題に対する**不変性**（例 画像を左右反転させても分類結果は変わらない）や**同変性**（例 画像を右に移動させると、検出結果も右に同じだけ動くはず）といった事前知識を与えているといえます。

　データオーグメンテーションはネットワークアーキテクチャの工夫や、正則化関数の工夫よりも有効である場合が多くあります。もし問題についての

知識があるのであれば、積極的にデータオーグメンテーションの可能性を探っていくことが重要です。

また、データオーグメンテーションでは、**複数の変換を組み合わせて使うこと**も有効です。たとえば、画像のデータオーグメンテーションでは、色味を変えた後に、左右変換をした結果も意味を変えません。最近では、複数の変換を自動的に組み合わせ、またそれらの強度を自動的に決定して最適化する手法が登場しています[注15]。

Weight Decay

次に**Weight Decay**[注16]を紹介します。これは、**パラメータの大きさの二乗に比例したペナルティを目的関数に加える方法**です。パラメータのL2ノルム正則化ということもできます。これによって、すべてのパラメータは自分の大きさに比例したぶん、0に向かって更新されます 図2.18 。

図2.18　**Weight Decay**

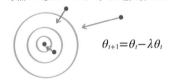

Weight Decayは原点方向に向かってパラメータを更新する。
これにより、モデルをより単純化させる。
原点から離れているほど、より強く引っぱる

$$\theta_{t+1} = \theta_t - \lambda \theta_t$$

Weight Decayは、ほとんどの学習で使われています。実装は単純ですが、いくつか注意が必要です。

一つめに、**パラメータの種類**に応じて、Weight Decayの大きさや、そもそも適用するかを決めたほうが良いということです。たとえば、バイアス項やバッチ正規化のパラメータは、それ以外のパラメータ（接続層のバイアス項でないパラメータなど）に比べて、数が少ない割にネットワーク全体の挙動を決

注15 ・参考：E. D. Cubuk and et al.「RandAugment: Practical automated data augmentation with a reduced search space」(NeurIPS、2020)

注16 「decay」は徐々に減衰する/させるという意味。

める重要なパラメータであり、Weight Decay を適用しない、もしくは弱めの Weight Decay を適用するほうが性能が高くなる場合が多いです。

　二つめは、Adam などのモーメンタムを使った最適化を使う場合に、Weight Decay の影響を勾配項 g に足し込むのではなく、**パラメータに直接足し込むほうが有効なことがわかっています**[注17]。モーメンタム法はノイジー (*noisy*) な勾配を過去の履歴を使って補正しているのですが、そこに Weight Decay の影響が入ってしまうと期待どおりの動作をしてくれず、汎化性能が落ちてしまいます。

　現在のほとんどすべてのディープラーニングフレームワークは、この実装をサポートしています。デフォルトで対応している場合が多いですが[注18]、自分で実装する際には注意が必要です。

・・・・・・・・・・・・・・・・・・・・・・・・・・・・・・・・・・・・・・

　勾配降下法がノルムが小さい解を探すようになっているとはいえ、データや学習時のノイズなどで常にパラメータにはノイズが載っています。また、宝くじ仮説における**はずれくじ分の重みを削除していくためにも** Weight Decay は有効です。Weight Decay は不必要な重みを消していき、汎化性能を改善することができます。

ドロップアウト

　次に、**ドロップアウト** (*dropout*)[注19] を紹介します 図2.19 。

図2.19 　ドロップアウト

ドロップアウトは学習中に
各層の一定数の割合のユニットを
ランダムに0にする

注17 ・参考：I. Loshchilov and et al.「Decoupled Weight Decay Regularization」（ICLR、2019）

注18 ・「AdamW」という名前がついている場合もあります。

注19 ・参考：N. Srivastava and et al.「Dropout: A Simple Way to Prevent Neural Networks from Overfitting」（JMLR、2014）

学習中に、毎回層の一定数のユニットをランダムに確率αで0（ドロップアウト）とした上で、後は普通どおり学習させます。そして、推論時にはすべてのユニットを使って推論しますが、ドロップアウトさせた学習時より値が増えたぶんを補正するため$(1 - \alpha)$倍にした結果を用います。

ただ、推論時に毎回$(1 - \alpha)$倍にする計算コストがかかるのを防ぐため、変わりに学習時に$1 / (1 - \alpha)$倍した結果を使い、推論時にはそのまま使うように実装されている場合がほとんどです。

●⋯⋯⋯**ドロップアウトはたくさんのネットワークのアンサンブルに対応する**

ドロップアウトは、学習時に毎回、別の接続を持ったネットワークを使っているようなものであり、推論時は正確ではないのですが、たくさんのネットワークの平均を利用しているようにみなせます。あたかも**ネットワークのアンサンブル**（*ensemble*、複数の予測の平均を使う）を使っているように、みなすことができます。

> **ネットワークのアンサンブル** Note
> 複数の異なるモデルによる予測を組み合わせて一つの予測を行うことを**アンサンブル**と呼びます。「三人寄れば文殊の知恵」のことわざのとおり、単独のモデルより汎化性能を挙げられます。各モデルがお互い独立であるほど汎化性能が高くなります。
>
> • G. Brown「An Information Theoretic Perspective on Multiple Classifier Systems」（MCS、2009）

●⋯⋯⋯**ドロップアウトは表現力が高いネットワークに対する正則化として有効**

ドロップアウトは、**表現力が高いネットワークに対する正則化**として有効です。総結合層であったり、最近のTransformerなどの自己注意機構などでも使われます。

●⋯⋯⋯**ドロップアウトは畳み込み層に使った場合は有効でない**

畳み込み層に対してドロップアウトを使った場合は、有効でないことがわかっています。この理由として、畳み込み層が使われるような画像や音声の場合、隣接するユニット間で**似たような情報を保持**している場合が多く、あるユニットをドロップアウトしたとしても隣接するユニットから似たような

情報が流れるため、ドロップアウトの効果が弱くなってしまうためだと考えられています。

これを防ぐために、各ユニットをランダムにドロップアウトするのでなく、特徴マップの空間方向に沿って矩形状にまとまった領域をまるごとドロップアウトすることによって、正則化の効果が得られることがわかっています[20]。

●········ ドロップアウトの変種

ドロップアウトの変種として、値を0にする以外にも、ランダムな値を足したり、掛けたりすることも有効であることがわかっています。また、ユニットではなく、重みや入力、層などをランダムに消すことも有効です。

2.4
本章のまとめ

本章では、「ニューラルネットワークがなぜ未知のデータをうまく予測できるのか」について解説しました。汎化誤差が大きい場合、モデルの表現力が小さすぎる場合は未学習、大きすぎる場合は過学習が起きており、最適なモデルサイズを求めるモデル選択が必要であることを説明しました。モデルの表現力と汎化誤差の関係は、バイアス-バリアンス分解として説明することも紹介しました。

こうしたモデル表現力を制御するには、正則化を適用するのが一般的ですが、ニューラルネットワークの場合はモデルや学習手法にこうした正則化効果がすでに含まれており、勾配降下法が最小ノルム、低ランクを達成できること、また到達するフラットな解が最小モデル記述長（最小記述量原理）、PAC-Bayesに基づく正則化を達成することを説明しました。

また、ニューラルネットワークが大きければ大きいほど汎化性能が改善される現象については、宝くじ仮説で説明できることも紹介しました。

最後に明示的な正則化として、データオーグメンテーション、Weight Decay、ドロップアウトについて紹介しました。

注20 ・参考：G. Ghiasi and et al.「DropBlock: A regularization method for convolutional networks」（NeurIPS、2018）

第**3**章

深層生成モデル

生成を通じて複雑な世界を理解する

図3.A 本章の全体像

学習方法、モデル化で
さまざまなモデルが提案されている

代表的な生成モデル

- VAE
  （Variational auto encoder、
  変分自己符号化器）

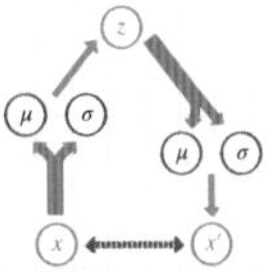

- GAN
  （Generative adversarial network、
  敵対的生成ネットワーク）

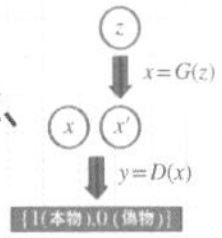

- 自己回帰モデル
  （auto regressive model）

- 正規化フロー（normalizing flow）

- 拡散モデル
  （diffusion model）

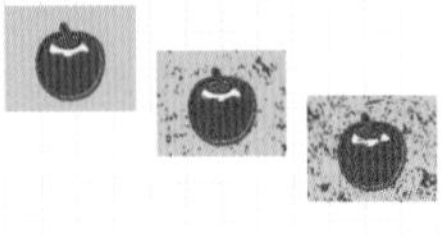

ディープラーニングが最初に成功し、広く使われているのが分類や回帰、予測といったタスクです。

これに対し、ディープラーニングはデータを生成する生成モデルとしても優れていることがわかってきました。このようなディープラーニングを使った生成モデルを深層生成モデルと呼びます。

生成モデルは「データがどのように生成されているのか」を表すモデルです。生成モデルは、対象ドメインのデータを生成するだけでなく、生成を通じてデータを認識／解析したり^{注A}することができます。

本章では、深層生成モデルについて紹介していきます 図3.A 。

注A 「Analysis by Synthesis」と呼ばれます。p.89のNoteを参照。

深層生成モデル
とは何か？

データの生成をシミュレーションするモデルを
ニューラルネットワークで表し、
データから学習する

目的

本物そっくり
⊕連続的な
パラメータで、
なめらかに画像を
変化させられる

• 対象ドメインのデータを生成

• データの尤もらしさを評価 ◄「きつね」である

生成

• Analysis by Synthesis
（生成することで解析する）

 認識結果 ➡

• 条件付け生成を使って
多くの問題を解く

  ➡

欠損　低解像度　　高解像度

• 表現学習として利用
（生成因子は多くのタスクに有効な表現）

3.1
生成モデル&深層生成モデルとは何か

　はじめに、「生成モデルと何か」について説明します。次に、線形モデルを使った生成モデルを紹介します。そして、ニューラルネットワークを使った非線形モデルによる生成モデルを解説します。合わせて、次節以降で取り上げる代表的な深層生成モデルの比較ポイントを取り上げます。

従来の生成モデルと
ニューラルネットワークを使った深層生成モデル

　従来から、生成モデルは多く提案され、利用されてきました。しかし、その生成対象は単純なデータに限られていたり、生成されたデータが実際のデータを高忠実に再現できていない問題がありました。

　ニューラルネットワークは高次元のデータ、たくさんの変数を同時に扱うことができるとともに、未知の生成過程も作り上げることができます。そのため、ニューラルネットワークを使った深層生成モデルを利用することで、これまで生成が難しかった画像や音声、テキストなども生成することができます。そして、人の目でも本物と区別がつかないような高忠実なデータを生成できるようになりました。さらに、「条件付け生成」を使って、条件を通じて生成を細かく制御することができるようになっています。

生成モデルの基礎知識

　生成モデル（*generative model*）とは、対象ドメインのデータを生成できるようなモデルです。学習用のデータセットが与えられたとき、生成モデルは学習用データセットと同じようなデータを生成できるように学習します。

●⋯⋯⋯生成モデルの目標

　確率の言葉を使って言い換えると、次のように説明できます 図**3.1** 。

　学習用のデータセットが $P(x)$ という未知の確率分布に従って生成されているとします。このとき、生成モデルは学習用データセットを使って、この未知の確率分布 $P(x)$ にできるだけ近い確率分布 $Q(\mathbf{x})$ を学習することが目

標です。

　教師あり学習における汎化と同じように、生成モデルの目標は**学習データと同じデータだけを生成することではなく学習データから、その背後にある確率分布 $P(x)$ を推定し、それを獲得することです**。

図3.1 　生成モデルによるデータ生成

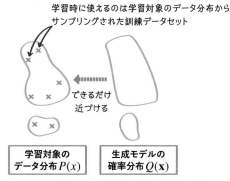

学習時に使えるのは学習対象のデータ分布から
サンプリングされた訓練データセット

できるだけ
近づける

学習対象の
データ分布 $P(x)$

生成モデルの
確率分布 $Q(\mathbf{x})$

生成モデルは対象ドメインのデータを生成できるようなモデル
➡生成モデルは学習用データセットと同じようなデータを生成できるように学習する

　そして、生成モデルは、この確率分布 $Q(\mathbf{x})$ に従ってデータをサンプリング $\mathbf{x}' \sim Q(\mathbf{x})$ できます。この確率分布 $Q(\mathbf{x})$ に従ってデータをサンプリングできるという意味は、生成モデルはデータをランダムに生成でき、それらのデータ $\mathbf{x}$ が出現する確率が $Q(\mathbf{x})$ に一致するという意味です[注1]。

　こうしたことから、生成モデルは**データセットから学習可能なシミュレーター**ということもできます。

....

　このように生成モデルは、**与えられたデータセットから、それらのデータを生成している確率分布を推定し、そして、その確率分布に従ってデータを生成できるようなモデルです**。

注1　正確には、生成モデルを使って N 回生成したとき、各データ $\mathbf{x}$ が出現した回数を $C(\mathbf{x})$ とします。このとき、N が大きくなるにつれて、各データの出現割合 $C(\mathbf{x})/N$ が生成確率 $Q(\mathbf{x})$ に近づきます。

こうした生成モデルは何の役に立つのか

生成モデルはどのような役に立つのかについて、見ていきましょう **図3.2** 。

図3.2　　　**生成モデルの使い道**

生成モデルはどのような役に立つのか？

❶ 新しいサンプルを得る

➡ 条件付け生成で作りたいものを制御できる

❷ 与えられたデータの尤度（尤もらしさ）を評価する

"私や犬と好きです" ➡ 0.003
"私は犬が好きです" ➡ 0.025

❸ Analysis by Synthesis（解析に利用する）

➡ 生成を通じて、データの意味を理解する

［使い道❶］対象ドメインのデータを生成できる

一つめに、新しいデータをサンプリングすることができ、**対象ドメインの新しいデータを得る**ことができます。

たとえば、既存の画像や音声データセットから生成モデルを学習し、その生成モデルからサンプリングすることで、本物そっくりの新しい画像や音声を生成することができます。これにより新しいキャラクターを生成したり、音声を合成することができます。顔や部屋や風景といった画像、音声だけでなく、化合物、設計図など何でも生成することができます。

こうした「新しいデータを生成できる」ということは、先ほど挙げたように**シミュレーターを作れる**ということです注2。しかも、どのようにデータを生

注2　画像や音声の生成についても、それらが実際に物理世界や人の頭の中で構成される過程をシミュレーションしたものと見ることができます。

成したかというデータの生成過程を知らなくても、それをデータから学習して獲得できるようなシミュレーターです。

入手困難な珍しいデータを生成することで、実世界のデータだけでは困難な学習や検証をすることができます。たとえば、自動運転などミッションクリティカルなタスクでは、滅多に起きないが対応しなければいけない場面が多く存在します[注3]。こうしたデータを集めるコストは大きいですが、生成モデルを作って、本物そっくりで訓練や検証に使えるデータを生み出すことができます。

また、化合物探索などでは、これまでの研究者や既存システムでは思いつくことができなかった、新しい種類の化合物を生成することができます。しかも、網羅的に生成することができ、人の今までのバイアスに縛られないようなデータを生成することができます。

また、生成モデルは、生成データをパラメータで制御することができます。たとえば、これらのパラメータをなめらかに変えることで、生成されるデータをなめらかに変えていくような処理を実現でき、たとえば顔画像などの場合に二つの画像間のモーフィング（*morphing*、自然に変化する映像）を達成することができます。これは前章で説明した多様体仮説にのっとり、データを多様体上の座標に沿って生成できるということもできます。

●………生成を制御できる条件付け生成

さらに、生成したいデータを精密に制御したい場合は、**条件付け生成**を使って生成します。この場合、**条件 c を与え、それに従ったデータ x を $p(x|c)$ に従って生成するような方法です。条件を通じて、生成を制御できている**ともいえます。

たとえば、テキスト t で条件付けした画像 x の条件付け生成モデル $p(x|t)$ を考えてみましょう。この場合、テキストを変えると、それに合うような画像を生成することができます。テキストと画像は一対一ではありませんが、関数 $x=f(t)$ とは違って、条件付き確率はテキストに合うさまざまな画像を生成できます。また、条件として画像のスタイル（スケッチ風、写実風、カートゥン風）を指定すれば、それにあった画像を生成することができます。こう

注3　たとえば、大雨が降っている、対向車が正面からこちらに向かってくる、特殊な反射をする荷物を積んでいるなど。

した条件付け生成は建造物や空間設計にも使われ、「Generative Design」という名のもと、実際の設計などにも利用が広がっています。

　条件付け生成は、これまで見てきた入力から出力を予測する問題と似た問題を扱っており、共通点が多くあります。一方、条件付け生成の場合は**正解が一つではなく、複数ある場合に対応する**ことができ、**より一般化した問題を扱っている**とみなせます。たとえば、先ほど挙げたようなテキストに対応する画像、条件に合う化合物などを網羅的に生成することができます。

> **強化学習も生成モデルによるシミュレーターを利用する**　Note
> 　先述のとおり、このような生成モデルは「学習で作れるシミュレーター」とみなすことができます。とくに、強化学習や制御（第4章で後述）では、観測データから想像の世界を構築し、その想像の世界で計画を立てたり、検証することができ、学習効率や制御精度を飛躍的に高めることができます。こうしたモデルは「モデルベース強化学習」や「世界モデル」などと呼ばれています。

［使い道❷］データの尤もらしさを評価できる

　二つめに、生成モデルは与えられた**データの尤もらしさ、尤度を評価する**ことができます。

　たとえば、文に対する生成モデルを作れば、音声認識や機械翻訳などで生成された候補が正しいかどうかを評価することができます。とくに、テキストに対して尤度を与えるようなモデルを「言語モデル」と呼びます。

　また、観測データの尤度は、異常検知に利用することができます。センサーデータで正常に運転しているときの観測データから生成モデルを作っておきます。そして、運転中のデータの尤度をその生成モデルで評価した際、尤度がとても低いデータを連続して検知した場合、正常なときには滅多に出現しないようなデータが連続して出現することになるので、何か異常が起きているかもしれないと判断できます。

> **複数変数間の関係**　Note
> 　尤度は単独の変数に対してだけでなく、複数の変数上の同時確率や条件付き確率に対しても定義できます。この場合、複数の変数間の関係も調べることができます。

［使い道❸］データを詳細に解析できる

三つめに、生成モデルを使って**データをより正確に解析し、認識すること
ができます**。著名な物理学者である Richard Feynman（リチャード・ファイ
ンマン）も「What I cannot create, I do not understand.」（自分が作れないもの
は理解できない）と話しています。

生成することで解析するアプローチは、**Analysis by Synthesis**[注4] と呼ばれ
ています。解析した結果を元に再度データを生成し、それを元のデータと比
較することで解析で何が間違っていたかを把握することができます。

現在の認識した仮説を生成してみて、それが観測データと合っているかど
うかを調べることで、より詳細な認識をすることができます。

こうした**生成を通じた認識**は、**微分可能レンダリング**（*differentiable
rendering*）や、**微分可能シミュレーター**（*differentiable simulators*）などが使える
ようになり、広く使われるようになってきています。

> ### Analysis by Synthesis   Note
> Analysis by Synthesis は、実用化に向けて課題は多くありますが、究極の解析、
> 認識として重要であると考えられています。たとえば、画像認識において、認識
> した結果を元に生成（微分可能なレンダリング）を行い、実際の入力と生成された
> ものを比較し、そのずれを通じて認識結果を修正することができます。一部見え
> ない部分がある場合などは、とくに有効なアプローチです。

より汎化した認識を実現できる

生成過程がわかることで、**認識モデルの汎化性能を向上することができま
す**。たとえば、画像認識の例で、物体の種類だけを知りたい場合は、生成過
程の他の興味のない因子、光源や周辺物体の影響を排除することで、より汎
化した認識を実現できます。

こうしたデータ分布において、興味対象以外の影響はデータ分布を変える
場合は「共変量」、潜在変数（後述）にノイズとして影響が加わる場合は「撹乱」
と呼ばれます。もしデータの生成過程がわかれば、これらの共変量や撹乱を
より正確に把握し、その影響を除去することができます。

注4　• 参考：A. L. Yuille and et al.「Vision as Bayesian Inference: Analysis by Synthesis?」（Trends
　　　in Cognitive Sciences、2006）

線形モデルを使った潜在変数モデル

はじめに、**線形モデルを使った潜在変数モデル**に基づいた生成モデルを紹介します。

潜在変数モデル(*latent variable model*)とは、最初に潜在変数を生成し、次に潜在変数に従ってデータを生成するモデルです。たとえば、顔画像を生成する場合、最初に髪型や目の形、性別や年齢に対応する変数(潜在変数)を生成し、次にこれらの変数に従って顔画像を生成します。これらの変数は「データとして直接観測することができない変数」なので**潜在変数**(*latent variable*)と呼ばれます。これに対し、生成されたデータは観測できるので**観測変数**(*observed variable*)と呼びます。

潜在変数モデルを使った場合は、**潜在変数がデータの特徴や要約を表す**ことができます。

まず、潜在変数であるベクトル $\mathbf{z}$ を平均 $\mathbf{0}$ [注5]、共分散行列が単位行列 I である正規分布からサンプリング($\mathbf{z} \sim \mathcal{N}(\mathbf{0}, I)$)し、次にこの潜在変数を行列 A を使って線形変換 $A\mathbf{z}$ します。さらに、次元ごとに正規分布 σ^2 に従ってノイズが加えられた結果を観測データだとします。これは観測データを $\mathbf{x} \sim \mathcal{N}(A\mathbf{z}, \sigma^2 I)$ とサンプリングした場合に相当します **図3.3**。

図3.3　　　**主成分分析は線形変換を使った潜在変数モデルとみなせる**

潜在変数　　　観測変数
$\mathbf{z} \longrightarrow \mathbf{x}$

潜在変数モデルは、
● データが観測できない
● 変数に依存して生成されている
と考える

PCAはデータの分散が
大きい方向を見つける

❶潜在変数 $\mathbf{z}$ を
$\mathbf{z} \sim \mathcal{N}(\mathbf{0}, I)$
でサンプリング

行列 A を使った
線形変換

❷観測変数 $\mathbf{x}$ を
$\mathbf{x} \sim \mathcal{N}(A\mathbf{z}, \sigma^2 I)$
でサンプリング
σ を0に近づける

主成分分析(PCA)は、
線形モデルを使った生成モデル(潜在変数モデル)とみなせる

注5　ここでの $\mathbf{0}$ はすべての成分が 0 であるようなベクトルで、「ゼロベクトル」(*zero vector*)とも呼ばれます。

　ここで、σはデータの分散を表すスカラー値です。このσを0に近づけていったときに、このパラメータAを最尤推定した結果は、データ解析によく利用される「主成分分析」と一致します。

　この生成モデルは、データセットを表す行列を特異値分解することで求めることができます。

共分散行列　　　　　　　　　　　　　　　　　　　　　　　　　　**Note**

　共分散行列(*variance-covariance matrix*)は一変数における分散を多変数に一般化し、ベクトルの成分間の分散を表します。たとえば、i番めの成分とj番めの成分が同時に大きくなりやすい場合は分散は大きく、逆にそれらの成分が独立の場合は分散は0に近くなります。共分散行列のi, j成分は、ベクトルのi番めの成分とj番めの成分間の共分散を表します。

Column

主成分分析

　主成分分析(*principal component analysis*、PCA)はデータセットが与えられたときにそのデータをうまく表すことができる少数の「主成分」と呼ばれる方向を次の手順で求めます。

❶データの方向の中で分散が一番大きくなっている方向を求める
❷これまで決定した主成分と直交するという制約のもとで、分散が一番大きくなる別の方向を求める
❸❷を決められた回数繰り返す

　これらで求められた方向を「主成分」と呼び、求められた順に第1主成分、第2主成分... と呼びます。前出の **図3.3** は、第2主成分まで求めている例を示しています。たとえば、高次元データを第2主成分まで求め、データを各主成分に射影すると、2次元データとして可視化できます。

　主成分分析は、データセットを表す行列を特異値分解[注a]することで求めることができます。

注a　任意の行列$\mathbf{A}$は直交行列$\mathbf{U}$、$\mathbf{V}$、対角行列$\mathbf{S}$を用いて、$\mathbf{A} = \mathbf{USV}^T$のように分解することができます。この分解を特異値分解(*singular value decomposition*、SVD)と呼びます。

非線形モデルを使った生成モデルが必要

　線形モデルを使った潜在変数モデルを用いて、うまく生成できるデータも多く存在します。

　一方で、世の中の多くのデータは複雑な過程を経て生成されているデータであり、線形モデルで表すことが難しいデータです。その生成過程では**非線形変換**が使われたり、**ノイズ**が加わったり、**確率的な要素**が含まれたりします。

　たとえば、画像が生成される過程を考えてみましょう　**図3.4**　。これは、CGのレンダリングと似た過程を必要とします。

図3.4　**実世界の画像の生成過程**

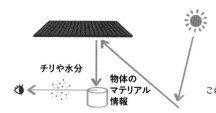

画像が生成される過程では、光源から発せられた光が物体表面やその内部で複数回の反射を繰り返し、目や受光素子に入ってくる。これらの過程は、単純な線形モデルだけではうまく表現できない

チリや水分

物体のマテリアル情報

　カメラや目で画像が得られるのは、光源から放たれた光線が物体表面上で複数回の反射を繰り返した後に（カメラ内の）受光素子や目に入ってきたものを一つの画素値とし、それを並べたものです。

　この場合、各画素値は光源に関する要因（種類、位置、姿勢、強さ）、物体に関する要因（形状、位置、姿勢、色、材質）、受光素子や目に関する要因（位置、姿勢）、空間に関する要因（空気中の水分量、チリの量）などによって決定されます。これらの要因が変化するのに応じて、得られる画像も変わります。

　この光源から放たれた光が受光素子や目に到達するまで多くのステップを踏み、数十から多い場合は数千の変換を必要とします（たとえば、雲の中では入射した光が内部で無数の反射がされることで複雑な影が作られる）。

　このような複雑な生成過程は、線形なモデルではうまく表現することができません。そのため、実際に複雑な画像の生成モデルを作ろうとした場合、線形モデルでは不十分なのです。

　本章で取り上げる**深層生成モデル**は、ニューラルネットワークを使ってこのような生成過程を近似し、モデル化します。ニューラルネットワークは表

現力が高く、また逐次的な変換を複数の層を用いた変換として扱うことができます。そのため、以前より複雑な生成対象を扱うことができ、とくにこれまで困難だった自然画像や音声、テキストなどの高次元データの生成を可能としました。

[比較]深層生成モデル

次節から、深層学習を使った生成モデルの中でも代表的なVAE（変分自己符号化器）、GAN（敵対的生成モデル）、自己回帰モデル、正規化フロー、拡散モデルを紹介していきます。 表3.1 に、本書で取り上げる深層生成モデルの比較を上げました。各軸は、以下のような内容を表しています。

❶抽象化表現が得られる➡データを要約したような潜在表現、因子表現ができるか
❷尤度が評価できる➡与えられたデータの尤度（生成確率）を評価できるか、もしくはその下限を評価できるか
❸学習が安定している➡学習が安定しているか、学習が常に成功するか、ハイパーパラメータ調整が難しくないか
❹高忠実な生成ができる➡元のデータに高忠実な生成ができるか
❺高速に生成できる➡対象ドメインのデータを高速に生成できるか

表3.1　おもな深層生成モデルの比較

	抽象化表現が得られる	尤度が評価できる	学習が安定している	高忠実な生成ができる	高速に生成できる
VAE	○	△（下限）	○	△	○
GAN	△	×	×	○	○
自己回帰モデル	×	○	○	○	×
正規化フロー	△	○	△	△	○
拡散モデル	△	○	○	○	×

今後の手法改良によって、これらの生成モデルの特徴が変わる可能性がありますが、全体像をとらえるには役に立つでしょう。

また、これらの生成モデルを組み合わせた手法も多くあります。たとえば、VAEの一部に正規化フローやGANで使われる学習手法を利用したり、自己回帰モデルにVAEで使われる潜在変数モデルを導入したりなどです。こうした場合は、それぞれの長所（や短所）を兼ね備えたモデルになります。

以下に、各手法で登場する用語をまとめました。

- VAE（変分自己符号化器）
  - 潜在変数モデル
  - 変分法
  - 最尤推定（尤度最大化）
  - ELBO（*Evidence lower bound*）
  - 符号化器（認識モデル）、復号化器（生成モデル）
  - 償却化推論
  - Jensenの不等式
  - Wake-sleepアルゴリズム
  - 事後分布
  - 変数変換トリック
  - モンテカルロ法
  - 自己符号化器
  - 重点サンプリング
- GAN（敵対的生成モデル）
  - 生成器、識別器
  - 決定的な関数
  - リバースKLダイバージェンス
  - モード崩壊
  - スペクトラル正規化
  - スタイル/コンテンツ
  - リプシッツ定数
- 自己回帰モデル
  - Causal CNN、マスク付きCNN
  - Dilated Convolution
  - WaveNet
- 正規化フロー
  - 確率密度関数の変数変換公式
- 拡散モデル
  - 拡散過程/逆拡散過程
  - デノイジングモデル
  - スコアベースモデル

> **「モデル」と「器」の使い分けについて**　　　　　　　　　Note
>
> モデルは「model」の訳語として、器は「-or」や「machine」の訳語で主体者を示す場合に使用しています。たとえば、符号化器を使って認識モデルを推定する、復号化器を使って生成モデルを推定する、のように用います。

3.2
VAE　ニューラルネットワークを使った潜在変数モデル

はじめに、「VAE」と呼ばれる生成モデルを紹介します。VAEは、後で説明するGANと並んで最も広く使われている深層生成モデルの一つです。

VAEは「潜在変数モデル」であり、データ全体を潜在変数として要約することができます。また、観測データ（観測変数）から潜在変数への変換である認識を生成と同時に学習します。VAEの学習では、「変数変換トリック」と呼ばれる手法が登場します。この変数変換トリックによって、期待値をとる確率分布についての微分を高速に推定することができます。

VAEの基礎知識

VAE(*Variational autoencoder*、変分自己符号化器)[注6]は、ニューラルネットワークを使った潜在変数モデルです。先ほど紹介した「線形モデルを使った潜在変数モデル」を拡張し、ニューラルネットワークを使った非線形変換を使ってデータを生成します。

VAE「変分自己符号化器」の「変分」という言葉は、変分法から来ています。変分法は物理や化学分野で広く使われており、汎関数（関数を入力とする関数）の最大化、最小化などを扱う手法です。VAEにおいては、学習時に使う最尤推定を実現する際に変分法を利用します。また、「自己符号化器」という言葉は、VAEが学習時にデータを符号化した後、元のデータに復号化する過程があることからつけられています。

VAEの基本のしくみ

VAEは、ニューラルネットワークで構成される符号化器(*encoder*)と復号化器(*decoder*)を利用します。符号化器は認識モデルを推定し、復号化器は生成モデルを推定します。学習時には「符号化器と復号化器」を利用し、データ生成時には「復号化器のみ」を使います。

注6　• 参考：D. P. Kingma and et al.「Auto-Encoding Variational Bayes」(ICLR、2014)

VAEの生成過程

最初に、VAEがデータをどのように生成するかを説明します 図3.5 。

図3.5 **VAE**

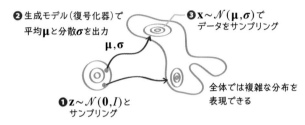

❷生成モデル（復号化器）で
平均μと分散σを出力

❸ x～$\mathcal{N}(\mu,\sigma)$で
データをサンプリング

μ,σ

❶ z～$\mathcal{N}(0,I)$と
サンプリング

全体では複雑な分布を
表現できる

VAEは、単純な分布$\mathcal{N}(0,I)$から潜在変数zをサンプリング、
復号化器でzから平均μと分散σを出力し、
$\mathcal{N}(\mu,\sigma)$からデータxをサンプリングする。
符号化器は生成時には利用せず、学習時のみ利用する

　まず潜在変数zを平均0、共分散行列がIであるような正規分布$\mathcal{N}(0, I)$からサンプリング$z \sim \mathcal{N}(0, I)$します。次に、ニューラルネットワークである復号化器を使って潜在変数zから、平均μと分散σを出力します。

　そして、これら平均と分散を使った正規分布$\mathcal{N}(\mu, \sigma)$からデータを$x \sim \mathcal{N}(\mu, \sigma)$とサンプリングします。ここで、正規分布は本来、第2引数に共分散行列を表す行列をとるのですが、σのようなベクトルを使った場合は、対角成分にベクトルの各成分が並んだ対角行列を表すとします。

　この生成過程で表される潜在変数と観測データの同時確率$p(x, z; \theta)$は、θを復号化器のパラメータとした場合、以下のように表されます。

$$p(x, z; \theta)=p(x|z; \theta)\, p(z)$$

　この式変形には、同時確率と条件付き確率の関係である$p(x, z)=p(x|z)$ $p(z)$を利用しています。$p(x|z; \theta)$ は先ほどの生成過程で説明した潜在変数zを入力として、正規分布の平均と分散を出力するニューラルネットワークでモデル化された正規分布であり、zが変わると$p(x, z; \theta)$も違う位置で違う形の正規分布になります。

●‥‥‥‥観測データの分布は潜在変数を周辺化して得られる

生成モデルにおいて興味があるのは、**潜在変数を含まない確率分布** $p(\mathbf{x};\theta)$ です。同時確率 $p(\mathbf{x}, \mathbf{z})$ で一部の変数 $\mathbf{z}$ を消去した分布を「周辺分布」と呼び、これは $p(\mathbf{x}) = \displaystyle\int_z p(\mathbf{x},\mathbf{z})d\mathbf{z}$ という周辺化操作で消去できます。VAEの場合の観測データの分布は、以下のようになります。

$$p(\mathbf{x};\theta) = \int_z p(\mathbf{x}|\mathbf{z};\theta)p(\mathbf{z})d\mathbf{z}$$

この $p(\mathbf{x};\theta)$ がどのような分布を表せるのかを見ていきます。この確率分布の右辺の構成要素 $p(\mathbf{x}|\mathbf{z};\theta)$ は、潜在変数 $\mathbf{z}$ で条件付けされた正規分布です。これは、確率分布中の一つの山しか表すことができません。

●‥‥‥‥VAEは無数の単純な正規分布を組み合わせた混合分布

しかし、VAEが表す全体の分布 $p(\mathbf{x})$ は無数の $p(\mathbf{x}|\mathbf{z})$ $p(\mathbf{z})$ を組み合わせた分布の混合分布とみなすことができます。そして、ニューラルネットワークは複雑な変換を表せるため、元の $p(\mathbf{z})$ から学習対象のデータ全体を覆うよう平均と分散を出力できるように学習すれば、分布全体では複雑な確率分布を表すことができると期待できます（前出の **図3.5** を参照）。

●‥‥‥‥VAEは最尤推定で学習する

この VAE の学習には、**最尤推定**（*maximum likelihood estimation*、MLE）を使います。VAE のデータ集合 $\{\mathbf{x}_i\}$ に対する対数尤度 $L(\theta)$ は次のように定義されます。

$$L(\theta) = \sum_i \log p(\mathbf{x}_i;\theta)$$

$$= \sum_i \log\left(\int_z p(\mathbf{x}|\mathbf{z};\theta)p(\mathbf{z})d\mathbf{z}\right)$$

この VAE の対数尤度は各データの対数尤度の和であり、この対数尤度を最大化することで学習します。

機械学習の目的関数　　　　　　　　　　　　　　　　Note

機械学習の目的関数としては、損失の期待値の最小化問題を扱う場合が一般的です。最尤推定も、負の対数尤度を損失とした最小化問題とみなせます。

●‥‥‥**潜在変数を含む場合、尤度を直接求めることができない**

しかし、この対数尤度はそのままでは求めることができません。周辺化操作のため$\mathbf{z}$について積分をとる必要があるためです。また、$p(\mathbf{x}|\mathbf{z};\theta)$がニューラルネットワークを使った非線形関数であり、積分を解析的に解くこともできません。

また、一部の$\mathbf{z}$だけサンプリングして積分を近似しようとしても$(\mathbf{z}_i \sim p(\mathbf{z})$, $\sum_{i=1}^{M} \frac{1}{M} p(\mathbf{x}|\mathbf{z}_i;\theta)p(\mathbf{z}_i))$、この近似した結果に非線形関数$\log$を適用するため、その推定量の期待値が真の期待値と一致しない、いわゆる不偏推定にならない問題があります。さらに、ほとんどの$\mathbf{z}$は$\mathbf{x}$を生成しそうにない、つまり$p(\mathbf{x}|\mathbf{z};\theta)$が$0$に近い非常に小さい値をとり、ほんの一部の$\mathbf{z}$のみが$p(\mathbf{x}, \mathbf{z}_i|\theta)$が大きくなるような分布です。そのため、非常に多くの$\mathbf{z}$をサンプリングしない限り、十分な近似精度を達成できません。この**潜在変数を周辺化しなければ学習できないという問題**は、潜在変数モデル一般に見られる普遍的な問題です。

●‥‥‥**VAEは尤度を変分法を使って近似する** ELBO

この尤度を求められない問題に対して、VAEは「変分法」と呼ばれるテクニックを使って尤度の下限を求め、それを最大化していくことで解決します。

この下限を「ELBO」と呼びます。このELBOを最大化していくと、それより大きい尤度も同時に最大化されていきます。そして、ELBOを最大化していくと、ELBOと尤度の差も小さくなっていくことが期待されます。

VAE学習の全体像

VAEの学習の全体像について、はじめに説明します。VAEは、符号化器が表す認識モデル$q(\mathbf{z}|\mathbf{x};\phi)$と復号化器が表す**生成モデル**$p(\mathbf{x}|\mathbf{z};\theta)$の2つ（実際に学習するのは符号化器、復号化器）を同時に学習させていきます。

●‥‥‥**認識モデルを使って対数尤度を近似する**

認識モデルは、生成モデルの学習に必要な対数尤度の下限であるELBOを推定するために用いられます。後で詳しく説明するように認識モデルは、生成モデルが定義する生成分布の事後分布$p(\mathbf{z}|\mathbf{x})$を近似するように学習した

ものとみなすことができます。

　ELBOを最大化することで対数尤度のより良い下限が得られ、生成モデルは「ELBOを最大化する」ことで、最尤推定を使った学習を達成します。

　このELBOの最大化は、観測データ$\mathbf{x}$から潜在変数$\mathbf{z}$を推定し、それに正規分布からサンプリングされたノイズを加えて$\mathbf{z}'$とし、次に復号化器で$\mathbf{z}'$から$\mathbf{x}'$を復元します。そして、$\mathbf{x}$と$\mathbf{x}'$の差を誤差として、これを最小化するようにして達成することができます。

Jensenの不等式

　はじめに、ELBOの導出に必要となるJensenの不等式を紹介します。

　関数$f(z)$（ここはJensenの不等式の説明で、簡略化のためにベクトルではなく普通の変数とする）を凸関数、$y(z)$をzを入力とする任意の関数、$p(z)$を確率密度関数（いずれも積分を求めることができるとする）とします。このとき、

$$\int_z f(y(z))p(z)dx \geq f(\int_z y(z)p(z)dx)$$

が成り立ちます。これを**Jensenの不等式**と呼びます。

　この直感的な証明は、$f(z)$のそれぞれの点zが$p(z)$という質量を持った点だとみなしたとき、それらの加重平均（左辺）はその凸包内に含まれ、そのときの各点の凸関数の値（右辺）よりも上にあることから示せます 図3.6 。

図3.6　Jensenの不等式

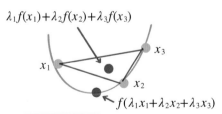

$$\lambda_1 f(x_1) + \lambda_2 f(x_2) + \lambda_3 f(x_3)$$

x_3

x_1

x_2

$$f(\lambda_1 x_1 + \lambda_2 x_2 + \lambda_3 x_3)$$

Jensenの不等式
凸関数（上向きに曲がっている関数）上の
任意の点群の凸包（上の三角形）は常に、
凸関数よりも上にあることを一般化したもの

対数尤度の下限をJensenの不等式で導入する

　このJensenの不等式を利用し、先ほどの「VAEの対数尤度」を最適化しやすい下限に変換します。

　そのために、まず$\mathbf{x}$から$\mathbf{z}$を推定する認識モデル$q(\mathbf{z}|\mathbf{x})$を用意し、先ほどの（データ一つあたりの）対数尤度$l(\theta)$を次のように変換します。

$$
\begin{aligned}
l(\theta) &= \log\left(\int_{\mathbf{z}} p(\mathbf{x}|\mathbf{z};\theta)p(\mathbf{z})d\mathbf{z}\right) \\
&= \log\left(\int_{\mathbf{z}} \frac{q(\mathbf{z}|\mathbf{x})p(\mathbf{x}|\mathbf{z};\theta)p(\mathbf{z})}{q(\mathbf{z}|\mathbf{x})}d\mathbf{z}\right) \quad \text{（分子と分母に}q(\mathbf{z}|\mathbf{x})\text{を加える）} \\
&\geq \int_{z} q(\mathbf{z}|\mathbf{x})\log\frac{p(\mathbf{x}|\mathbf{z};\theta)p(\mathbf{z})}{q(\mathbf{z}|\mathbf{x})}d\mathbf{z} \quad \text{（Jensenの不等式を適用）}
\end{aligned}
$$

> **Note**
> **提案分布**
> 「提案分布」という名前がついているのは、後でこの分布が事後確率分布$p(\mathbf{z}|\mathbf{x})$を入力$\mathbf{x}$から推定して提案している分布であるためです。

　$-\log$が凸関数なので、Jensenの不等式が逆になっています。

対数尤度の下限であるELBO

　この得られた対数尤度の下限$l(\theta)_{\mathrm{ELBO}}$を ELBO（*Evidence lower bound*）と呼びます。

$$
l(\theta)_{\mathrm{ELBO}} = \int_{z} q(\mathbf{z}|\mathbf{x})\log\frac{p(\mathbf{x}|\mathbf{z};\theta)p(\mathbf{z})}{q(\mathbf{z}|\mathbf{x})}d\mathbf{z}
$$

　この対数尤度の下限であるELBOを最大化することで、対数尤度最大化を達成します **図3.7** 。

> **Note**
> **ELBOを使った最適化**
> 　従来からELBOを使った最適化は使われてましたが、認識モデル$q(z|x)$の表現力が十分でなく、近似誤差が0にならないことが課題でした。VAEは、認識モデルに表現力の高いニューラルネットワークを使って近似誤差を小さくすることができました。

図3.7　ELBO最大化を通じて対数尤度最大化を達成する

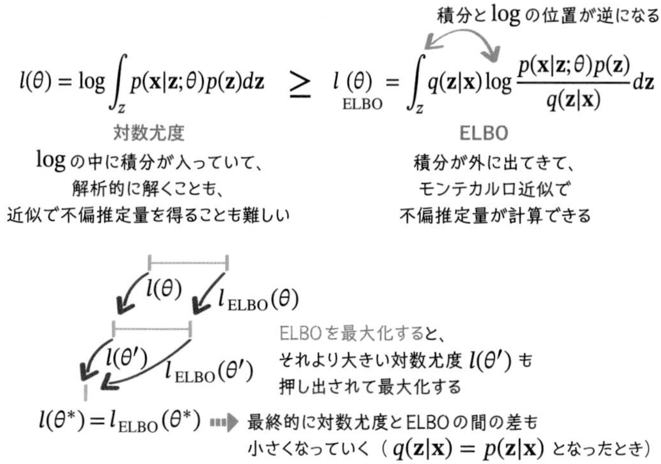

積分と $\log$ の位置が逆になる

$$l(\theta) = \log \int_z p(\mathbf{x}|\mathbf{z};\theta)p(\mathbf{z})d\mathbf{z} \;\geq\; l_{\text{ELBO}}(\theta) = \int_z q(\mathbf{z}|\mathbf{x}) \log \frac{p(\mathbf{x}|\mathbf{z};\theta)p(\mathbf{z})}{q(\mathbf{z}|\mathbf{x})} d\mathbf{z}$$

対数尤度　　　　　　　　　　　　　　　　　　ELBO

$\log$ の中に積分が入っていて、
解析的に解くことも、
近似で不偏推定量を得ることも難しい

積分が外に出てきて、
モンテカルロ近似で
不偏推定量が計算できる

$l(\theta)$　$l_{\text{ELBO}}(\theta)$

ELBO を最大化すると、
それより大きい対数尤度 $l(\theta')$ も
押し出されて最大化する

$l(\theta')$　$l_{\text{ELBO}}(\theta')$

$l(\theta^*) = l_{\text{ELBO}}(\theta^*)$ ➡ 最終的に対数尤度とELBOの間の差も
小さくなっていく（$q(\mathbf{z}|\mathbf{x}) = p(\mathbf{z}|\mathbf{x})$ となったとき）

ELBOはデータを生成しそうな潜在変数を使って学習する

　ここでは、対数尤度の代わりにELBOを最大化する、もう一つの理由を説明します。尤度 $p(\mathbf{x})$ は無数の $p(\mathbf{x}|\mathbf{z})p(\mathbf{z})$ を足し合わせて作られています。しかし、ほとんどの潜在変数 $\mathbf{z}$ については $p(\mathbf{x}|\mathbf{z})$ はほとんど 0 であり、ほんの一部の $p(\mathbf{x}|\mathbf{z})$ だけが大きな値をとるような分布です。なぜなら、$p(\mathbf{x}|\mathbf{z})$ は正規分布であり、観測した $\mathbf{x}$ が、たまたま適当に選んだ正規分布の中心近くにあるときのみ大きな値をとり、少しでも離れるとその確率は急速に 0 になるためです。

　そのため、事前分布 $p(\mathbf{z})$ から $\mathbf{z}$ をランダムにサンプリングする場合、それが $\mathbf{x}$ を生成しそうな潜在変数 $\mathbf{z}$ である可能性はほとんどありません。

　元々行いたかったのは、$p(\mathbf{x})$ を最大化することです。その中では $\mathbf{x}$ を生成しそうな有望な $\mathbf{z}$ を見つけ、その $p(\mathbf{x}|\mathbf{z})$ をさらに最大化していくことが必要になります。

　ELBOは、認識モデル $q(\mathbf{z}|\mathbf{x})$ を使って $\mathbf{x}$ を生成しそうな $\mathbf{z}$ を推定し、それを使って最適化しているとみなすことができます。

　たとえば、VAEが動物の画像データセットの生成モデルを学習しているとします。そして、動物として、犬、猫、鳥などが含まれていたとします。各

zはそれぞれ犬、猫、鳥に対応するように学習が進んでいきます。もし、デ
ータが犬であり、事前分布からサンプリングされた潜在変数が猫であるとき、
その潜在変数が犬を生成できる可能性はほとんど0です。認識モデルが、デ
ータから犬を生成しそうな潜在変数を推定し、その潜在変数について観測さ
れたデータを生成できるよう最大化することで学習を進めることができます。

「生成」をするために「認識」をする　Helmholtz Machine

　この観測変数**x**から、それを生成しているであろう潜在変数**z**を推定するタ
スクは認識タスクといえます。**良い生成を学習するために、それを生成しそう
なzを推定できるよう認識している**とみなせます。たとえば、画像認識といえ
ば、与えられた画像を生成している物体クラスや状態を推定するタスクです。
そして、潜在変数がこうした物体クラスや状態に対応していると考えられます。
　このように、良い生成モデルを学習するためには、良い認識モデルを学習
する必要があるということです。この**認識モデルと生成モデルをセットにし
て学習する**というアイディアは、1995年にPeter DayanとGeoffrey Hintonら
が**Wake-sleepアルゴリズム**、**Helmholtz Machine**[注7]として提唱しています
図3.8 。ちなみに、Dayanは脳科学と強化学習の関係性を調べた一人であり、
後述する強化学習のQ学習などの提案者としても知られています。

図3.8 **Helmholtz Machine**

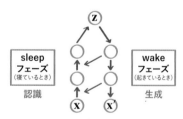

Helmholtz Machineは
データ**x**から潜在変数**z**への変換（sleepフェーズ）、
zから**x**への変換（wakeフェーズ）を組み合わせ、効率的な学習を実現する

注7 ・参考：P. Dayan and et al.「The Helmholtz Machine」（Neural Computation、1995）、G. E. Hinton
「The wake-sleep algorithm for unsupervised Neural Networks」（Science、1995）

[復習]確率の基本

ここでは、確率の基本的な概念を復習します。

確率は $P(x)$ のような関数の形で表し、この入力 x を確率変数と呼びます。確率変数は起きうる事象のいずれかの値をとるような変数です。たとえばサイコロの目でいえば、x は $1, 2, …, 6$ といった数のいずれかをとります。そして、$P(x=u)$、もしくは $P(u)$ は確率変数 x の値が u となる確率を表すとします。

確率はすべての事象の確率の和が 1 である、すべての事象の確率は 0 以上であるという 2 つの制約を満たします。

$$\sum_x P(x) = 1$$
$$P(x) \geq 0 \,(\text{すべての} x \text{について})$$

確率変数が連続値の場合、確率関数は確率密度関数と呼ばれます。この場合、$\sum$ は積分 $\int$ をとる操作に変わります。

$$\int_x P(x)dx = 1$$
$$P(x) \geq 0$$

次に、確率変数が 2 つある場合を考えてみます。ある 2 つの事象が同時に起きる確率を同時確率と呼び、$P(X, Y)$ のように表します。たとえば、$P(u, v)$ は確率変数 x の値が u、Y の値が v を同時にとる確率を表します。

同時確率に対し、特定の確率変数のみに注目し、それ以外の確率変数について和をとることで消去する操作を周辺化（周辺化消去）と呼びます[注a]。注目していない確率変数を無視した場合と考えても良いです。

$$P(x) = \sum_y P(x,y)$$
$$P(y) = \sum_x P(x,y)$$

片方の確率変数をある値で固定した上で、もう片方の確率がどうなるのかを表した確率分布を条件付き確率と呼び、$P(Y|X)$ で表します。たとえば、$P(y|x)$ は $P(X, Y)$ のうち Y の値がなんであろうが、$X=x$ であるような事象の中で $Y=y$ をとる確率です。この定義より、条件付き確率は、同時確率をその条件の確率で割った値と一致します。

注a　「周辺化」という直感的でない言葉は行を 1 つめの確率変数を割り当て、列を 2 つめの確率を割り当てて同時確率を表で書いた場合、その行の合計の確率、列の合計の確率を表の周辺に書いたことからこの名前がついています。

$$P(y|x) = \frac{P(x,y)}{P(x)}$$

この、条件付き確率の式を使って、$P(x|y)$ を $P(y|x), P(x), P(y)$ の3つの確率から求めることができます。

$$P(x|y) = \frac{P(x,y)}{P(y)} = \frac{P(y|x)P(x)}{P(y)} = \frac{P(y|x)P(x)}{\sum_{x'} P(y|x')P(x')}$$

これをベイズの定理と呼びます。統計や機械学習で重要な定理です。

「確率分布間がどのくらい離れているのか」を表す一つの尺度としてKLダイバージェンスがあります。2つの確率分布 $p(x), q(x)$ が与えられたとき、これらのKLダイバージェンスは、

$$KL(p||q) = \sum_x p(x) \log \frac{p(x)}{q(x)}$$

と定義されます。このKLダイバージェンスは2つの確率分布 p, q が一致しているとき、0 の値をとり、そうでないときは正の値をとります。逆にKLダイバージェンスが 0 のときは、必ず p と q は一致しています。

一般の距離とは違って、入力の順序に対して非対称であり、一般に $KL(p||q) \neq KL(q||p)$ であることに注意してください（成り立つ場合もある）。

ELBOは条件付き確率とKLダイバージェンスの和に分解される

ELBOは、認識モデル $q(\mathbf{z}|\mathbf{x})$ を使ってデータを $\mathbf{x}$ を生成しそうな $\mathbf{z}$ を探します。

一方で、$\mathbf{x}$ を観測した後に、それを生成した $\mathbf{z}$ は何であったかという分布は事後分布 $p(\mathbf{z}|\mathbf{x})$ であり、ベイズの定理より $p(\mathbf{z}|\mathbf{x}) = p(\mathbf{x}|\mathbf{z})p(\mathbf{z})$ / $p(\mathbf{x})$ と求めることができます。

以下ではELBOを最大化していくことで、認識モデル $q(\mathbf{z}|\mathbf{x})$ が真の事後分布 $p(\mathbf{z}|\mathbf{x})$ を近似していることを説明します。ELBOの式を再掲します。

$$l(\theta)_{\text{ELBO}} = \int_z q(\mathbf{z}|\mathbf{x}) \log \frac{p(\mathbf{x}|\mathbf{z};\theta)p(\mathbf{z})}{q(\mathbf{z}|\mathbf{x})} d\mathbf{z}$$

この右片を式変形すると、

$$\log \frac{p(\mathbf{x}|\mathbf{z};\theta)p(\mathbf{z})}{q(\mathbf{z}|\mathbf{x})} = \log p(\mathbf{x}|\mathbf{z};\theta) + \log \frac{p(\mathbf{z})}{q(\mathbf{z}|\mathbf{x})}$$

と表されることから、ELBOの式は次のように分解されます。

$$\int_z q(\mathbf{z}|\mathbf{x}) \log p(\mathbf{x}|\mathbf{z};\theta) dz + \int_z q(\mathbf{z}|\mathbf{x}) \log \frac{p(\mathbf{z})}{q(\mathbf{z}|\mathbf{x})} dz$$

この1つめの項は、$q(\mathbf{z}|\mathbf{x})$という確率分布で$\log p(\mathbf{x}|\mathbf{z};\theta)$の期待値をとっていることから、$\mathbb{E}_{q(\mathbf{z}|\mathbf{x})}[\log p(\mathbf{x}|\mathbf{z};\theta)]$と表せます。また、この2つめの項は、**確率分布間のKLダイバージェンス**として表せます（p.103のコラムを参照）。

これより、ELBOは**条件付き対数尤度の期待値とKLダイバージェンスの和**として表されます。

$$l(\theta)_{\mathrm{ELBO}} = \mathbb{E}_{q(\mathbf{z}|\mathbf{x})}[\log p(\mathbf{x}|\mathbf{z};\theta)] + KL(q(\mathbf{z}|\mathbf{x})||p(\mathbf{z}))$$

このELBOは対数尤度$\log p(\mathbf{x};\theta) = \log\left(\displaystyle\int_z p(\mathbf{x}|\mathbf{z};\theta)p(\mathbf{z})dz\right)$の下限であり、近似であったことを思い出してください。

それでは対数尤度とELBOはどの程度ずれているのでしょうか。**対数尤度とELBOの差**を計算すると、計算過程は煩雑なので省略しますが、次の結果が得られます。

$$\log p(\mathbf{x};\theta) - l(\theta)_{ELBO} = KL(q(\mathbf{z}|\mathbf{x})||p(\mathbf{z}|\mathbf{x}))$$

この$p(\mathbf{z}|\mathbf{x})$は真の事後分布です。

ここでELBOの第2項では、認識モデル$q(\mathbf{z}|\mathbf{x})$と事前分布$p(\mathbf{z})$間のKLダイバージェンス$KL(q(\mathbf{z}|\mathbf{x}) \| p(\mathbf{z}))$なのに対し、対数尤度とELBOの差では、認識モデル$q(\mathbf{z}|\mathbf{x})$と事後分布$p(\mathbf{z}|\mathbf{x})$間のKLダイバージェンス$KL(q(\mathbf{z}|\mathbf{x}) \| p(\mathbf{z}|\mathbf{x}))$であることに注意してください。

●⋯⋯⋯**ELBO最大化により最尤推定が実現でき、認識モデルは事後確率分布に近づく**

この結果と、「KLダイバージェンスが0となるのは二つの分布が一致するとき」という事実から、ELBOが対数尤度と一致するのは「認識モデル$q(\mathbf{z}|\mathbf{x})$と事後分布$p(\mathbf{z}|\mathbf{x})$が一致するときである」とわかります。

そのため、ELBOが最大値をとるように認識モデル$q(\mathbf{z}|\mathbf{x})$を最適化すると、認識モデル$q(\mathbf{z}|\mathbf{x})$は事後分布$p(\mathbf{z}|\mathbf{x})$に近づくことができます。

そして、事後分布に近くなった認識モデルを使って、効率的に観測データを生成しそうな潜在変数をサンプリングし、その潜在変数上での条件付き尤度を最大化することで生成モデルを学習していくことになります。

償却化推論　すべてのサンプルをまとめて推論する

ここまでは「ELBO最大化によって何が達成できるのか」を説明してきました。次に、VAEが使う**認識モデルをどのように作るのか**を説明します。

ELBOは、**サンプルごとに独立した対数尤度の和**として定義されています。そのため、サンプルごとに別々の認識モデル$q_i(\mathbf{z}|\mathbf{x}_i)$を用意し、それらを使ってELBOを定義できます。

実際、従来の変分法を使った潜在変数モデルの学習では、サンプルごとに別々の認識モデルを用意して、それらを最適化することが一般的でした。

これに対し、VAEでは一つのニューラルネットワーク$q(\mathbf{z}|\mathbf{x};\boldsymbol{\phi})$を使って、すべてのサンプルの認識モデルを表します。各サンプルにおける認識モデルは、そのサンプル$\mathbf{x}$を入力とした結果で表されます。このニューラルネットワークを**符号化器**と呼びます。

サンプルごとに認識モデルを推論する代わりに、**一つの符号化器を使ってまとめて推論する手法を償却化推論**(*amortized inference*)と呼びます。符号化器は任意の入力を受け取ることができ、学習データ以外のデータも受け取ってその認識モデルを返すことができます。

［小まとめ］VAEの学習と生成

まとめると、VAEは符号化器と復号化器の二つのニューラルネットワークで構成されます。符号化器は認識モデル$q(\mathbf{z}|\mathbf{x};\boldsymbol{\phi})$を推定し、復号化器は生成モデル$p(\mathbf{x}|\mathbf{z};\boldsymbol{\theta})$を推定します。認識モデルは、生成モデルの学習に必要な対数尤度の下限であるELBOを推定するために用いられます。ELBOを最大化することで対数尤度をより良く近似できるようになり、また生成モデルはELBOを最大化することで対数尤度を最大化するように学習していきます。

ELBOの最大化

それでは、ELBOをどのように最大化するのかを見ていきます。先に、ELBO
を使った学習が最終的にどのようになるのかを見ておきましょう。

図3.9 に、VAEの学習と生成時の図を示します。学習時はまず観測データ
x から符号化器で潜在変数 **z** を推定し、次に潜在変数にノイズを加えます。続
いて、復号化器で **z** から入力 **x′** を復元します。そして、元の入力 **x** と復元さ
れた入力 **x′** が合うように学習していきます。このように、一度データを潜在
変数に変換し、それをまたに元の入力に戻すようなモデルは**自己符号化器**と
呼ばれます。

ELBO最大化による学習が自己符号化器による学習と一致することをこれ
から説明します。

図3.9　**VAEの学習と生成**

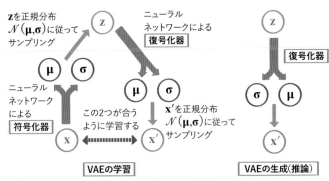

❶符号化器が表す認識モデルで入力**x**から**z**を推定
❷復号化器が表す生成モデルで**z**から**x′**を生成する
❸**x**と**x′**が合うように学習する

復号化器のみを利用する

まず、ELBOが復号化器のパラメータ θ と符号化器のパラメータ ϕ に依存
していることを示すために、ここからは $l_{\mathrm{ELBO}}(\theta, \phi)$ と書くことにします。

$$l(\theta, \phi)_{\mathrm{ELBO}} = \mathbb{E}_{q(\mathbf{z}|\mathbf{x};\phi)}[\log p(x|\mathbf{z};\theta)] + KL(q(\mathbf{z}|\mathbf{x};\phi)||p(\mathbf{z}))$$

符号化器と復号化器のパラメータを勾配法で最適化する

今回の問題は、目的関数である $l_{\mathrm{ELBO}}(\theta, \phi)$ を最大化するようなパラ

メータ θ^*, ϕ^* を求める最適化問題であり、ELBOに対する復号化器と符号化器それぞれのパラメータ θ, ϕ についての勾配を求め、それを使って**勾配上昇法**(降下法の反対)で**最適化**します。

●········ **復号化器のパラメータについての勾配推定は簡単**

はじめに、復号化器のパラメータ θ についての勾配の求め方を説明します。この勾配は、次のように求められます。

$$\frac{\partial l_{\text{ELBO}}(\theta,\phi)}{\partial \theta} = \mathbb{E}_{q(\mathbf{z}|\mathbf{x};\phi)}\left[\frac{\partial \log p(\mathbf{x}|\mathbf{z};\theta)}{\partial \theta}\right]$$

まず、$\mathbf{z} \sim q(\mathbf{z}|\mathbf{x}; \phi)$ とサンプリングし、次に $\mathbf{z}$ を使って対数尤度 $\log p(\mathbf{x}|\mathbf{z}; \theta)$ を評価し、その勾配を計算します。これは、復号化器の誤差逆伝播法で求めることができます。

この各サンプルを使ったモンテカルロ推定結果は、勾配の不偏推定量です[注8]。このように、符号化器の学習は難しくありません。

●········ **符号化器のパラメータについての勾配計算が難しい**

次に、符号化器のパラメータ ϕ についての勾配を求めます。復号化器と同様に、以下のように求められます。

$$\frac{\partial l_{\text{ELBO}}(\theta,\phi)}{\partial \phi}$$

$$= \int_{\mathbf{z}} \frac{\partial q(\mathbf{z}|\mathbf{x};\phi)}{\partial \phi} \log p(\mathbf{x}|\mathbf{z};\theta)d\mathbf{z} - \frac{\partial KL(q(\mathbf{z}|\mathbf{x})||p(\mathbf{z}))}{\partial \phi}$$

第2項のKLダイバージェンスに関する勾配は、解析的に解けますし、$\mathbf{z}$ をサンプリングして解くこともできます。

問題なのは第1項です。確率分布を構成するパラメータ ϕ についての勾配をとる必要があり、期待値の形で表すことができず、復号化器の勾配推定時のような確率分布からのサンプリングを使ったモンテカルロ推定(次ページのコラム「モンテカルロ推定」を参照)ができないためです。

....

注8 元の対数尤度上でモンテカルロ推定するのではなく、ELBO上でモンテカルロ推定することで不偏推定になっていることに注意してください。

変数変換トリックが効率的な勾配推定を実現する

　このような目的関数が期待値の形で表され、その期待値をとっている分布のパラメータについての勾配を求める問題は世の中の多く問題で登場し、機械学習でも多く出現します。

> **期待値をとっている分布のパラメータについての勾配を求める問題**　Note
> 　たとえば、強化学習の問題でも同様の問題が登場し、そこでは「REINFORCE」と呼ばれる手法が利用されています。
>
> - **参考**：R. J. Williams「Simple Statistical gradient-following algorithms for connectionist reinforcement learning」(Machine Learning、1992)

　VAEでは**変数変換トリック**（*reparameterization trick*）と呼ばれる手法を利用します。変数変換トリックは「Pathwise Derivative」と呼ばれることもあります。変数変換トリックはその名のとおり**変数を変換**することで、**微分をとる対象を変えてしまい、確率分布のパラメータについての勾配をモンテカルロ法で推定できるようにします。**

Column

モンテカルロ推定

　復号化器の勾配推定時に使った、確率分布からのサンプリングを使って推定するような方法を**モンテカルロ推定**と呼びます[注a]。
　この際、各試行の推定量が不偏推定であれば、試行回数を増やせば増やすほど真の値を正確に推定できます。推定したい量がサンプリング可能な分布の期待値の形 $\mathbb{E}_{p(x)}[f(x)]$ で表されていれば、その期待値をとっている分布からサンプリングし、そのときの $f(x)$ の値の平均値を使って期待値を推定することができます。後で登場する強化学習の第4章でも、モンテカルロ法を使って期待収益を推定します。

注a　一般に、乱数を用いて確率分布を含むような計算の数値解を近似する方法を「モンテカルロ法」と呼びます。発案者の親戚がモナコのモンテカルロ地区にあるカジノで借金をしていたのが、名前の由来であるといわれています。

多くの確率分布からのサンプリングは、決定的な関数＋ノイズで表される

　まず、多くの確率分布は、サンプリングを含まない決定的な関数にノイズが加わった形で表すことができます。

> **決定的な関数**　　　　　　　　　　　　　　　　　　　Note
> 　決定的な関数とは、入力に対して出力が一意に決まる関数です。

　たとえば、平均がμで、共分散行列が対角成分にσの各成分が並ぶ対角行列で表されるような正規分布からのサンプリングは、次のような関数、

$$\mathbf{z} = \mu + \epsilon\sigma$$

で表すことができます。ただし、$\epsilon \sim \mathcal{N}(\mathbf{0}, I)$は平均が$\mathbf{0}$、共分散行列が単位行列であるような正規分布からのサンプリングです。これはμ、σはノイズを含まない定数であり、ϵだけがランダムに変わることに注意してください。

ELBOの式を等価なサンプリングで置き換える

　VAEの認識モデルで扱う分布$q(\mathbf{z}|\mathbf{x};\phi)$を平均が$\mu(\mathbf{x};\phi)$、共分散行列が対角行列で、対角ベクトルが$\sigma(\mathbf{x};\phi)$と表されるような正規分布としたとき、この正規分布からのサンプリングは上記の議論と同様に、ノイズを含まない$\mu(\mathbf{x};\phi)$と$\sigma(\mathbf{x};\phi)$という決定的な関数にノイズϵが加わった形で表すことができます。

$$\mathbf{z}=\mu(\mathbf{x};\phi)+\epsilon\sigma(\mathbf{x};\phi)$$

　このようにすることで、パラメータで特徴づけられていた正規分布を、パラメータで特徴づけられた決定的な関数と、パラメータとは独立なノイズに分解することができます。

　先ほどの、符号化器のパラメータについての勾配を求める際に登場した式で、勾配を求めるのが難しかった第1項を再度見てみましょう。

$$\int_{z} q(\mathbf{z}|\mathbf{x};\phi)\log p(\mathbf{x}|\mathbf{z};\theta)d\mathbf{z}$$

　この式は、上記の$\mathbf{z}$についての変数変換を行うことで、以下のように表せます。

$$= \int_\epsilon p(\epsilon) \log p(\mathbf{x}|\mathbf{z} = \mu(\mathbf{x};\phi) + \epsilon\sigma(\mathbf{x};\phi);\theta)d\epsilon$$

この変換によって、期待値をとる分布がパラメータ θ を含む $q(\mathbf{z}|\mathbf{x};\theta)$ ではなく $p(\epsilon)$ となること、パラメータ ϕ への依存が $p(\mathbf{x}|\mathbf{z}=\mu(\mathbf{x};\phi)+\epsilon\sigma(\mathbf{x};\phi);\theta)$ のように条件付き確率の条件部分に移動したことに注意してください。

●········**期待値の確率分布からパラメータを消すことができる**

この関数の ϕ についての勾配は $p(\epsilon)$ がパラメータ ϕ に依存していないため、以下のように表すことができます。

$$\mathbb{E}_{p(\epsilon)}\left[\frac{\partial \log p(\mathbf{x}|\mathbf{z} = \mu(\mathbf{x};\phi) + \epsilon\sigma(\mathbf{x};\phi))}{\partial \phi}\right]$$

この式で微分をとる対象が期待値をとっている確率から、**期待値内にある関数内のパラメータに変わった**ことに着目してください。こうすることで、**モンテカルロ推定を使って勾配の不偏推定量を求めることができます。**

具体的には、まず $p(\epsilon)$ から $\epsilon \sim p(\epsilon)$ とサンプリングし、次に得られた ϵ と $\mu(\mathbf{x};\phi)$ と $\sigma(\mathbf{x};\phi)$ を使って $\mathbf{z}=\mu(\mathbf{x};\phi) + \epsilon\sigma(\mathbf{x};\phi)$ を求めます。そして、$\mathbf{z}$ を使って生成モデルを求め、対数尤度を評価します。

この計算全体は符号化器と復号化器がつながった一つのネットワークであり、誤差逆伝播法を使って、パラメータについての勾配を求めることができます。

勾配を計算する計算グラフは自己符号化器とみなせる

この生成モデルを使って対数尤度を評価する部分は、復号化器を使って入力 $\mathbf{x}'$ を復元し、元の入力 $\mathbf{x}$ と復元した入力 $\mathbf{x}'$ との誤差を小さくするような式で表せます。このように、VAEは自己符号化器のようにみなせます 図3.10 。そのため、「変分自己符号化器」(*variational autoencoder*、VAE)という名前がつけられています。

この「変数変換トリック」は、勾配の不偏推定を実現し、また勾配推定時の分散が他の不偏推定(後述するREINFORCE)よりも小さい場合が多いことがわかっています。そして、各サンプルについて z を一つしかサンプリングしなくても学習できます。これは勾配推定の分散が小さいことと、ミニバッチ

で学習するためにサンプルごとのばらつきも抑えられるためと考えられます。

図3.10 　　　**VAEは変数変換トリックにより自己符号化器とみなせる**

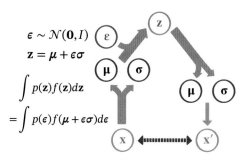

VAEは**x**から**z**を推定する際に**ε**というノイズを加えた上で
復元問題が解けるようにしているとみなせる

VAEの実装は簡単

この導出には難しい部分も多くありましたが、**実装は簡単**です。自己符号化器の潜在変数にノイズを加えるだけで、あとは通常のニューラルネットワークと同様に、誤差逆伝播法を使って符号化器と復号化器のパラメータの勾配を求めることで学習できます。

IWAE

VAEを改良する手法が次々と提案されています。以下では、その中でも、尤度改善に有効な **IWAE**（*Importance weighted autoencoder*）[注9]を紹介します。

VAEは入力 **x** から、**x** を生成しそうな潜在変数 **z** を符号化器を使って推定し、その **z** を使って実際に **x** を生成できるように学習を進めます。しかし、符号化器が定義する認識モデル $q(\mathbf{z}|\mathbf{x})$ は学習途中は真の事後分布 $p(\mathbf{z}|\mathbf{x})$ とは異なるため、実際に良い候補が得られるとは限りません。

そこで、$q(\mathbf{z}|\mathbf{x})$ から複数の潜在変数 $\mathbf{z}_1, \mathbf{z}_2, \ldots, \mathbf{z}_k$ をサンプリングし、その中でたまたま一番うまく観測変数 **x** を復元できたものに重み付けをして

注9　●参考：Y. Burda and et al.「Importance Weighted Autoencoders」（ICLR、2015）

学習するアプローチが考えられます。

　この重みとしてi番めの潜在変数がどれだけうまくデータを生成できているかを表す$w_i = p(\mathbf{x}, \mathbf{z}_i) \,/\, q(\mathbf{z}_i|\mathbf{x})$を考えます。そして、ELBOを改良して$k$個のサンプルによる平均を使うことを考えます。

$$\mathcal{L}_k(\mathbf{x}) = \mathbb{E}_{\mathbf{z}_1, \mathbf{z}_2, \ldots, \mathbf{z}_k \sim q(\mathbf{z}|\mathbf{x})} \left[\log \frac{1}{k} \sum_{i=1}^{k} \frac{p(\mathbf{x}, \mathbf{z}_i)}{q(\mathbf{z}_i|\mathbf{x})} \right]$$

　この$\mathcal{L}_k(\mathbf{x})$は、$k=1$のときELBOと一致します。対数尤度を$\mathcal{L}(\mathbf{x})$としたとき、任意の$k > k'$について、

$$\mathcal{L}(\mathbf{x}) \geq \mathcal{L}_k(\mathbf{x}) \geq \mathcal{L}_{k'}(\mathbf{x}) \geq \mathcal{L}_1(\mathbf{x})$$

が成り立ちます。つまり、サンプル数を増やせば増やすほど、対数尤度のより良い(「タイト」と表現する)下限になっています。

　このとき、$\mathcal{L}_k(\mathbf{x})$のパラメータ$\theta$(生成モデル、認識モデル両方をまとめている)についての勾配は、

$$\nabla_\theta \mathcal{L}_k(\mathbf{x}) = \mathbb{E}_{\epsilon_1, \ldots, \epsilon_k} \left[\sum_{i=1}^{k} \tilde{w}_i \nabla_\theta \log w \right]$$

と求められます。ただし、$\tilde{w}_i = w_i \,/\, \sum_{i=1}^{k} w_i$は正規化された重みです。

　よって、IWAEではあたかも、うまく$\mathbf{x}$を生成することができた$\mathbf{z}_i$(それの元になったノイズϵ_i)に大きな重みを与えた上で勾配を計算したモデルとみなすことができます。

・・・・・・・・・・・・・・・・・・・・・・・・・・・・・・・・・・・・・・・

　このサンプリング数kを増やしていくことで、VAEよりも対数尤度が高い生成モデルが学習できることが実験的にわかっています[注10]。

注10　•参考：Y. Burda and et al.「Importance Weighted Autoencoders」(ICLR、2015)

3.3
GAN 敵対的生成モデル

次の生成モデルとして、「GAN」(ガン、ギャン)を紹介します。

GAN

GAN(*Generative adversarial network*、敵対的生成モデル)注11 は、他の多くの生成モデルとは違って、**最尤推定を使って学習をしません**。代わりに、**二つのニューラルネットワークを競合させていくことで生成モデルを学習します** 図3.11 。

図3.11 　GAN

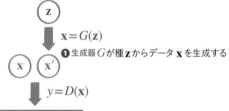

❶生成器 G が種 $\mathbf{z}$ からデータ $\mathbf{x}$ を生成する

❷識別器 D が生成されたデータが本物か偽物かを判別

敵対的生成モデルは生成器 G と識別器 D が競合して学習し、
識別器はわずかな誤りも見つけられるように学習し、
生成器は識別器をだますような本物そっくりのデータを
生成できるように学習する

　一つめのネットワークである**生成器** G (*Generator*)はデータを生成するようなネットワークです。二つめのネットワークである**識別器** D (*Discriminator*)は、本物のデータと生成器が生成したデータが $1/2$ の確率でランダムに与えられたとき、与えられたデータが本物のデータか、生成されたデータかを判別するようなネットワークです。

注11 • 参考：I. J. Goodfellow and et al.「Generative Adversarial Networks」(NeurIPS、2014)

あたかも生成器は偽金を作る人、識別器はお金が本物のお金か偽金かを見分ける人とみなせます。生成器は識別器をだませるように、より本物らしいデータを生成できるよう学習していき、識別器はデータのわずかな違いも見逃さず、本物か偽物かを正しく判別できるように学習していきます。**この二つがうまく競い合って学習していくと、生成器は本物そっくりの偽物が生成できる、つまりデータ分布からのデータをサンプリングできるようになります。**

GANは生成器と識別器から構成される

それでは、GANがどのように生成モデルを学習していくのかを見ていきましょう。生成器 G は、次のようにしてデータを生成します 図3.11 ❶ 。はじめに、$\mathbf{z}$ をサンプリングが容易な分布 $p(\mathbf{z})$ から生成します。たとえば、正規分布や一様分布を使うことが多いです。次に、決定的な関数 $G(\mathbf{z};\theta)$ を使ってデータを $\mathbf{x}=G(\mathbf{z};\theta)$ のように生成します。後で説明するように**GANは最尤推定を使わず最適化できるので、この関数 G は、尤度を計算できる必要はなく、決定的な関数を使えます。**これがGANの大きな特徴となっています。

次に、識別器 D は与えられたデータ $\mathbf{x}$ を入力とし、それが本物のデータならば1、生成されたデータならば0を返すように学習する関数です 図3.11 ❷ 。識別器は、入力データが本物のデータ由来か、偽物のデータ由来なのかを見分ける二値分類器です。

生成器と識別器が競合することで学習する

これら生成器と識別器の二つのネットワークは、次の目的関数を最適化するようにして学習します。

$$L(G,D) = \mathbb{E}_{\mathbf{x} \sim p_{\text{data}}(\mathbf{x})}[\log D(\mathbf{x})] + \mathbb{E}_{\mathbf{z} \sim p(\mathbf{z})}[\log(1 - D(G(\mathbf{z})))]$$

ただし、$p_{\text{data}(x)}$ は真のデータ分布からのサンプリングで訓練データからのサンプリングを使います。

この式の意味を見てみましょう。第1項の $\mathbb{E}_{\mathbf{x} \sim p_{\text{data}}(\mathbf{x})}[\log D(\mathbf{x})]$ は、訓練データに対する識別器の判定結果を表します。識別器としては、訓練データ由来の本物のデータに対して1を返すことが目標なので、識別器はこの第1項を大きくすることが目標です。

第2項 $\mathbb{E}_{\mathbf{z} \sim p(\mathbf{z})}[\log(1 - D(G(\mathbf{z})))]$ は、生成されたデータに対する識別器の判定結果を表します。生成器が生成したサンプル $G(\mathbf{z})$ に対する識別器の判定結果 $D(G(\mathbf{z}))$ が対象です。識別器はこの $D(G(\mathbf{z}))$ が小さくなるように（$\log(1 - D(G(\mathbf{z})))$ は大きくなるように）、生成器は $D(G(\mathbf{z}))$ が大きくなるように（$\log(1 - D(G(\mathbf{z})))$ は小さくなるように）、つまり識別器をだますように最適化します。

この**目的関数上で二つのネットワークは競合します**。つまり、識別器 $D(\mathbf{x})$ は $L(G, D)$ を最大化するように学習し、生成器 $G(\mathbf{x})$ は $L(G, D)$ を最小化するように学習します。

この最適化問題は、次のように識別器と生成器を交互に更新することで解くことができます。最適化をしている最中の t ステップめの生成器を G_t、識別器を D_t としたとき、

$$D_{t+1} := \arg\max_D L(G_t, D)$$
$$G_{t+1} := \arg\min_G L(G, D_{t+1})$$

として片方を固定して更新していきます。実際は arg min, arg max を求めることはできず、1回〜複数回の勾配降下（上昇）法による更新を行います。

また、学習の初期には生成器はほとんどランダムな画像しか生成できないので、識別器は簡単に真のデータと生成されたデータを見分けることができてしまいます。そのため、$\log(1 - D(G(\mathbf{z})))$ はほぼ $\log 1$ の近くであり、$\log$ の関数の形からわかるように勾配が非常に小さくなってしまいます。そこで、実際には生成器の学習において、$\log(1 - s)$ と $-\log s$ は s について同じ単調現象関数ですが、学習初期から勾配を大きくすることができます。このように損失を変えた目的関数、

$$L_{\mathrm{gen}}(G, D) = \mathbb{E}_{\mathbf{x} \sim p_{\mathrm{data}}(\mathbf{x})}[\log D(\mathbf{x})] - \mathbb{E}_{\mathbf{z} \sim p(\mathbf{z})}[\log D(G(\mathbf{z}))]$$

が生成器の学習の際に利用されます[注12]。

注12 第1項は生成器の学習には関係ありませんが、比較のために載せています。

実は生成器は識別器から助けてもらって学習している

GANの学習時に、生成器と識別器の二つのネットワークは競合しています
が、実は**助け合って学習している**とみなせます。先述の式が示しているよう
に、識別器と生成器は計算グラフとしてつながっており（$D(G(\mathbf{z}))$はGの
後にDをつなげたネットワーク）、生成器のパラメータを更新する際には、識
別器から伝わってきた誤差を使って学習します。生成器は、どのようにすれ
ば識別器を一番だますように更新できるかを、誤差を通じて直接識別器から
教えてもらうことができます。

このように、生成器は、最尤推定を直接解かずに、**識別器が提供する情
報**注13を使って、**生成モデルを学習する**ことができます。

GANは決定的な関数を使ってデータを生成する

GANがVAEも含めた従来の生成モデルと違う点として、**生成器は尤度を
評価できる必要がない**ことが挙げられます。これにより、GANの生成器の多
くは、最初にノイズをサンプリングした後には、決定的な関数のみを使って
データを生成します 図3.12 。

図3.12 GAN は決定的な関数を使ってデータを生成できる

従来手法では、尤度を評価できるように生成直前にノイズを加えていた。
GANは、尤度を使わず、識別器Dを使って評価するため、
ノイズを加える必要がなく、ぼやけずシャープな生成ができる

これに対し、最尤推定を行う生成モデルでは、尤度が評価できるようなモ
デルを使う必要があります。たとえば、VAEではデータを直接生成せず、代
わりに正規分布のパラメータ（平均μと共分散行列の対角成分σ）を生成し、

注13 後で、これが「尤度比」（正しい事例と間違った事例間の尤度比）であることを見ていきます。

その上で観測データの対数尤度が計算できるようにしていました。

データ生成の観点から見れば、このVAEが使っているモデルは、平均μでデータを生成した後に、σに比例する大きさを持ったノイズを加えてデータを生成していることになります。

これに対し、GANは**生成時の最後にノイズを加える必要がありません**。これによって、GANが生成するデータは高次元データでありながら、そのデータの自由度は$\mathbf{z}$の次元数が最大であるような、本質的に低次元であるデータとなります。これによって、いわゆるぼやけていないシャープなデータを生成できる可能性があります。

このような低次元の自由度を持ったデータ分布は、確率密度としては0になるので最尤推定を使って学習することができません。

最尤推定では、学習中にモデルが生成する可能性があるデータx(とくに学習データからのサンプリング)について、尤度$P(x)$が0でないことが必要です[注14]。一方で、GANにはそのような制約がありません。

GANは分類モデルを使って生成モデルを学習する

また、GANはディープラーニングで成功している**分類モデルを活用して、生成モデルを設計できる**という利点があります。

たとえば、識別器にCNNを使った場合、CNNの平行移動不変性(同変性)を利用することができます。画像は平行移動させたとしても、画像の意味は変わらず、画像の尤度も大きく変わらないといえます。しかし、VAEのように尤度を次元ごとに正規分布でモデル化している場合、画像を平行移動させた場合、尤度も変わってしまいます。しかし、平行移動不変性を持つような尤度を設計することは困難です[注15]。これに対し、識別器であれば、**CNNを使うだけで平行移動不変性を実現できます**。

このように、分類器向けの提案されているさまざまなアイディアやモジュールを、生成モデルに導入することができます。

注14 $P(x)$が0になる場合、尤度$\log P(x)$が負の無限大に発散し定義できないだけでなく、その周辺の勾配も発散し学習ができなくなります。

注15 近年、さまざまな変換に対する尤度の不変性を備えたモデルも登場しています。たとえば、化合物のグラフを生成するモデルにSE(3)(並進と回転)に対する不変性を保つような手法が提案されています。
・参考：V. G. Satorras and et al. 「E(n) Equivariant Normalizing Flows」(NeurIPS、2021)
・参考：M. Xu「GeoDiff：A Geometric Diffusion Model for Molecular Conformation Generation」(ICLR、2022)

GANの学習が何を達成しているか

GANの学習は一見すると「競合により学習している」ので、最終的に得られる生成モデルがどのような分布となっているのかがわかりません。

ここから、**どのような生成モデルが得られるのか**について見ていきます。最初に紹介した目的関数と生成器の学習用に式変形し、勾配を改善した2つの目的関数を再掲します。

$$L(G,D) = \mathbb{E}_{\mathbf{x} \sim p_{\mathrm{data}}(\mathbf{x})}[\log D(\mathbf{x})] + \mathbb{E}_{\mathbf{z} \sim p(\mathbf{z})}[\log(1 - D(G(\mathbf{z})))]$$

$$L_{\mathrm{gen}}(G,D) = \mathbb{E}_{\mathbf{x} \sim p_{\mathrm{data}}(\mathbf{x})}[\log D(\mathbf{x})] - \mathbb{E}_{\mathbf{z} \sim p(\mathbf{z})}[\log D(G(\mathbf{z}))]$$

この2つは**勾配の形が違うだけ**であり、**学習する目標は同じ**です。これら2つを足し合わせた次の目的関数を考えてみます。

$$L_{\mathrm{KL}}(G,D) = \mathbb{E}_{\mathbf{x} \sim p_{\mathrm{data}}(\mathbf{x})}[\log D(\mathbf{x})] + \mathbb{E}_{\mathbf{z} \sim p(\mathbf{z})}\left[\log \frac{1 - D(G(\mathbf{z}))}{D(G(\mathbf{z}))}\right]$$

この目的関数も最小化することで、上記2つの目的関数も最小化できるようなパラメータを探索できると期待されます。

最適な識別器を達成すると仮定する

訓練データによって定義される分布を「データ分布」と呼び、$P(\mathbf{x})$ とし、生成モデルによって定義される分布を「生成分布」と呼び、$Q(\mathbf{x})$ とします。また、GANの学習時のようにデータを $1/2$ の確率でそれぞれのデータからサンプリングされている場合、最適な識別器は、

$$D^*(\mathbf{x}) = \frac{P(\mathbf{x})}{P(\mathbf{x}) + Q(\mathbf{x})}$$

となります。

> **Note**
>
> **生成分布$Q(\mathbf{x})$について**
> ここで登場する生成分布 $Q(\mathbf{x})$ は、VAEで使われていた認識モデル $q(\mathbf{z}|\mathbf{x})$ とは異なります。データ分布を p や P、生成分布やモデルが定義する分布を q や Q で書く場合が多いです。

ベイズ最適　　　　　　　　　　　　　　　　　　　　　　　　　Note

　このように、分類対象のデータ分布がわかっている場合に、達成可能な最適な識別器をベイズ最適と呼びます。この最適な識別器 D^* は、生成データと訓練データが1/2の確率でサンプリングされる場合のベイズ最適です。

　データが生成分布由来である場合に $c=0$、データ分布由来である場合に $c=1$ となる確率変数 c を考え $U(x|c)$ で各データが生成される確率とします。ベイズ最適な識別器は事後確率 $U(c=1|x)$ となります。また、データ x を生成する確率は $U(x) = \frac{1}{2}(Q(x) + P(x))$ と定義されます。ベイズの定理より次のようになります。

$$D^*(x) = U(c=1|x) = \frac{U(x|c=1)U(c=1)}{U(x)} = \frac{P(x) \cdot \frac{1}{2}}{\frac{1}{2}(Q(x) + P(x))} = \frac{P(x)}{(Q(x) + P(x))}$$

　GANの学習の各ステップで識別器が更新した際に、**ベイズ最適を達成している**[注16]と仮定した場合、上記の $L_{KL}(G, D)$ の第2項は以下のようになります。

$$\mathbb{E}_{\mathbf{z} \sim p(\mathbf{z})}\left[\log \frac{1 - D^*(G(\mathbf{z}))}{D^*(G(\mathbf{z}))}\right]$$

$$= \mathbb{E}_{\mathbf{x} \sim Q(x)}\left[\log \frac{Q(\mathbf{x})}{P(\mathbf{x})}\right] = KL(Q||P)$$

　つまり、第2項は**生成分布 Q からデータ分布 P へのKLダイバージェンス**とみなせます。

●⋯⋯⋯GANは $KL(Q||P)$ を最小化する

　生成器は、目的関数の第2項だけが関係していました。これより、生成器はこの Q から P へのKLダイバージェンス $KL(Q||P)$ を最小化するように学習していると考えられます(第1項は識別器だけが関係する)。

　これに対し、最尤推定の場合は、この逆の、

$$KL(P||Q) = \mathbb{E}_{P(\mathbf{x})}\left[\log \frac{P(x)}{Q(\mathbf{x})}\right]$$

を最小化($Q(\mathbf{x})$ に関係する項を抜き出せば、$\mathbb{E}_{P(x)}[\log Q(\mathbf{x})]$ の最大化)するように学習します。

注16　実際は、各ステップで識別器は数回の更新だけであり、最適性は達成できず、また収束させたとしても識別器の表現力が不十分で、このような最適性が保障されない場合もあります。

　二つのKLダイバージェンス $KL(Q\|P)$, $KL(P\|Q)$ を最小化するように Q を最適化した場合、両方とも $Q=P$ である場合、最小値である 0 を達成しますが、それを達成できない場合、どのような Q になるかに大きな違いをもたらします。

　最尤推定である $KL(P\|Q)$ を最小化するように学習した生成分布 Q は P の平均を捉えるように学習します。これに対し、GANの学習である $KL(Q\|P)$ を最小化するように学習した生成分布は P の平均ではなく、モード(*mode*、一番大きい山)を捉えるように学習する特徴があります 図3.13 。このGANが使っているKLダイバージェンスを、通常使うKLダイバージェンスとは逆なので「リバースKLダイバージェンス」(*reverse KL divergence*)と呼ぶこともあります。

図3.13 最尤推定とGANの学習は異なる向きのKLダイバージェンス最小化を達成する

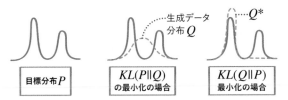

目標分布 P に生成データ分布 Q を合わせる場合、
$KL(P\|Q)$(最大推定)はできるだけ多くの山をカバーし、
平均をとらえるように学習し、$KL(Q\|P)$(GANなど)は
一つのモード(一番大きい山)をとらえるように学習する

　このため、GANで学習した生成分布($KL(Q\|P)$ の最小化)の場合、正確に一つのモードを捉えられる一方、他の山を見逃してしまう**モード崩壊**(*mode collapse*)と呼ばれる問題が発生します。モード崩壊は一部のデータを正確に生成することはできるが、可能性のあるすべてのデータを生成することには失敗している状態です。モード崩壊が起こると、生成器が同じサンプルやデータのたくさんある種類の一部しか生成しないようになってしまいます。モード崩壊を防ぐ手法も多く提案されています。

スペクトラル正規化　GANの学習を安定化させる

　GANは、学習中に二つのネットワークをうまく競合させていく必要があります。前述のように、生成器は**識別器が提供する「勾配」を使って学習してい**

きます。これはあたかも、識別器が今の生成器の状態に合わせて波を作り、生成器はこの波に乗って、現在のデータ分布から学習対象の目標分布まで移動していくようなものです。

しかし、生成器がうまくこの波に乗れない場合は、学習が進みません。このため、GANの学習は不安定になりがちで、GANの学習を安定化させるために多くの研究が提案されています。

ここでは、その中でも最も有効な手法の一つとして知られる「スペクトラル正規化」について紹介します。まず、GANの学習の失敗について確認します。

●⋯⋯⋯**GANの学習の失敗**　生成器に対して、識別器が強くなりすぎた場合

GANの二つのネットワークがうまく競合できず、学習が失敗してしまうのは生成器に対して、識別器が強くなりすぎた場合に起こります。

この場合、識別器はデータ分布と生成分布を完全に分類できてしまい、$D(\mathbf{x})$はデータ分布が$P(x)>0$の領域では1、生成分布が$Q(x)>0$の領域では0、その二つの領域の境界では急激に1から0に変わるような関数となっています。このとき、識別器はほとんどの領域で勾配が0、領域の境界のみで非常に大きい勾配を持つようになっており、生成器は生成分布をデータ分布に近づけるような有効な勾配を識別器から受け取ることができません。

●⋯⋯⋯**関数の傾きの大きさに制約をかける**　リプシッツ性とスペクトラル正規化

これを防ぐためには、識別器の傾きに制約を加えることが有効です。連続関数$f(x)$は、任意の2つの入力x、x'について$\|f(x)-f(x')\| / \|x-x'\|<K$が成り立つ場合、「$K$-リプシッツである」といい、$K$をこの関数のリプシッツ定数と呼びます。任意の2点間の、関数値の傾きの絶対値が、常にKよりも小さいような関数と言い換えることもできます。識別器が、K-リプシッツであれば、先ほどのような急峻な識別関数となることを防ぎ、生成器が学習するのに有効な勾配を生み出すと考えられます。

スペクトラル正規化（*spectral normalization*、SN）[注17]は、識別器がこのようなリプシッツ性を達成する手法です。識別器は、ニューラルネットワークで構成され、多くの線形関数と非線形の活性化関数の組み合わせから成ります。ニュ

注17 ・参考：T. Miyato and et al.「Spectral Normalization for Generative Adversarial Networks」（ICLR、2018）

ーラルネットワーク全体を関数として見た場合のリプシッツ定数は、**各層の線形関数のリプシッツ定数と活性化関数のリプシッツ定数の積**として表されます。ReLU や Leaky ReLU のリプシッツ定数は 1 であり、関数全体のリプシッツ定数を抑えるためには、各線形変換のリプシッツ定数を抑える必要があります。

●⋯⋯⋯**線形変換のリプシッツ定数は、行列の最大固有値**

重み行列 W で表される線形変換 $W\mathbf{h}$ のリプシッツ定数を抑えることを考えます。この線形変換のリプシッツ定数 $\sigma(W)$ は定義より、

$$\sigma(W) = \max_{\mathbf{h}:\mathbf{h}\neq 0} \frac{||W\mathbf{h}||_2}{||\mathbf{h}||}$$

となります。この右辺の最大値は W の最大固有値であり、そのときの $\mathbf{h}$ は対応する固有ベクトルに対応します。

$$\sigma(W) := \max_{||\mathbf{h}||_2 \leq 1} ||W\mathbf{h}||_2 \quad (\text{最大固有値の定義})$$

スペクトラル正規化は線形変換の重み行列 W をその最大固有値 $\sigma(W)$ で割ることで、**線形変換のリプシッツ定数が常に 1 になるように正規化**します。

$$W_{SN}(W) = W/\sigma(W)$$

活性化関数のリプシッツ定数も 1 以下であり(たとえば ReLU や Softplus 関数[注18] など)、リプシッツ定数が 1 以下の関数をつなげて作った識別器全体のリプシッツ定数が 1 以下になります。よって、各層の重み行列にスペクトラル正規化を適用した W_{SN} を使った識別器全体のリプシッツ定数は 1 以下になります。このようにすることで、**GAN の学習を大幅に安定化させることができます**。

●⋯⋯⋯**スペクトラル正規化を使った学習**

学習時にパラメータを更新するのに応じて最大固有値 $\sigma(W)$ を毎回求め、それで正規化します。$\sigma(W)$ も W を入力とした関数であり、$\sigma(W)$ を通じても誤差が伝播します。この最大固有値を通じた誤差伝播は、**最大特異値に対応する特異ベクトルが張る空間方向に行列が広がるのを抑制する効果**があります。

学習時に最大特異値を毎回計算するのはコストがかかりますが、べき乗法を使って最大特異値に対応する特異ベクトルとそれを使った固有値を求め、

注18 Softplus 関数は $f_{\text{softplus}}(x) = \frac{1}{\beta}\log(1 + \exp(\beta x))$ と定義され、ReLU 関数の $x=0$ 周辺を平滑化したような関数です。

さらに、毎回更新時に前回の更新時に使った特異ベクトルを初期値として使うことで、**少ない更新回数で特異値を高速に求めることができます**。

このスペクトラル正規化は、GANの学習を安定化するのに大きく貢献し、生成されるサンプルも大きく改善できると報告されています。また、生成器に適用しても生成品質を改善でき、GAN以外の問題にも適用して有効であったと報告されています[注19]。

StyleGAN

GANを発展させたアーキテクチャや学習方法は多数提案されており、学習の安定化、高忠実な生成が実現されています。

代表的な改善例として**StyleGAN**[注20]を紹介します。StyleGANの大きな特徴は**生成対象を高レベルの属性（姿勢や特性など）に自動的に分離できる**ことです。

StyleGANはそれまでのGANとは違って、**画像生成時にスタイルを適用する手法を採用する**ことで、これを実現しています 図3.14 。

図3.14 **StyleGANはスタイル適用AdaINを通じて、データを生成する**

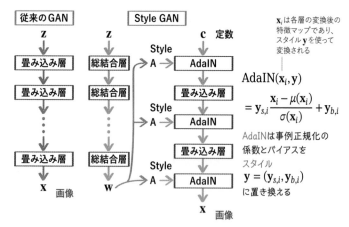

Style GANは、潜在変数**z**を直接**x**に変換するのではなく、
zからスタイルを生成し、このスタイルをAdaInを通じて適用していくことで、**x**を生成する

注19 ・参考：H. Zhang and et al.「Self-Attention Generative Adversarial Networks」(ICML、2019)

注20 ・参考：T. Karras and et al.「A Style-Based Generator Architecture for Generative Adversarial Networks」(CVPR、2019)

StyleGANははじめに$\mathbf{z}$をサンプリングしやすい分布$p(\mathbf{z})$からサンプリングした後、$\mathbf{z} \sim p(\mathbf{z})$を8層程度の総結合層 **図3.14** で変換し、中間変数$\mathbf{w}$を得ます。次に、生成側は定数からスタートし畳み込み層やアップサンプリングを使って画像を徐々に大きくしていきます。それぞれ大きくしていく過程で、中間変数$\mathbf{w}$から得られたスタイルを適用して今の特徴マップを変換していきます。

このスタイル適用には**AdaIN**(*Adaptive instance normalization*)操作を利用します。

$$\text{AdaIN}(\mathbf{x}_i, \mathbf{y}) = \mathbf{y}_{s,i} \frac{\mathbf{x}_i - \mu(\mathbf{x}_i)}{\sigma(\mathbf{x}_i)} + \mathbf{y}_{b,i}$$

ここで、$\mathbf{y} = (\mathbf{y}_{s,i}, \mathbf{y}_{b,i})$は**スタイル**(*style*)と呼ばれ、この変換を制御します。$\mu(\mathbf{x}_i)$, $\sigma(\mathbf{x}_i)$は$\mathbf{x}_i$内の空間方向にとった平均と偏差であり、**サンプル正規化**(*instance normalization*)と同じ式です。この正規後の係数とバイアスにスタイルを使うことで、スタイルを適用できます。

StyleGANは多くのデータ因子を分解して生成できることがわかってきており、その後、多くの派生モデルが提案されています。

3.4 自己回帰モデル

VAE、GANに続き、三つめの深層生成モデルとして「自己回帰モデル」を紹介します。

自己回帰モデルの基礎知識

自己回帰モデル(*autoregressive model*)自体は昔から広く使われている確率モデルであり、自然科学や経済学などでとくに広く使われています。ここでは、そうした分野で使われているモデルの中でも「生成モデルとしての自己回帰モデル」に注目していきます。

自己回帰モデルは、**自分が過去に出力した結果を条件とした条件付き確率モデルを使って、データを次々と出力するようなモデル**です。自己回帰モデルはVAEやGANが持つような潜在変数を持たず、潜在変数が表すようなデータ全体を表す表現を持ちませんが、**生成能力の点でとくに優れています**。

以前の自己回帰モデルは線形モデルなどが利用されていましたが、**ニューラルネットワークを使ったモデルを利用することで非線形な入出力の関係も扱えるようになり**、非常に強力となりました。これにより、言語、画像や音声など**高次元データも扱える**ようになり、驚くような生成能力を発揮できます[注21]。

また、自己回帰モデルを学習することで良い「表現」を学習できるほか、その生成能力を生かしたさまざまなアプリケーションが作られています。たとえば自然言語処理でさまざまなタスクをこなす GPT-3、音声合成品質を大幅に改善した WaveNet などは自己回帰モデルを使った例です。

自己回帰モデルは同時確率を条件付き確率の積に分解する

それでは、自己回帰モデルについて説明していきます。先述のとおり、自己回帰モデルは、自分が過去に出力した結果を条件とした条件付き確率モデルを使って次のデータを出力します **図3.15** 。

図3.15 自己回帰モデル

$$p(x_1, x_2, x_3, ..., x_T)$$
$$= p(x_1)p(x_2|x_1)p(x_3|x_1 x_2), ..., \ p(x_T|x_1 \ ... \ x_{T-1})$$
$$= \prod_i p(x_i|x_{<i})$$

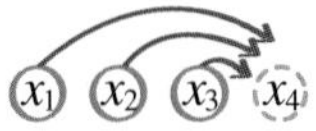

自己回帰モデルは過去に生成したサンプルに条件付けして、
次のサンプルを順々に生成するようなモデル

時系列データ $x_1, x_2, \ ..., \ x_T$ の（同時）生成確率 $p(x_1, x_2, ..., x_T)$ を考えてみましょう。この同時確率を表すには、各変数の次元数を m としたとき、それらが T 個あるので mT 次元という非常に高次元のデータの確率をモデル化する必要があります。これを直接学習するのは非常に難しいです。そこで、この同時確率をもっと簡単な確率の積に分解することを考えます。

....

注21　以下の❶は深層学習で、画像データに対して自己回帰モデルを使って生成モデルを最初に適用した例。また、❷は Causal CNN を使って並列計算可能にした例。
❶参考：A. Oord and et al.「Pixel Recurrent Neural Networks」（CVPR、2016）
❷参考：A. Oord and et al.「Conditional Image Generation with PixelCNN Decoders」（NeurIPS、2016）

まず、最初の時刻のデータ x_1 を生成し、$x_1 \sim p(x_1)$ とし、次に生成した x_1 に条件付けして次の時刻のデータ x_2 を $x_2 \sim p(x_2|x_1)$ と生成します。次の時刻も同様に、$x_3 \sim p(x_3|x_2, x_1)$ として生成します。これを最後の x_T まで繰り返していくことで、$x_1, ..., x_T$ を生成できます。

各ステップの条件付き確率は、m 次元の変数の生成確率をモデル化するだけで済みます。たとえば、生成対象が K 種類の値をとる離散変数ならば（テキストで K 種類の単語を扱う場合など）、各ステップの条件付き確率は K 種類の変数を出力すれば良く、Softmax 関数などを使ってこの離散変数に対する確率分布（多項分布）を定義できます。

同様に時系列に限らず、一般に d 次元変数の同時確率は、1次元変数の条件付き確率の積として表すことができます。

$$p(x_1, x_2, ..., x_d) = \prod_{i=1}^{d} p(x_i|x_{<i})$$

ここで $x_{<i} = x_1, x_2, ..., x_{i-1}$ を表します。

この同時確率から条件付き確率の積への分解は、近似ではなく、厳密に等しいことに注意してください。一方、条件付けの部分で過去すべて $x_{<i}$ でなく、途中で打ち切った場合（$x_{i-N+1}, ..., x_{i-1}$）は、同時確率で表せる分布よりは限られた範囲しか表せない分布となり、近似となります。

自己回帰モデルは、このように複雑な同時確率を、単純な条件付き確率の積に分解して表現し、各条件付き確率をモデル化したものです。高次元データの生成モデルを学習する問題も、うまく条件付き確率に分解さえできれば、単純な生成モデルの組み合わせとして学習する問題を単純化できます。

● ……… **自己回帰モデルは高次元データの各要素を順番に生成する**

自己回帰モデルは、時系列モデルやテキストなど**生成順序がある程度自明な問題**には広く使われていました。たとえば、時系列データでは昔のデータから未来のデータを予測するような問題、テキストは前の文章から後続する各単語を予測するような問題に分解できます。

一方で、**多くの高次元データは、各次元がどのような順序で生成されているがわかりません**。たとえば、画像を自己回帰モデルで扱う場合、各画素を順番に生成することになります。この際、画素の生成の順序が決まっているわけではありません。

この場合、**適当に生成する順番を決めれば生成できます**。たとえば、左上から右下に向かって横方向にスキャンしながら生成していくとすれば、その順序に従って自己回帰モデルで生成していくことができます。逆に、右下から左上に向かって縦方向にスキャンしながら生成してもかまいません。この場合、実際の生成過程と条件付け生成の順番は一致しないので、データを生成しているであろう潜在因子などを見つけることはできません。**自己回帰モデルは、生成順序に関係なく、学習が難しい同時確率分布を簡単な条件付き分布の積に分解しているだけとみなせます。**

このように、自己回帰モデルは、必ずしも実際の生成の順序に従って生成する必要はありません。そのため、時系列データも未来から過去に生成しても良いですし、途中から昔と未来に生成してもかまいません。

自己回帰モデルは最も強力な生成モデル

自己回帰モデルは非常に強力であり、生成モデルの中でデータを最もうまくモデル化できる手法の一つです。

データをうまくモデル化できているかどうかを表す尺度の一つとして、**テストデータの対数尤度**があります。もしテストデータの対数尤度が高ければ、対象ドメインのデータをうまく生成できることが期待されます[注22]。たとえば、音声や画像生成などでは、VAEや後に述べる正規化フローを使った手法と比べると、自己回帰モデルを使った手法のほうがテストデータの対数尤度を高くできています[注23]。

自己回帰モデルの問題

一方で、自己回帰モデルに大きな問題が二つあります。

一つめは、先ほど述べたようにデータを生成している**潜在因子を見つけることができない**ことです。VAEやGANは最初に生成する潜在変数 z が画像全体の情報を表しており、z を変えることで生成される画像が滑らかに変化することも見れます。これに対し、自己回帰モデルは潜在変数モデルではないので、

注22 前述のように対数尤度が大きいということは、データ分布から生成分布へのKLダイバージェンス $KL(P \| Q)$ が小さいことを意味します。

注23 ただし、最近の結果では、後述の「拡散モデル」が対数尤度を最も高くできています。

音声や画像全体が何を表しているのかを、生成モデルから読み取ることはできません。もし自己回帰モデルを使った上で潜在因子も求めたいならば、**自己回帰モデルを潜在変数モデルと組み合わせるなどの工夫をする必要があります。**

二つめは、自己回帰モデルは各次元を1つずつ逐次的に生成していくため、**生成が遅い**ことです。自己回帰モデルは、前の時刻のデータが生成されないと次のデータを生成できません。そのため、画像や音声のような次元数が数万を超えるような高次元データを生成する場合、生成するステップ数が非常に大きくなってしまいます。現在の計算機は、並列計算に最適化されているため、このような**逐次的な計算に大きな時間がかかってしまいます。**

高速な学習を実現するマスク付きCNN　学習の並列化

後者の「遅い」という問題を、少なくとも学習時に関しては解決できる手法として**Causal CNN**[注24]が提案されました。

通常の畳み込み操作とは違って、畳み込み操作での各位置の計算時に、自分自身や自分より先の位置にある情報に、アクセスしないようにカーネルをマスクしたようなマスクを使います。たとえば、左上から右下に向けて横方向にスキャンしていくような自己回帰モデルを考えた場合、各カーネルは自分より左または自分より上にある位置の重みにしか非ゼロ要素を持ちません。右または下の位置の重みは0になりアクセスしないようになっています。これにより、各位置のデータを生成するときには、**過去に生成された情報しかアクセスしないようにしています。**このように設計されたマスク付きCNNを「Causal CNN」と呼びます　図3.16 。

図3.16　　Causal CNN

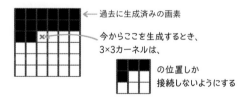

← 過去に生成済みの画素

今からここを生成するとき、
3×3カーネルは、

の位置しか
接続しないようにする

Causal CNNは、過去に生成したサンプルのみに依存して
現在のサンプルを生成するように、
カーネルが過去の生成した位置だけ参照するようにマスクされている

注24　• 参考：A. Oord and et al.「Pixel Recurrent Neural Networks」（CVPR、2016）

このCausal CNNを利用することで、学習時にすべての位置でまとめて並列で計算することができます。学習時はすべての位置のデータは順番に生成する必要はなく、前もって与えられており、各位置ごとに過去に生成したデータで条件付けして、今の位置の値を予測する問題を並列に解くことができるためです。したがって、学習時には並列に計算でき、高速に学習できます。

● ········ Pixel CNN

　たとえば、Pixel CNNはCausal CNNを使った自己回帰モデルによる画像生成モデルで、最尤推定を使って学習します。**最尤推定を使った学習は**GANの敵対的学習よりも安定しており、**学習が進んでいるかどうかを尤度で直接評価することができます**。また、VAEとは違って**各次元間の相関を直接モデル化できる**ため、それを直接考慮できないVAEに比べて、対数尤度が高くなることが報告されています。

　また、Transformerなどでも同様に、前の位置にはアクセスしないように**マスクされた重み**を使うことで、逐次的な処理を並列に評価することができます。

Dilated Convolution　　遠く離れた情報を考慮できる

　音声の各音を直接生成する場合、各音は数千ステップ前の情報に依存して生成する必要があります。このような場合、**Dilated Convolution**[注25]を使うことで、非常に遠距離の情報を少ない層数で集めることができます **図3.17**。

　Dilated Convolutionは、パラメータがdのとき、k層めはd^k個隣につながるようなネットワークを持ちます。たとえば、$d=2$の場合は1層めは1つ隣（隣接）、2層めは2つ隣、3層めは4つ隣につながるようになっています。これにより、数万といった離れた距離の情報も10層程度のネットワークで集約することができます。この場合もマスク付きCNNと同様に、これまで生成された位置のみに条件付けして値を読み込むようにし、自己回帰にすることができます。

注25　dilatedは「膨張、拡張」という意味です。

図3.17 Dilated Convolution

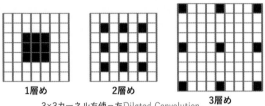

1層め　　2層め　　3層め

3×3カーネルを使ったDilated Convolution、
$d=2$の場合、i層めは、d^{i-1}だけ離れた位置から
値を読み込み畳み込む

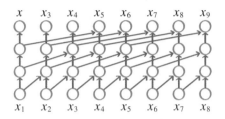

WaveNetは1次元CNNで
Dilated Convolutionを使った生成モデル

●⋯⋯ WaveNet

WaveNet[注26] は Dilated Convolution を組み込んだ生成モデルを使って音声デ
ータを直接生成でき、非常に高品質の音声データを生成できるようになります。

「推論」も並列化できるのか　非線形方程式として並列化できる

これまで、「学習時に並列化できる」ことは Causal CNN で取り上げました
が、推論も並列化できるでしょうか。

厳密には、自己回帰モデルは推論時に並列化はできませんが、この逐次計
算問題を非線形方程式とみなし、適当な初期値からスタートし、全変数を並
列に解くことで高速化できます[注27]。これにより、逐次的に生成する場合に比
べて、数十倍高速に生成できることが報告されています。

注26 ・参考：A. Oord and et al.「WaveNet: A Generative Model for Raw Audio」（arXiv.、2016）

注27 ・参考：Y. Song and et al.「Nonlinear Equation Solving: A Faster Alternative to Feedforward
　　　　Computation」（ICML、2021）

3.5
正規化フロー

四つめの生成モデルとして、「正規化フロー」を説明します。

正規化フローの基礎知識

正規化フロー（*normalizing flow*）は、簡単な分布を、**可逆変換**を繰り返し適用して変換していき、目的のデータ分布を得るような手法です 図3.18。

図3.18 **正規化フロー**

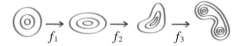

正規化フローは、簡単な分布を、可逆変換（完全に元に戻せる変換）
を繰り返していき、目的分布を得るような手法

正規化フローは、**尤度が計算可能な分布に可逆変換を適用した後も尤度が計算可能である**という事実を利用します。単純な分布に可逆変換を繰り返し適用していき、目的の分布を作り、そこで尤度を評価することができます。そのため、正規化フローは最尤推定で学習することができます。また、VAEとは違って、正規化フローは（GANと同様に）最後にサンプリングが必要ないので、シャープな生成結果を得ることができます。

確率密度関数の変数変換公式

この正規化フローの説明の前に、**可逆変換によって確率密度関数がどのように変換されるか**について説明します。確率変数が z である確率密度関数 $p(z)$ を考えます。また、この確率変数に可逆変換 $x = g(z)$ を適用します。このとき、z 上で定義されていた確率密度関数 $p(z)$ が x 上の確率密度関数 $P(x)$ としてどのようになっているのかを見ていきます。

たとえば、1次元変数 z の確率密度が $0 \leq z \leq 1$ で $p(z) = 1$、それ以外は 0 だとします。また、可逆変換として関数 $x = g(z) = 3z$ を考えます。この関

数を適用した場合、z でのサポート（確率が 0 ではない範囲）$a<z<b$ が、x では $3a<x<3b$ と 3 倍に引き伸ばされています。この場合、$\int_x p(x)dx = 1$ となるためには、確率密度関数 $p(x)$ も各位置で $1/3$ となっている必要があります。そのため、$p(x)=p(z)\,/\,3=1/3$ となります。

このように、**関数が元の領域をどの程度引き伸ばす、もしくは潰すかに比例して、確率密度を小さくしたり大きくしたりすれば、その後も確率密度の要件を満たします。**

変数が多次元の場合であっても、考え方は同じです。ベクトル $\mathbf{z}$ とベクトル $\mathbf{x}$ を考え、$\mathbf{x}=f(\mathbf{z})$ と変換した場合、$\mathbf{z}$ での領域の大きさは $\left|\det\left(\dfrac{d\mathbf{x}}{d\mathbf{z}}\right)\right|$ 倍に引き伸ばされます。ここで $\dfrac{d\mathbf{x}}{d\mathbf{z}}$ は変換 f のヤコビアン[注28]であり、$\det$ は行列式です。ヤコビアンは、各出力が各入力に対してどのくらいの割合で変化するのを表し、その行列式は入力空間における単位体積が変換後に（符号付きで）何倍になったかを表します。確率密度はこの逆数の絶対値、つまり $\left|\det\left(\dfrac{d\mathbf{z}}{d\mathbf{x}}\right)\right|$ を掛ければ[注29]、領域が引き伸ばされた（潰された）ぶんと釣り合います。式で書くと、

$$p(\mathbf{x}) = p(\mathbf{z})\left|\det(\frac{d\mathbf{z}}{d\mathbf{x}})\right|$$

$$\log p(\mathbf{x}) = \log p(\mathbf{z}) + \log\left|\det(\frac{d\mathbf{z}}{d\mathbf{x}})\right|$$

が成り立ちます。これを**確率密度の変数変換公式**と呼びます。

変形を繰り返し、複雑な分布を構成する

正規化フローは、はじめに潜在変数 $\mathbf{z}$ を正規分布などサンプリングが容易で尤度 $p(\mathbf{z})$ が計算可能な分布からサンプリングします（$\mathbf{z} \sim \mathcal{N}(\mathbf{0}, \mathbf{I})$）。次に、生成器 $\mathbf{x}=G(\mathbf{z})$ を使って、データを生成します。そのときの尤度は、上

[注28] i 行 j 列めの成分が $\dfrac{\partial y_i}{\partial x_j}$ である行列 J_f を「関数 f のヤコビアン」と呼びます。

[注29] ヤコビアンの行列式の逆数は、入力と出力を逆にしたヤコビアンの行列式と一致します。

の変数変換公式を使って計算します。生成器が複数から成り G_1, G_2, ... と、多くの生成器を使って繰り返し変換していく場合は、上の変数変換公式を繰り返し適用していくことで同様に尤度が計算できます。

正規化フローの生成に使う変換は、次のような条件を満たす必要があります。

❶可逆変換である（可逆でない場合、ヤコビアン行列の行列式がゼロとなり、尤度が0となる）

❷逆変換が容易に求まる（学習時には生成とは逆の $\mathbf{x}$ から $\mathbf{z}$ への変換を行う）

❸ヤコビアンの行列式が容易に求められる

Affine Coupling Layer

前出の条件を満たす変換がいくつか提案されています。ここでは、条件を満たす変換として Affine Coupling Layer[注30] を紹介します 図3.19 。

図3.19 Affine Coupling Layer

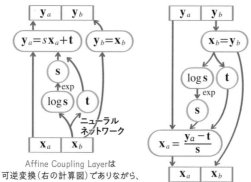

Affine Coupling Layerは
可逆変換（右の計算図）でありながら、
強力なニューラルネットワークによる変換が使える

これは入力 $\mathbf{x}$ を適当に2つに分割し（たとえば、チャンネル方向に2つに分割する）、$\mathbf{x}_a$、$\mathbf{x}_b$ を得たとします。次に、$\mathbf{x}_b$ を入力とした任意のニューラルネットワーク f を用いて、スケール $\log \mathbf{s}$ とバイアス $\mathbf{t}$ を求めます。そして、$\mathbf{x}_a$ にスケールとバイアスを適用し、$\mathbf{x}_b$ はそのまま次の出力とします。

....

注30 ・参考：L. Dinh and et al.「NICE: Non-linear Independent Components Estimation」(ICLR、2015)

$$(\log \mathbf{s}, \mathbf{t}) = f(\mathbf{x}_b)$$
$$\mathbf{s} = \exp(\log \mathbf{s})$$
$$\mathbf{y}_a = \mathbf{x}_a \odot \mathbf{s} + \mathbf{t}$$
$$\mathbf{y}_b = \mathbf{x}_b$$

ここで「$\odot$」(dot)は要素ごとの積を意味します。

この$\mathbf{x}=(\mathbf{x}_a,\mathbf{x}_b)$から$y=(\mathbf{y}_a,\mathbf{y}_b)$の変換は、先ほどの要件をすべて満たすことを示します。まず可逆変換ということですが、$\mathbf{y}=(\mathbf{y}_a,\mathbf{y}_b)$から$\mathbf{x}$は、

$$\mathbf{x}_b = \mathbf{y}_b$$
$$(\log \mathbf{s}, \mathbf{t}) = f(\mathbf{x}_b)$$
$$\mathbf{s} = \exp(\log \mathbf{s})$$
$$\mathbf{x}_a = (\mathbf{y}_a - \mathbf{t})/\mathbf{s}$$

のようにして求まります。また、この変換のヤコビアンは、

$$\frac{d\mathbf{y}_a}{d\mathbf{x}_a} = \mathrm{diag}(\mathbf{s})$$
$$\frac{d\mathbf{y}_b}{d\mathbf{x}_b} = I$$
$$\frac{d\mathbf{y}_b}{d\mathbf{x}_a} = 0$$

であり、上三角行列となります($\mathrm{diag}(\mathbf{s})$は、$\mathbf{s}$の各成分を対角成分に並べた対角行列である)。この上三角行列の行列式は対角成分の積であり、その対数は$\sum_i \log s_i$と簡単に求まります。

●········ カーネルサイズが1×1の畳み込み演算も要件を満たす

また、カーネルサイズが1×1の畳み込み演算も、計算コストはかかりますが、行列式と逆変換を直接求めることができます。この場合、計算量はチャンネル数がcのとき、$\mathcal{O}(c^3)$となりますが、畳み込み演算のコストは高さh、幅がwの場合$\mathcal{O}(hwc^2)$と空間方向に広がるぶん大きく、畳み込み演算の行列式、逆変換を計算するコストは許容されます[注31]。

....

注31 ・参考：D.P. Kingma and et al. 「Glow: Generative Flow with Invertible 1x1 Convolutions」
(NeurIPS、2018)

正規化フローは高忠実な生成ができるが多くの変換が必要

正規化フローは**高忠実な生成ができ**、**生成が速く**、**最尤推定で安定して学習できる**という、長所を兼ね備えています。一方、短所は**生成時の変換に制約があるため**、**複雑な生成分布をモデル化しようと思った場合は**、**層数が数十〜百**近くと大きく、**パラメータ数も多くなりがち**ということ、また各層がゆっくりと部分的な変換を捉えていくため、**学習に時間がかかりがち**なことです。

3.6
拡散モデル

本章の最後に取り上げる生成モデルは「拡散モデル」です。

拡散モデルの登場

拡散モデル(*diffusion probabilistic model*)は、2020年頃から急速に注目を集めている生成モデルです。これまで紹介してきた生成モデルの中で、**生成品質が最も高く**、**多様なデータを生成でき**、**最尤推定で安定して学習させることができます**[注32]。テストデータの対数尤度による評価では、最も高い性能を達成しています[注33]。また、部分復元や条件付け生成などでも高い性能を達成できます。しかし、生成に時間がかかることが弱点です。

拡散モデルのしくみ

拡散モデルについて説明していきます。観測データ x_0 にノイズを徐々に加えていき、潜在変数 $x_1, x_2, ..., x_T$ を得ることを考えます。ここで、x_0 が観測変数であり、$x_1, x_2, ..., x_T$ は観測変数と同じ次元数を持つ潜在変数です。ここでの変数の添字 i はデータセット中の番号ではなく、徐々にノイズを加えて変化させていくときの番号とします。また、簡略化のため、$x_0, x_1, ..., x_T$ を $x_{0:T}$、$x_1, x_2, ..., x_T$ を $x_{1:T}$ と記述するようにします 図3.20。

注32 拡散モデルで高忠実で多様なデータを出している例は以下より。
- 参考：A. Nichol and et al. 「GLIDE：Towards Photorealistic Image Generation and Editing with Text-Guided Diffusion Models」(arXiv：2112.10741)

注33 ・参考：D. P. Kingma and et al. 「Variational Diffusion Models」(NeurIPS、2021)

図3.20 拡散モデル

$$x_0 \;\rightarrow\; x_1 \;\rightarrow\; x_2 \;\rightarrow\; \cdots\cdots \;\rightarrow\; x_T$$

$$q(x_t|x_{t-1}) = \mathcal{N}(\sqrt{1-\beta_t}\,x_{t-1}; \beta_t I)$$

拡散過程 データにノイズを加え、完全なノイズにする ＝固定の認識モデル

$$x_0 \;\leftarrow\; x_1 \;\leftarrow\; x_2 \;\leftarrow\; \cdots\cdots \;\leftarrow\; x_T$$

$$p(x_{t-1}|x_t) = \mathcal{N}(\mu(x_t, t; \theta), \Sigma(x_t, t; \theta))$$

逆拡散過程 データからノイズを除去し、データにする
＝（認識モデルが固定の場合の）生成モデル

●········ **データを徐々に壊していく過程を逆向きにたどる** 拡散過程と逆拡散過程

このような各時刻の変数にノイズを加え、次の時刻の変数を得る操作を**拡散過程**と呼び、次のように定義されます。

$$q(x_t|x_{t-1}) = \mathcal{N}(\sqrt{1-\beta_t}\,x_{t-1}; \beta_t I)$$

つまり、元のデータの成分を $\sqrt{1-\beta_t}$ だけ小さくして、その分ノイズ $\beta_t I$（偏差は $\sqrt{\beta_t}$ となる）に置き換えるような操作です。

この拡散過程を繰り返していくと、完全なデータから**ノイズが徐々に支配的**となり、最終的には完全なノイズ $\mathcal{N}(\mathbf{0}, I)$ に変換されます。

拡散過程モデルは、この**拡散過程の逆向きをたどるようなモデルを学習**することで生成モデルを学習します。この完全なノイズを徐々にデータに変えていく過程を**逆拡散過程**と呼び、次のように定義されます。

$$p(x_{t-1}|x_t) = \mathcal{N}(\mu(x_t, t; \theta), \Sigma(x_t, t; \theta))$$

ここでの $\mu(x_t, t; \theta), \Sigma(x_t, t; \theta)$ は、θ をパラメータとして持つニューラルネットワークです。

この全体の枠組みは、潜在変数モデルとして考えることができます。観測データ x_0 に対し、複数の潜在変数 $x_1, x_2, \ldots, x_T$ が存在し、先ほどの逆拡散過程がそれぞれの条件付き確率であり、同時確率 $p(x_{0:T})$ を求めることができます。データ x_0 の尤度は、潜在変数を周辺化することで求められます。

$$p(x_0) = \int_{x_{1:T}} p(x_{0:T}) dx_{1:T}$$

この学習に VAE と同様に q を認識モデル、p を生成モデルとみなし、対数尤度の下限である ELBO を定義します。そして、**ELBO の最大化によって対数尤度最大化を実現できます。**

$$
\mathbb{E}\left[\log p(x_0)\right]
$$

$$
\geq \mathbb{E}_q\left[\log \frac{p(x_{0:T})}{q(x_{1:T|x_0})}\right]
$$

$$
= \mathbb{E}_q\left[\log p(x_T) + \sum_{t\geq 1}\log \frac{p(x_{t-1}|x_t)}{q(x_t|x_{t-1})}\right]
$$

ここで $p(x_T)$ はノイズ $\mathcal{N}(\mathbf{0}, I)$ なので固定であり、最適化対象にはなりません。

第2項が重要で、各時刻において $\log \dfrac{p(x_{t-1}|x_t)}{q(x_t|x_{t-1})}$ を最適化します。これは、各時刻で拡散過程 q によって x_{t-1} から x_t へのノイズが加えられたデータが、逆拡散過程で x_t から x_{t-1} に戻る確率が高くなるようにしているとみなせます。

●········**拡散モデルはデノイジングとして生成モデルを学習する**

すなわち、逆拡散過程は、ノイズが加えられたデータからノイズを除く**デノイジング**(*denoising*)を学習している**ことになります。**

この、逆拡散過程 p において正規分布を使っていることは、一見すると近似のように思えるかもしれません。一般に、条件付き確率 $p(y|x)$ が正規分布のときでも、その事後確率 $p(x|y)$ は正規分布になるとは限りません。しかし、ステップ幅が非常に小さい場合は、正規分布で厳密に近似できることが証明されています[注34]。

●········**拡散モデルとVAEの違い**

また、拡散モデルは、VAE といくつかの点で重要な違いがあります。

一つめは、拡散モデルは学習しない**固定の拡散モデル(ノイズを加えていく)を使っている**ことです。一般に生成モデルの学習において認識モデルの学

注34 • 参考：J. Sohl-Dickstein and et al.「Deep unsupervised learning using nonequilibrium thermodynamics」(ICML、2015)

習が難しい問題ですが、拡散モデルはそれを必要としません。

　二つめに、拡散モデルは**非常に多くのステップを使ってデータを徐々に変換**していくことです。これにより、各変換がより単純になり、学習しやすくなることを期待します。一方、それぞれのステップは別のパラメータを持つのではなく、入力tが変えるだけで同じパラメータを持ったモデルを共有して使います。

拡散モデルの学習

　Jonathan Ho ら[注35]は、拡散モデルに次のような工夫をすることで、拡散モデルの生成品質を大きく向上させました。

　まず、オリジナルの拡散モデルでは、学習するのは平均$\mu(x_t, t; \theta)$と分散$\Sigma(x_t, t; \theta)$でした。

　これに対し、Ho らは分散は時刻依存の定数$\Sigma(x_t, t; \theta) = \sigma_t^2 I$を使うとし、$\sigma_t = \beta_t$または$\sigma_t = \dfrac{1 - \alpha_{t-1}}{1 - \alpha_t} \beta_t$としました。前者はデータ分布が正規分布$\mathcal{N}(\mathbf{0}, I)$のとき最適であり、後者はデータ分布が定数である時最適となるような変数です。また、平均$\mu(x_t, t; \theta)$を直接モデル化する代わりに、

$$\mu(x_t, t; \theta) = \frac{1}{\sqrt{\alpha_t}}(x_t - \frac{\beta_t}{\sqrt{1 - \overline{\alpha}_t}} \epsilon(x_t, t; \theta))$$

のように、平均を今のデータとの差分として表したときの$\epsilon(x_t, t; \theta)$を学習することを提唱しました。

　このϵは「加えられたノイズそのもの」とみなすことができます。これによって、**拡散モデルは加えられたノイズそのものを予測し、それを完全なノイズから除いていくことで確率分布を学習している**とみなすことができます。また、このϵの推定には、**U-Netアーキテクチャ**を使うことも重要だとわかっています。

> **Note**
>
> **U-Netアーキテクチャ**
> 　U-Netアーキテクチャは、セマンティックセグメーションなど高解像度の出力が求められるタスクで用いられる、入力に近い解像度の高い特徴マップをスキップ接続して使う手法です。

注35 • 参考：J. Ho and et al. 「Denoising Diffusion Probabilistic Models」（NeurIPS、2020）

スコアベースモデルとの関係

拡散モデルは**スコアベースモデル**(*score-based generative model*)[注36]と深い関係があります **図3.21**。

図3.21 スコアベースモデルと拡散モデルは一致する

対数尤度の入力についての勾配
$\nabla_x \log p(x)$ をスコア関数と呼ぶ

データにノイズを加えて
それを元に戻す方向を求めた場合、
その方向の期待値はスコア関数と一致する

スコア関数を学習し、
生成モデルを学習できる
スコアベースモデル

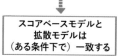

スコアベースモデルと
拡散モデルは
(ある条件下で)一致する

スコアベースモデルは、データを生成できるようなモデルを学習する代わりに、対数尤度 $\log p(x)$ の入力についての勾配 $s(x) = \nabla_x \log p(x)$ を学習します。

これを**生成確率のスコア関数**と呼びます。スコア関数は各入力に対し、入力をどのように変えれば、その確率が大きくなるかを表しています。スコア関数は入力がベクトルの場合は、ベクトル(入力)からベクトル(対数尤度の入力についての勾配)への関数であることに注意してください。

学習対象の確率分布のスコア関数は、直接入手することはできません。利用できるのは**学習対象のデータ分布からサンプリングされた訓練データ**だけであり、それらから対数尤度の勾配を求めることができないためです。

この問題に対しては、**スコアマッチング目的関数**と呼ばれる目的関数の最適化問題[注37]を解くことで、スコアと一致する関数を得られることが示され

注36 • 参考:Y. Song and et al.「Generative Modeling by Estimating Gradients of the Data Distribution」(NeurIPS、2019)

注37 モデルのスコア関数 $s_m(x;\theta)$ と、またそのヘシアンのトレース $\mathrm{trace}\ \nabla_x s_m(x;\theta)$ (対角成分の和)を使って、スコアマッチング目的関数は $\mathbb{E}_{p(x;\theta)}\left[\mathrm{trace}\nabla_x s_m(x;\theta) + \frac{1}{2}\|s_m(x;\theta)\|_2^2\right]$ と表されます。

• 参考:A. Hyvarinen「Estimation of Non-Normalized Statistical Models by Score Matching」(JMLR、2005)

ています。

そして、このスコアマッチング目的関数と拡散モデルが利用する ELBO は、重みを調整すれば一致することを示すことが示されました[注38]。

つまり、スコアベースモデルと拡散モデルは元々の動機づけは違ったのですが、同じ目的関数を使って学習しているとみなすことができます。

●········ **拡散モデルはデノイジングモデルとしても利用できる**

また、ノイズを加えた後に尤度が高い領域への変換を学習できるので、拡散モデルはノイズを除去する**デノイジングモデル**[注39]、また低解像度のデータから高解像度の画像へと変換する**超解像度**(*super resolution*)のモデル[注40]としても使われています。

3.7 本章のまとめ

本章ではデータを生成できる「生成モデル」を紹介し、ディープラーニングを使った深層生成モデルとして、**VAE、GAN、自己回帰モデル、正規化フロー、拡散モデル**を紹介しました。

これらのモデルは、これまで複雑かつ高次元で生成が難しかった画像や音声を生成できるようになりました。それぞれ学習や推論時の特徴があり、目的に応じて使い分ける必要があります。

これらの生成モデルは、ニューラルネットワークがさまざまなデータを扱えるという利点を活かし、対象データドメインを問わないという大きな特徴があります。生成対象が、画像、動画、言語など何であれ、ほぼ同じネットワークアーキテクチャ、目的関数を使って学習することができ、汎用の生成モデルとして使うことができます。

注38 • 参考：J. Ho and et al.「Denoising Diffusion Probabilistic Models」(NeurIPS、2020)

注39 • 参考：C. Saharia and et al.「Palette：Image-to-Image Diffusion Models」)(arXiv:2111.05826)

注40 • 参考：C. Saharia and et al.「Image Super-Resolution via Iterative Refinement」(arXiv:2104.07636)

第4章

深層強化学習
ディープラーニングと強化学習の融合

図4.A　　本章の全体像

環境

行動
a_t

観測 o_t
報酬 r_t

エージェント

環境中でエージェントは
観測を受け取り、方策に
基づいて行動を選択。
環境から報酬をもらう。
これを繰り返していく。
このような問題設定を
マルコフ決定過程
（MDP）と呼ぶ

強化学習の目標

収益の最大化

→ 収益は将来にわたって
　もらえる報酬の合計値

スコア=収益=報酬の合計値 → 1250

各時点のスコア=報酬

プレイヤー=エージェント

+100

−300

予測　現在の方策のもとで今の状態や行動が
　　　　将来どれだけ収益を上げるかを求める

（最適）制御

収益を最大化するような方策を求める

強化学習は、「エージェント」が「環境」との相互作用の中で成長していくような学習手法です。強化学習は、環境の中で何らかの効用関数（収益と呼ぶ）を最大化するような行動を選択する方策を求める最適化問題を解きます。

　強化学習は逐次的に意志決定を行う必要があり、計画的に行動する必要があります。さらに、強化学習は試行錯誤を繰り返し、学習に必要なデータを自ら収集していく必要があります。この観測するデータ分布は、自分の行動に影響を受けて変わるような非定常なデータ分布であり、その対応も必要です。

　強化学習は、世の中の多くの問題を解くために重要な学習手法です。そして、強化学習はディープラーニングと融合することでその能力や適応範囲を大きく伸ばすことができました。本章では強化学習とは何か、ディープラーニングと組み合わせることで何ができるようになってきたかを説明します **図4.A** 。

価値推定が **予測・制御を求める上で重要**

状態価値 $V(s)$ ：状態 s でどれだけ収益が見込めるか

行動価値 $Q(s, a)$ ：状態 s で行動 a をとったとき、
　　　　　　　　　どれだけ収益が見込めるか

⟹ 関数近似　これらをニューラルネットワークなどで近似する

 価値と方策をつなぐのがベルマン方程式

- ベルマン期待値方程式 ▰▰▶ **予測** に利用
- ベルマン最適方程式　 ▰▰▶ **制御** に利用

▰▰▶ 動的計画法を使って効率的に価値、方策を推定できる

学習のアプローチ

価値ベース
- TD学習　・SARSA
- Q学習

方策勾配法（方策ベース）
- REINFORCE
- Actor-Critic法

学習の効率化

- モデルベース強化学習
- オフライン強化学習

ディープラーニングとの融合例

- DQN（Deep Q network）
- AlphaGo

▰▰▶ CNN+価値ベース

4.1
強化学習の基本

本節では、強化学習の基本的なしくみを確認してから、強化学習と教師あり学習の違いを押さえていきましょう。

強化学習の基礎知識

強化学習(*reinforcement learning*、RL)は、人や動物の学習過程の観察から生み出されてきました。人や動物は、環境の中でさまざまなタスクをこなしていきます。たとえば、食料を探してそれを収集したり、危険な敵から逃げて命を守る必要があります。さらに利那的な行動だけでなく、計画的な行動をとっています。たとえば、食料を育ててから収穫したり、敵から自分や仲間を守るために巣を作ったりします。こうした複雑な環境の中で、さまざまなタスクを解くスキルを獲得できるのが強化学習です。

強化学習は、「エージェント」と「環境」という二つの概念を使って定義されます 図4.1 。

図4.1 　　　**エージェントと環境**

エージェントは**観測**を元に、将来もらえる**報酬**の合計が
最大となるような**行動**を選択するのが目標

エージェント(*agent*)は、各時刻で環境から**観測**(*observation*)を受け取ります。そして、観測から「エージェントの状態」(*state*)を更新し、その状態に基

づいて**行動**(*action*)を選択します。**環境**(*environment*)は、エージェントが選択した行動に応じて「環境の状態」を更新し、次の**観測**と**報酬**(*reward*)をエージェントに渡します。これら観測や状態はさまざまな値をとることができますが、本章では「ベクトル」だとします。報酬は「スカラー値」であり、エージェントにとって良いことであれば正の値をとり、悪いことであれば負の値をとります。

このようなエージェントと環境の相互作用は「エピソード」(*episode*)と呼ばれる期間、何回も繰り返されていきます。エピソードは有限長の場合もあれば、無限長の場合もあります。

強化学習の目標は、**エージェントが将来にわたって受け取る報酬の合計値が最大となるような行動を選択できる方法を獲得すること**です。

この将来にわたって受け取る「報酬の合計値」を**収益**(*return*)と呼びます。また、「現在の状態から行動を決定するモデル」を**方策**(*policy*)と呼びます。方策は状態を入力とし行動を出力とするような決定的な関数で表される「決定的方策」と、状態を入力とし、各行動をとる確率分布を出力し[注1]、この確率分布からランダムに行動をサンプリングして行動を決定する「確率的方策」の二種類があります(いずれも後述)。

上記のように定義した「収益」と「方策」という用語を使って強化学習の目標をいい直すと、強化学習の目標は**収益を最大化するような方策を獲得すること**です。この単純に見える強化学習の問題設定は、驚くほど多くの世の中の問題をカバーしており、多くの問題を単一の強化学習アルゴリズムで解くことができます。

ゲームシステムとして見た強化学習

強化学習は、「ゲームシステム」として説明することもできます **図4.2**。

エージェントはゲーム中のキャラクターを操作する「プレイヤー」です。各時刻でキャラクターが前方にダッシュしたり、ジャンプしたり、止まるといった行動を選択します。

環境は「ゲームシステム」です。環境は、プレイ可能なキャラクター以外のすべての敵キャラクターや画面遷移を担当しています。

注1　状態が条件である行動の条件付き確率とみなせます。

図4.2 ゲームシステムとして見た強化学習

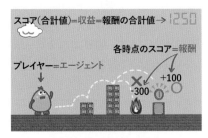

強化学習をゲームで考えると、
エージェントがゲーム中の操作できるプレイヤー。
各時刻で行動を選択できる。
将来的なスコア（の合計）を最大化するために、
最適な行動がとれるように学習する

　観測は「各時刻のゲーム画面」です。

　「環境の内部状態」はキャラクターや敵キャラクターの位置であったり、さまざまなフラグなどに対応します。

　「観測からエージェントの状態が計算される」というのは、これまでの画面から推定される敵キャラクターの位置やコインの位置といった状態が計算されるという意味です。

　報酬は、敵を倒したりコインを取ったときに受け取る「スコア」とします。この場合、収益はスコアの合計値です。また、キャラクターが気絶した場合は、スコアが0になる[注2]とします。

　このゲームにおいて、最終的なスコア（収益）を最大にするためには、キャラクターは気絶しないようしながらも、敵を倒したりコインを獲得して、スコアを最大にできるような行動を選択していくことになります。

　この場合、周りの状況に応じて判断しながら計画を立て、次々と行動を選択していく方策を獲得する必要があります。

注2　時刻ごとに報酬を受け取るという枠組みで考えるなら、「スコアが0になる」というのは、これまで受け取ってきた報酬の合計をマイナスにした負の報酬をその瞬間に受け取ると考えられます。

［予習］本章で登場する話題の整理

本章では、多くの多くの概念や用語が登場します。以下のポイントをまとめましたので、p.142の図や、見出し、キーワードと合わせて参考にしてみてください。

- 強化学習の定式化
  - 価値
  - ベルマン方程式、ベルマン期待値方程式、ベルマン最適方程式
  - 動的計画法による最適化
- 強化学習の予測
  - MC学習（モンテカルロ学習）
  - TD学習（時間差学習）
- 強化学習の（最適）制御
  - SARSA
  - Q学習
- 関数近似
- 方策勾配法
- Deep Q Network
- コンピュータ囲碁での強化学習の適用例
- モデルベース強化学習

強化学習の定式化

以降で議論がしやすいように、強化学習の問題設定を定式化します 図4.3 。

強化学習は時刻 $t=1, 2, \ldots$ 中の時系列の問題であり、エージェントと環境から構成されます。各時刻 t において、エージェントは環境から観測 o_t と報酬 r_t を受け取ります 図4.3 ❶ 。エージェントは受け取った観測 o_t や過去の観測 $o_{<t}$ [注3] を元に、状態 s_t を $s_t=f(o_1, o_2, \ldots, o_t)$ と計算します 図4.3 ❷ 。そして、状態 s_t から行動 a_t を決定します 図4.3 ❸ 。

環境はエージェントの行動 a_t を受け取り、環境の内部状態 s_{env} を更新します。この状態は、現在の状態と行動に依存して次の状態に確率分布に従って確率的に遷移するとします 図4.3 ❹ 。

注3　$o_{<t}$ は $o_1, o_2, \ldots, o_{t-1}$ の省略記法です。

図4.3　　強化学習の定式化

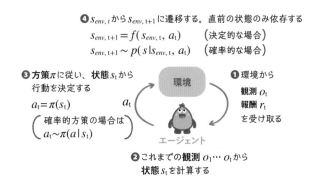

❹ $s_{env,\,t}$ から $s_{env,\,t+1}$ に遷移する。直前の状態のみ依存する

$$s_{env,\,t+1} = f(s_{env,\,t},\,a_t) \quad （決定的な場合）$$
$$s_{env,\,t+1} \sim p(s\,|s_{env,\,t},\,a_t) \quad （確率的な場合）$$

❸ **方策** π に従い、**状態** s_t から
行動を決定する

$$a_t = \pi(s_t)$$

$\begin{pmatrix} 確率的方策の場合は \\ a_t \sim \pi(a\,|s_t) \end{pmatrix}$

a_t

環境

❶ 環境から
観測 o_t
報酬 r_t
を受け取る

エージェント

❷ これまでの**観測** $o_1 \cdots o_t$ から
状態 s_t を計算する

❶❷❹ をエピソードの期間中、繰り返す

　そして、次の時刻になると、再度環境は環境の内部状態に依存して、観測 o_{t+1} と報酬 r_{t+1} をエージェントに渡します。これをエピソード期間中、繰り返していきます。

　報酬は、報酬関数 $r_t = r(s_{env,\,t},\,a_t)$ によって定められ、環境の内部状態や行動によって決定されるとし、スカラー値をとります。報酬が正の値は望ましい状態や行動、負の値は望ましくない状態や行動を表します。また、観測や行動はベクトル値をとるとします。例として、観測は画像や音声や、複数のカメラ画像の場合もあります。また、行動の例として、ロボットの複数のモーターのように複数の指示量から成る場合があります。

　本章では、簡略化かつ説明中では関係ないため、状態や行動がベクトルであっても太字ではなく、そのままの書体で書くことにします。

方策

　エージェントは現在の状態 s_t に基づいて次の行動 a_t を決定する、と説明しました。

　この状態から行動を決定する方法 π を**方策**と呼びます。先述のとおり、方策には状態から行動が一つ決定される**決定的方策**(*deterministic policy*)と、各行動を確率的に選択する**確率的方策**(*stochastic policy*)があります。

$$a_t = \pi(s_t) \quad \text{決定的方策}$$
$$a_t \sim \pi(a|s = s_t) \quad \text{確率的方策}$$

決定的方策の場合は、方策は $a=\pi(s)$ のような関数で表されます。確率的方策は、状態で条件付けされた行動の条件付き確率 $\pi(a|x)$ で表され、この確率分布に従って行動を一つサンプリング $a_t \sim \pi(a|s=s_t)$ し、これを行動として選択します。以降では、「確率的方策」を扱います。

> **決定的方策は確率的方策の特殊例として扱える** Note
> 決定的方策は、確率的方策である行動をとる確率だけが1、それ以外が0であるという特殊例として扱えます。

収益と割引率

現在の状態以降にもらえる報酬の合計値を**収益**と呼び、時刻 t 以降に得られる収益を G_t で表します。

$$G_t = r_{t+1} + r_{t+2} + r_{t+3} + \dots$$
$$= \sum_{k=0}^{\infty} r_{t+k+1}$$

この収益は、今もらえる報酬も、ずっと後にもらえる報酬も同じくらい大事だと考えています。

これに対し、直近の報酬を重視し、将来の報酬を軽視するような収益を考えます(今日1万円もらうほうが、1年後に1万円もらうより大事という考え方)。この場合、**割引率**(*discount factor*)$0<\gamma\leq 1$ を導入し、以下のような割引付き収益を考えます。

$$G_t = r_{t+1} + \gamma r_{t+2} + \gamma^2 r_{t+3} + \dots$$
$$= \sum_{k=0}^{\infty} \gamma^k r_{t+k+1}$$

この割引率は、**将来の報酬を今の報酬と比べてどの程度重視するのか**を決める重要なパラメータです 図4.4 。γ が0に近い場合は、エージェントは遠い未来のことは気にせず、短期的な報酬を重視し、刹那的なエージェントと

なります。それに対し、γが1に近い場合は、遠い未来のことを気にして、将来の報酬を重視します。報酬は負の値もとるので、割引率が大きい場合は将来の負の報酬を重視しないともいえます。したがって、割引率が大きいエージェントは将来の不安が少ないともいえます。

図4.4　　50ステップ後に報酬+100をもらう場合の割引率の違いによる収益の違い

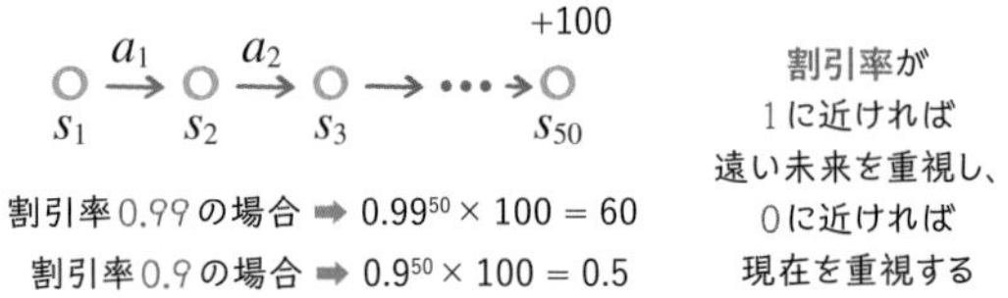

割引率が
1に近ければ
遠い未来を重視し、
0に近ければ
現在を重視する

割引率0.99の場合 ➡ $0.99^{50} \times 100 = 60$
割引率0.9の場合 ➡ $0.9^{50} \times 100 = 0.5$

> **割引率と人の判断**　　　　　　　　　　　　*Note*
> 　余談ですが、この「割引率」という概念は人の報酬系にも存在し、重要な役割を果たしています。
> 　割引率が正常であれば、将来もらえる報酬を達成するために少し我慢したり、努力したりするのですが、脳内の状態変化や脳の病気などによってこの割引率がうまく制御できず、極端な思考に陥ってしまうことがあります。たとえば、割引率が大きすぎてしまうと、将来の起きそうにないことがとても不安に思ってしまいます。逆に小さすぎると、今の瞬間のことしか気にならず、将来何が起きるのかを気にしない異様に刹那的な考えを持つようになってしまうようになります。

環境のダイナミクスはマルコフ性を持つ

　強化学習の問題設定は、**マルコフ性**（*Markov property*）**を持つ**とします。ある時系列問題が「マルコフ性を持つ」とは、未来の状態がどうなるかを知るには今の状態さえ知っていれば十分であり、過去の情報は関係ないということです。たとえば、時系列問題$s_1, s_2, \ldots$ がマルコフ性を持つとは、

$$P(s_{t+1}|s_t) = P(s_{t+1}|s_1,...,s_t)$$

を満たす場合であり、条件部の$s_1, \ldots, s_{t-1}$ は未来s_{t+1}を予測する上で必要ない（s_tに含まれている）ことを表します。

　時系列問題がマルコフ性を持つ場合、ある状態より前後の部分問題はお互い独立となり、それぞれの部分問題ごとに独立に解くことができ動的計画法（後述）が使えるようになります。

　強化学習でもマルコフ性を持つと仮定することで、後で説明するベルマン方程式を使った動的計画法による効率的な最適方策の探索を実現できます。

状態遷移

　次の時刻の状態は、現在の状態と、選択した行動によって確率的に決まると説明しました。この遷移は、

$$p(s'_{env}|s_{env}, a)$$

のように表すことができます。ここで、s'のように「$'$」が付いた記号は、それが付いていない変数の次の時刻の変数であることを意味します（同様にa'も次の時刻の行動を表すなど）。

　状態s_{env}において方策πに従って行動aを選択したとき、次の状態s'_{env}に遷移する確率を$p(s'_{env}|s_{env}, \pi)$とします。これは次のように表されます。

$$p(s'_{env}|s_{env}, \pi) = \sum_a \pi(a|s_{env})p(s'_{env}|s_{env}, a)$$

　方策が各行動をとる確率と、その行動で次の状態s'_{env}に遷移する確率を掛け合わせたもので、行動aを周辺化消去したとみなせます。

　このとき、i行j列の成分が$p(s'_{env}|s_{env}, \pi)$となっているような行列Pを**遷移行列**と呼びます。この遷移行列P_πは、環境のダイナミクス[注4]をすべてまとめて表現しています。

　図4.5に、3つの状態s_1, s_2, s_3から成る環境における遷移確率、遷移行列の例を挙げました。ここでは、方策は省略しています。

図4.5　3つの状態間の遷移確率およびその遷移行列

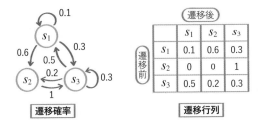

遷移確率　　　　　　　　　遷移行列

	s_1	s_2	s_3
s_1	0.1	0.6	0.3
s_2	0	0	1
s_3	0.5	0.2	0.3

注4　環境のダイナミクスとは、環境が時間変化とともにどのように変化するのかという意味です。

観測と状態

　ここまで、エージェントが環境から受け取る情報を「観測」と呼び、この観測に応じてエージェントが状態を決定する問題を考えてきました。この場合、環境の状態と、エージェントの状態は違います。

　これに対し、多くの強化学習の問題設定では、この問題設定を単純化し、**環境の状態とエージェントの状態が同じである**と考えます。この場合、エージェントは環境から状態を直接、受け取ると考えます(観測はない)。

●········ **マルコフ決定過程**

　このような環境の状態とエージェントの状態が一致するような問題設定を**マルコフ決定過程**(*Markov decision process*、MDP)と呼びます 図4.6 。

図4.6 　マルコフ決定過程(MDP)

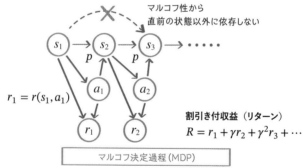

とりうる状態集合 $\mathcal{S}$、とりうる行動集合 $\mathcal{A}$、遷移行列 p、報酬関数 r、
割引率 γ の5つの組 $(\mathcal{S}, \mathcal{A}, p, r, \gamma)$ で定義される

　マルコフ決定過程は、とりうる状態の集合 $\mathcal{S}$、とりうる行動の集合 $\mathcal{A}$、遷移確率 p、報酬関数 r、そして割引率 γ によって決定され、これらを並べた $(\mathcal{S}, \mathcal{A}, p, r, \gamma)$ で表されます。

●········ **部分観測マルコフ決定過程**

　これに対し、マルコフ決定過程の中でもエージェントの状態と環境の状態が一致しない場合(そして、エージェントの状態が環境の状態の一部である場合)を**部分観測マルコフ決定過程**(*partially observable Markov decision process*、

POMDP）と呼びます。部分観測マルコフ決定過程は、先ほどの MDP に観測の集合 $\mathcal{O}$ と、状態からどの観測が得られるかという条件付き観測確率 $O(o|s)$ が加えられた $(\mathcal{S}, \mathcal{A}, p, r, \gamma, \mathcal{O}, O)$ で表されます。

　状態と観測が一致しない場合として、たとえば状態は現在の観測だけでなく、過去の観測も利用して決める場合があります。先ほどのゲームシステムの例で、画面内に入ってきた敵キャラクターが画面外に一時的に出た場合、現在の観測では敵キャラクターはいませんが、過去の観測から敵キャラクターが近くにいるという状態を利用することができます。

　ここからは、基本的には「エージェントは環境から状態を直接受け取る」という **MDP の問題設定**で解説し、必要に応じて POMDP の問題設定を思い出すことにします。世の中の多くの問題は部分観測マルコフ決定過程ですが、マルコフ決定過程と近似して解く場合が一般的です。

予測と制御

　強化学習は「収益を最大化する問題」を扱いますが、その問題は「予測」と「（最適）制御」の問題から構成されます。

　予測は、MDP（マルコフ決定過程）と方策が与えられたとき[注5]、ある状態において、またはある状態である行動をとったときに、**期待収益がどのようになるのかを予測する問題**です。この「予測された期待収益」を**価値**と呼びます。したがって、予測とは**価値推定の問題**といえます。

　（最適）制御は、**期待収益が最大となるような方策を求める問題**です。一般に制御を解くことが強化学習の目標となりますが、予測問題（価値推定）ができていれば、最適な方策を効率的に求めることができます。

> **予測の問題と制御の問題**　　　　　　　　　　　　　　　　　　 Note
> 　予測の問題が解ければ、とりうるすべての行動を列挙して最も価値が大きくなるような行動を選択することで方策を逐次的に改善し、制御の問題を解けます。しかし、行動が高次元や連続値であって列挙できないような場合は行動をすべて列挙することはできず、予測が解けたとしても制御を現実的な時間で解けるとは限りません。制御は、状態から最適な行動を効率的に求める方法（たとえば、状態を入力とし最適な行動を返す方策関数など）を必要とします。

注5　MDP の問題設定では方策は登場していませんでしたが、「遷移行列が方策に依存して決定している」ことに注意してください。

価値

　続いて、**価値**について詳しく説明しましょう。価値には「状態価値」と「行動価値」(状態行動価値)があります 図4.7 。そして、それらの派生である「アドバンテージ価値」もあり、アドバンテージ価値についても紹介します。

図4.7　　　　価値はある状態や行動をとったときの期待収益を表す

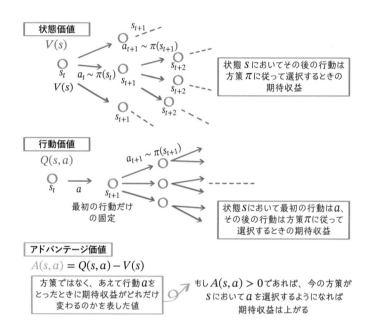

●⋯⋯⋯状態価値

　状態価値 $V_\pi(s)$ は、ある状態 s において、その後の行動列 $a_t, a_{t+1}, \dots$ は方策 π に従って選択した場合、得られる期待収益であり、次のように定義されます。

$$V_\pi(s) = \mathbb{E}_\pi[G_t | s_t = s]$$

　上記の式 $V_\pi(s)$ は状態 s を与えると、その状態価値を返す関数であり、この関数を「状態価値関数」と呼びます。状態価値は方策に依存しますが、文脈から状態を省略しても問題ない場合は省略し、単に $V(s)$ と書くことにします。

　たとえば、「迷路」の問題でエージェントは迷路の中を移動していき、常に報酬-1 を受け取るような問題を考えてみましょう 図4.8 。

図4.8　　迷路の問題の例

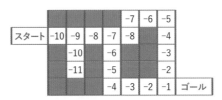

スタートからゴールまで、時刻ごとに
上下左右に1つ移動できるエージェントで
毎時刻-1の報酬を受け取る場合の
最適方策 $\pi*$ における状態価値関数 $V\pi*(S)$

　常に負の報酬を受け取るので、ゴールにたどり着いたエージェントの中でも、より少ないステップ数でゴールにたどり着いたほうがもらえる報酬の合計値が大きくなります。
　この場合、ゴールに近い位置にいる状態の状態価値は大きくなり、ゴールから遠い位置にいる状態の状態価値は小さくなります。

●········**行動価値**

行動価値$Q_\pi(s, a)$は、ある状態sで、最初は行動aを選択し、その後の行動$a_{t+1}, a_{t+2}, \ldots$は方策πに従って行動した場合に得られる期待収益であり、次のように定義されます。

$$Q_\pi(s, a) = \mathbb{E}_\pi[G_t | s_t = s, a_t = a]$$

また、この$Q_\pi(s, a)$は状態と行動を引数にとり行動価値を返す関数なので「行動価値関数」と呼びます。 行動価値も方策を省略しても良い場合は、$Q(s, a)$と書くことにします。

●········**状態価値と行動価値の違い**

状態価値と行動価値の違いは、1つめの行動が**方策から選んだ行動なのか**(状態価値)、**引数で与えられた固定の行動**aなのかという違いです。この違いによって、今の方策と違って、**最初の1回だけある行動**a**をとった場合**(しかし、その他はすべて同じ)に**期待収益がどのように変わるのか**を調べることができます。

●········**アドバンテージ価値**

アドバンテージ価値$A_\pi(s, a)$は、**行動価値と状態価値の差**であり、次のように定義されます。

$$A_\pi(s, a) = Q_\pi(s, a) - V_\pi(s)$$

また、状態と行動を引数にとり、アドバンテージ価値を返す関数を「アドバンテージ価値関数」と呼びます。

アドバンテージ価値は、ある状態sにおいて方策πに従った行動をとる代わりに行動aをとった場合、どれだけ収益が変わるのかを測る関数であり、方策の学習において重要な役割を果たします。

このアドバンテージ価値関数$A_\pi(s, a)$が正であれば、方策に従って行動を選択するのではなく、行動aを選択したほうが期待収益が大きくなり、逆に負であれば、期待収益が小さくなります。

そのため、方策を更新する場合は、アドバンテージ価値が**正**である行動を選択するように、またアドバンテージ価値が**負**である行動を選択しないように更新することで、方策の期待収益を改善できます。

[小まとめ]機械学習の問題設定&重要概念

ここまで強化学習の問題設定、および重要な概念を紹介しました。さまざまな用語や概念が登場したので、ここでおさらいしましょう。

強化学習は、**エージェントと環境が相互作用する**中で、**収益を最大化できるような方策を求める**問題です。**収益**とは、将来にわたっての報酬の合計値です。**方策**は、状態から行動を選択する条件付き確率です。

強化学習の問題は、大きく「**予測**」と「**制御**」から構成されます。

予測とは、各状態や行動をとったときの期待収益がどの程度になるのかを推定する問題です。

この期待収益を**価値**と呼びます。価値にはある状態の期待収益である**状態価値**と、ある状態である行動をとったときの期待収益である**行動価値**、そしてこれらの差である**アドバンテージ価値**があります。

制御とは、期待収益を最大化する**最適方策**を求める問題です。予測問題が解けていれば、制御を効率的に解くことができます。

強化学習の問題設定例　問題から状態/行動/報酬/割引率を設定する

強化学習で、世の中のさまざまな問題を扱えることを以下に簡単に紹介します。強化学習の設計者は、問題から**状態**、**行動**、**報酬**、**割引率**を設定する必要があります。

●………[問題設定例❶]ラジコンカーの制御タスク

はじめに、ラジコンカーを制御するタスクを解くことを考えます。

ラジコンカーは0.1秒ごとに制御するとします。この場合、**状態**は各時刻のラジコンカーの位置、速度、加速度に対応します。**報酬**として、ぶつからずに速く走ることが望ましいことを意図として、壁にぶつかった場合は-100、またコースに沿って速度が出ている場合に+10がもらえるとします。

行動として加速度を設定するとし、たとえば加速度を{-10, +3, 0, -3, -10}の中から選ぶとします。また、**割引率**として$\gamma=0.9$程度を設定しておきます。これは、2秒後に壁にぶつかる負の報酬とコースに沿って速く走る場合にもらう正の報酬が釣り合うような設定です（$(0.9)^{20} \times (-100) =$ 約-12）。

●⋯⋯⋯ [問題設定例❷]**将棋や囲碁の強いゲームシステム**

二つめに、将棋や囲碁で強いゲームシステムを獲得するタスクを考えてみます。

この場合、**状態**は盤面、つまり各位置にどの駒や石が置かれたのかを表したものとします。**報酬**は勝ったときにその時刻に$+1$、負けたときに-1を受け取るとします。対局途中では、報酬は受け取りません。強化学習では、収益最大化を目標にするので、最後の時刻のみ報酬がもらえるとしても、それをもらえるように、途中でも最適な行動をとるように学習できます。

また、**行動**はどの位置に駒や石を移動/置くかに対応します。**割引率**は、ずっと先の報酬を考慮する必要があるので、まったく割引かない$\gamma=1$を使います。

本章の後半で、囲碁や将棋を扱う AlphaGo ファミリーで実際にどのように問題設定するかを再度紹介します。

●⋯⋯⋯ [問題設定例❸]**最適な治療戦略を立てるタスク**

三つめに、治療において患者に対する最適な治療戦略を立てるタスクを考えてみます[注6]。時間間隔は一定ではなく、何か判断が必要なタイミングに行動をとるとします。

この場合、**状態**は、現在の患者の検査結果や問診結果です。**報酬**は治療が成功したときに$+100$、成功しなかったときに-100を受け取るとします。また、同じ治るにしても時間がかかるよりは短いほうが良いので、各時刻ごとに常に-1の報酬を受け取るとします。**行動**としては検査をする、投薬をする、入院するなどがありえます。割引率は時間間隔が一定でないことを考慮した上で、治療の影響が及ぶ期間を考慮して設定します。

・・

このように強化学習は、単なる予測を超えて、何らかのタスクをうまく解けるようなシステムを作ることができます。

注6 ● 参考：C. Yu and et al.「Reinforcement Learning in Healthcare：A Survey」(ACM Computing Suverys、2019)

4.2
強化学習はどのような特徴を持つのか

次節から強化学習の具体的な手法を解説する前に、本節で強化学習がどのような特徴を持つのかについて、少し視野を広げて俯瞰しておきましょう。

人や動物の「学習」を参考に作られている

本章の冒頭で述べたように、強化学習は人や動物の学習過程を参考に作られています。人や動物も現在得られている情報を元に、食べ物を見つけたり、子孫を残したり、危険な敵から逃げられるような最適な行動を次々と選択していく必要があり、学習によってこのような行動を選択できる能力を獲得しています。

そして、人や動物も、脳の深部にある大脳基底核がドーパミンをはじめとした神経伝達物質をタイミングに応じて放出することで、強化学習を実現していることがわかってきています。ちなみに、ドーパミン自身は報酬が出たタイミングではなく、後で述べるようなTD学習における**TD目標**に対応し、今のモデルによる推定収益と実際に観測された報酬との差に応じて放出されると考えられています[注7]。

強化学習ではさまざまな「確率的要素」を扱う

強化学習の中では、多くの**確率的要素**を扱います。**状態から状態への遷移、方策、報酬**が確率的です。

また、すべてを観測できない**POMDP**の問題設定では、環境自体は決定的な関数で状態遷移していたとしても、エージェントからすると、状態が確率的に遷移しているように扱ったほうが自然な場合があります。たとえば、ゲームシステムで敵キャラクターがどちらに動くのかというのはゲームシステムは決定的にわかっていますが、エージェントはわからず、左に$1/2$、右に$1/2$の確率で動くだろうとモデル化します。

注7 ・参考：P. Dayan and et al.「Decision theory, reinforcement learning, and the brain」(Cognitive, Affective, & Bahavioral Neuroscience、2008)

●⋯⋯⋯**確率的要因による推定のばらつきを抑える**

こうした多くの確率的な要素が、最適方策の推定を難しくしています。たとえば、1回の試行で方策が良い収益を得たとしても、それはたまたまかもしれません。また、方策の中である部分を試しに修正して、収益が改善されたとしても、それはたまたまかもしれません。

こうした「確率的要因による推定のばらつきを抑える」ために、強化学習はさまざまな工夫を行います。その代表が**価値**の導入です。価値はさまざまな確率的要因を取り除き（周辺化し）、期待収益がどの程度見込めるのかを**1つの値**にまとめています。この**価値を介してさまざまな推定を行う**ことで、さまざまな確率的要因を排除します。後で見るように、価値自身も他の価値を利用して推定することでばらつきを抑えます。

「ディープラーニング」と強化学習

強化学習は、**収益を最大化する方策を探すような学習手法**だと述べました。そして、強化学習も、教師あり学習同様、問題やモデルをどのように表現するのかが重要となります。

たとえば、先ほどの **図4.3** のゲームシステムのように状態が画像であり、行動をダッシュ、ジャンプ、止まるから選び、それに応じて将来の収益が決まる場合を考えてみましょう。

画面の中で目の前に敵がいればダッシュするのは得策ではなく、コインが上にある場合はジャンプするのが良さそうです。その場合、敵キャラクターやコインを認識できること、それらがキャラクターとどのような相対位置にいるのかを抽出する必要があります。このように、状態、行動からどのような情報を**抽出**し、**表現**すれば、将来の期待収益などをうまく予測するのかを設計することは簡単ではありません。

ディープラーニングを使って**価値**や**方策**をモデル化することで、**問題に応じた最適な表現方法をデータから獲得**した上で、収益を最大化できるような方策を学習できるようになったのです。

強化学習の実現には「大量の試行錯誤」を必要とする

強化学習は、正解を与えなくても**報酬関数さえ設計できれば**学習できます。

そして、収益を最大化するという最適化問題を解くことで、ユーザーが想像もしなかったような高い問題解決能力を持ったエージェントを作ることができます。正解データを真似て予測するだけである教師あり学習とは、この点で大きな違いがあります。将棋や囲碁などのゲームシステムで強化学習を使ったシステムが、人が勝てないレベルまで強くなっていることがこの証左です。

それでは、世の中の他の問題でも強化学習によってうまくできるシステムがすぐ作れるかというと、そこは単純ではありません。

現在の強化学習は**学習効率が低く**、数百万〜数億回といった**大量の試行錯誤を必要とします**。また、各試行には**時間**も**コスト**もかかります。現実世界の問題でこれだけの回数試行させるには、ハードウェアや実際の環境が壊れてしまうかもしれません。

そのため、現状では**並列化可能なシミュレーション以外の環境**に対して、**強化学習を適用して高い性能を達成するのは困難です**。

> **どのような報酬を設計するのかが重要**　　　　　　　　　　　　　*Note*
>
> 　ほかにも、実際の問題では報酬が環境から与えられない場合が多いことも問題です。人もほとんどの報酬は外部から与えられず、自分自身で発生させています。「どのような報酬を設計するのか」が問題を解く上で重要です。うまくいっている／うまくいっていないという事例から、それを再現するような報酬を推定する逆強化学習という問題設定もあります。

●⋯⋯⋯**効率的に学習できるようになる可能性**

一方で、少なくとも人は今の強化学習よりも、遥（はる）かに効率的にスキルを獲得することができます。たとえば、新しいゲームをプレイする場合でも、1時間ぐらいプレイすればかなり上手にプレイできます。

このことは、もっと効率的に学習できる方法が存在する証明になっています。今後、今の強化学習より**遥かに効率的に学習できる方法が見つかってく**ると考えられます。また、現時点ではシミュレーションと現実世界のギャップが大きく、**シミュレーションで学習した結果を現実世界の問題にそのまま適用する**と難しい場合が多いですが（sim2real ギャップ）、こうしたギャップを克服できるように学習する手法も発展してきています。

こうした場合、より多くの現実世界の問題も強化学習で解くことができるようになります。その場合の社会のインパクトは、予測しかできない教師あり学習を使った場合を遥かに上回るものになると考えられます。

強化学習と教師あり学習の違い

本章冒頭で少し触れたとおり、強化学習は、教師あり学習と比べて重要な点でいくつか違います。順に見ていきましょう。

［違い❶］正解が与えられず、相対的な評価しかできない報酬のみ与えられる

一つめは、教師あり学習では学習時にどれが「正解」だったかを教えてもらえますが、強化学習は正解が与えられず、代わりに「報酬」が与えられることです 図4.9 。

図4.9 　　強化学習は「正解」の代わりに「報酬」が与えられる

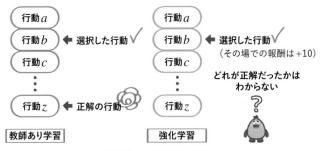

教師あり学習では正解を教えてもらえるが、
強化学習では正解は教えてもらえない。
もっと良い行動があったかもわからない。
どの行動が正解なのかは、試行錯誤して探す必要がある

たとえば、教師あり学習でも、強化学習のような時刻ごとに状態を入力とし行動を選択するような問題を考えることができます。この場合、教師あり学習では時刻ごとにどの行動が正解だったかが与えられます。

一方、強化学習はどの行動をとれば正解かは教えてもらえず、現在の状態や行動に対する**報酬**が与えられます。そのため、強化学習の問題設定では、今とった行動より、良い行動があるかどうかを知ることはできません（教師あり学習では、正解が最も良い行動だとわかる）。今とった行動より、良い行動があるかどうかを確かめるためには、さまざまな行動を試しにとり、その結果を確かめる必要があります。

　このように、強化学習においては、エージェントはさまざまな行動を試し、**収益を最大化**できるような行動を自ら探す必要があります。そのため、教師あり学習は**受動的な学習**、強化学習は**能動的な学習**と呼ばれます。強化学習は、現在有用ではないかもしれないが新しい行動を試し新しい情報を得るべきか、今の時点でわかっている有用な行動をとり報酬を最大化するかという**探索と利用のジレンマ**(*exploration- exploitation dilemma*)を解決しなければなりません。

　また、教師あり学習では最も良い出力を教師として得られ、今の予測候補はそれに対してどれくらい悪かったかを知ることができますが、強化学習では自分がとった行動間の「相対的な評価」が与えられるだけで、最適な場合と比べてどのくらい良いかがわかりません。あくまで、自分が実際にとった行動間での相対的な評価しか知ることができません。

　そのため、教師あり学習は(正解を基準とした)**絶対的な評価を元にした学習**、強化学習は**相対的な評価を元にした学習**だといえます。

［違い❷］時間差の信用割当問題を解く

　二つめは、強化学習は行動とその結果、すなわち将来もらえる報酬との間に**時間差**があることです 図4.10 。

図4.10　**強化学習は行動と報酬の間に「時間差」がある**

強化学習は行動と報酬間で時間差がある問題を扱う。
どの行動が結果に結びついているか(信用割当問題)を
解くのが最重要である

　たとえば、強化学習でラジコンカーをうまく制御できるようなシステムを獲得する場合を考えてみましょう。報酬として、コースに沿って進めたら「正の報酬」を受け取り、壁にぶつかったら「負の報酬」を受け取るとします。エージェントは壁にぶつからないようにするためには、ぶつかる直前の行動だけを修正するのでは間に合わず、コーナーに入る前から減速しておく必要があります。この場合、修正すべき行動（あらかじめの減速）と報酬（ぶつかったときの負の報酬）の間に**時間差**があります。

●········ **信用割当問題は「学習」にとって非常に重要**

　このように、強化学習では、ある**報酬**が得られたときに、過去のどの行動がその**報酬**に結びついているのかを特定する必要があります。一般に、ある結果（強化学習では報酬）を修正するために、途中のどの部分（強化学習では行動）を修正するかを特定する問題を**信用割当問題**（*credit assignment problem*）と呼びます。将棋や囲碁などで長い勝負の中で勝ちや負けにつながった手を「勝着」「敗着」と呼びますが、信用割当問題とは、ゲームの勝敗につながった**勝着、敗着を探す問題である**といえます。

　この信用割当問題は学習にとって非常に重要であり、**どの行動が原因に関係しているのかを特定できる**ことによってはじめて、その行動を修正し結果を改善できます。もし誤った箇所を原因とみなして修正した場合は、改善できないどころか、改悪につながってしまうかもしれません。

　信用割当問題は時間差だけでなく、複数の構成要素から成るシステムが間違っていた場合に、どの構成要素に最終結果の判断に責任があり、修正すべきかを解く問題としても現れます。

●········ **信用割当問題と、ニューラルネットワーク&誤差逆伝播法**

　このような複数の構成要素から成るシステムに対する信用割当問題は、ニューラルネットワークと誤差逆伝播法によって大部分が解けたといえます。

　ニューラルネットワークは、どれだけ複数の構成要素から構成されていたとしても、それらが微分可能であり、誤差が伝播されるのであれば、修正する部分を誤差逆伝播法によって効率的に見つけることができます[注8]。

注8　誤差が大きい部分が修正すべき場所であり、どれだけニューラルネットワークが大きくても修正すべき場所を効率的に見つけ出すことができます。

　微分可能な構成要素が使えて、**微分が消失しないようにモデルを設計できる場合は**、ニューラルネットワークと誤差逆伝播法の組み合わせによって、信用割当問題を解くことができます。

●‥‥‥‥**強化学習と時間差の信用割当問題**

　しかし、強化学習の問題設定において、**環境は未知であり、微分可能でありません。**

　そのため、強化学習における**時間差の信用割当問題**を解くために、誤差逆伝播法を適用できず、「価値」を使って解く必要があります。たとえば、ある行動をとったことで、その前の状態価値と比べて、現在の状態価値が大きく下がった場合、その行動が期待収益を下げた原因であり、この行動を改善することで期待収益を改善できると推定することができます。

　一方で、強化学習における**時間差以外のどの構成要素が貢献しているかという信用割当問題は、誤差逆伝播法で効率良く推定できます**。たとえば、価値を推定するニューラルネットワークは、誤差逆伝播法で効率良く学習することができ、後ほど取り上げる行動価値関数をニューラルネットワークでモデル化したDQNなどが提案されています。

［違い❸］非i.i.d.問題を解く

　三つめは、強化学習は**変化するデータ分布、学習時と利用時に異なる分布に対応する必要がある**ことです。

　教師あり学習ではデータはそれぞれが独立であり、かつ同じ分布からサンプリングされているというi.i.d.（独立同分布）に従うと仮定するのが一般的です。

　それに対し、強化学習では各時刻の問題は独立ではなく、エージェントがとった行動に応じてデータ分布が変わるという、**非i.i.d.（非独立同分布）問題**を扱う必要があります。

　たとえば、先ほどのラジコンカーを強化学習で獲得した方策で制御する場合、ある方策はコーナーを大きく回るような行動列を選択するのに対して、他の方策はコーナーをショートカットするような行動列を選択するとします。

　この場合、それぞれの方策を使っている2つのエージェントが観測するデータ分布は異なります（片方はコーナーの外側ばかり、片方は内側ばかりなど）。

　そのため、他の方策で収集したデータセットを他の方策の学習用に使うこと

が、独立同分布のときのように簡単にはいきません。

　また、同じエージェントであったとしても、学習が進むにつれてデータ分布が変わっていき、昔経験したデータを使うときには工夫が必要になります。

強化学習にはユーザーの能力を超えることができる可能性がある

　以上のように、強化学習は、教師あり学習と比べてより難しい問題設定を扱っています。強化学習は、

- 報酬という間接的なフィードバックを元に、
- 時間差のある信用割当問題を解いて、
- 非i.i.d.（非独立同分布）からサンプリングされたデータを使って、

最適な方策を推定する必要があります。

　一方で、与えられた問題において最適な制御を学習させたいと思っているユーザーからすると、強化学習は問題に対する知識がなくても学習させることができます。たとえば、教師データを用意する必要がなく、問題に対する専門知識がなくても済みます。

●⋯⋯⋯強化学習では、ユーザーは酬関数を設計するのみで良い

　学習させるユーザーは、どの行動が正しいのか間違っているのかという正解データを作る必要はなく、どの状態が望ましいか、望ましくないかを表す**報酬関数を設計するのみ**で学習させることができます **図4.11**。

図4.11　強化学習では、ユーザーは報酬／報酬関数を設計すれば良い

教師あり学習ではユーザーが最適な出力を与える必要があるのに対し、
強化学習では報酬のみ設計すれば良い。
ユーザーは最適行動を知らなくても良い

［小まとめ］強化学習の目標　　強化学習の手法

　それでは、次節から強化学習の手法について具体的に紹介していきましょう。

　強化学習の目標は**収益を最大化できるような方策を獲得する**ことです。**方策**とは、状態を入力とし行動を返すような**関数または条件付き確率分布**であり、エージェントは方策に従って行動を選択していきます。方策が固定であっても、**試行ごとに得られる収益は環境の確率的な要素に変わってきます**。

　そのため、ここからは収益の期待値、すなわち**期待収益を最大化する**ことを考えます。それでは、期待収益を最大化できるような方策は、どのように求められるでしょうか。

4.3
最適な方策を直接求める　モンテカルロ推定

　最適な方策を直接求めるアプローチとして、「モンテカルロ推定」から取り上げます。

期待収益のモンテカルロ推定

　はじめに、次のような単純なアプローチを考えてみましょう。このアプローチでは、できるだけ多くの違った方策を用意し、それらの方策を使って環境で試行させ、実際に得られた収益を調べます。

　しかし、環境の確率的な要因があるため、同じ方策でも収益に毎回ばらつきが出ます。そのため、一つの方策について複数回試行させ、それらの**平均値を使う**ことで収益の期待値、**期待収益を推定**します。試行回数を多くすれば、平均値は収益の期待値に近づくことが期待されます（大数の法則）。

　このようにして、各方策の収益の平均値を求め、**最も収益の平均値が大きかった方策を最適方策として採用**します。

　このような、ランダム（今回は「環境」がランダム）に試行をたくさん繰り返し、近似解を求める手法を一般に「モンテカルロ法」と呼びます。そして今回のように、モンテカルロ法を使って、**各方策の収益の平均値を求める方法を**

期待収益の**モンテカルロ推定**（*Monte Carlo estimate*）と呼びます　図**4.12**。

図**4.12**　　モンテカルロ推定

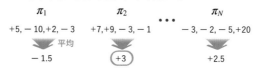

❶たくさんの方策を用意

π_1　π_2　・・・・・　π_N

❷各方策を環境で試行し、平均収益を求める

π_1　　　　　　　π_2　　　　　　　　　　　π_N

$+5, -10, +2, -3$　　$+7, +9, -3, -1$　　・・・　　$-3, -2, -5, +20$

　　　　　平均

-1.5　　　　　　　　（$+3$）　　　　　　　　　$+2.5$

❸平均収益が最も高かった方策を選ぶ

モンテカルロ推定が抱える問題

　モンテカルロ推定は、試行回数を増やせば増やすほど収益の期待値を正確に推定できるような**不偏推定**です。

　しかし、強化学習で、モンテカルロ推定を使って良い方策を獲得することは困難です。その理由として、以下の二つが挙げられます。

- 無数の方策を試す必要がある
- そして、各方策について十分な精度で推定するために多くの試行が必要である

　次節では、これらの問題を解決するアプローチを紹介します。

4.4
方策と価値

　本節で取り上げるアプローチ❶のパラメータで特徴づけられた方策と、アプローチ❷の価値は、強化学習の基本となる重要な考え方です。

［アプローチ❶］方策間の収益の推定量を共有して効率化する
パラメータで特徴づけられた方策

　一つめの**無数の方策を試さなければならない**問題については、方策をパラ

メータで特徴づけた関数で表すことで解決できます[注9]。

　パラメータで特徴づけることで、異なる方策間で試行情報を共有することができ、またパラメータ空間上で最適な方策を探索できます。ニューラルネットワークの学習が高次元パラメータの探索問題であったにもかかわらず、勾配を元に効率良く最適化できたのと同様に、**期待収益の（方策の）パラメータについての勾配**を求めて、それを最大化することで期待収益を最大化できるようなモデルを探索することができます　図4.13 。

　このような手法は**方策勾配法**と呼ばれます。方策勾配法については後ほど説明します。

図4.13　　パラメータで特徴づけられた方策

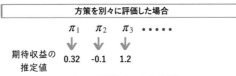

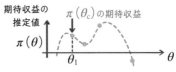

・方策間で収益情報を共有し、パラメータ空間上で最適な方策を探索できる

［アプローチ❷］期待収益を「動的計画法」を使って効率的に求める　価値

　二つめの**方策ごとに多くの試行が必要である**という問題の解決には、**異なる試行が多くの共通点を持っている**ことに注目します。

　「動的計画法」のように、共通部分で得られた結果を再利用していくことで、モンテカルロ推定よりもずっと効率的に期待収益を求めることができます。

注9　方策をパラメータで表現しない方法としては、各状態ごとに次にとるべき行動を丸暗記して覚える方法や、初期状態ごとにとる行動列を記憶しておいてそれを実行する場合などがあります。

　たとえば、福岡ドームから東京ドームまでの移動に要する時間を推定する問題を考えてみましょう。この際、経路を分解し、福岡ドームから東京ドームまでの**各部分経路の移動**に要した時間を推定することにしてみます。まず福岡空港から東京ドームまでの移動時間は、「福岡空港から羽田空港まで」と「羽田空港から東京ドームまで」の移動時間の合計です。羽田空港から東京ドームまでの移動時間を推定する際に、福岡空港から東京ドームまで行った人が少ないとしても、羽田空港から東京ドームまで移動した人がたくさんいれば、福岡空港から羽田空港までの移動時間（2時間など）と合わせれば、福岡空港から東京ドームへの移動時間を計算できます。このように、全体経路を部分経路に分解すれば、その部分経路だけを通っているようなサンプルを集めて推定し、サンプル量を増やして、各部分経路の推定精度を改善することができます。

●········**強化学習における「価値」**

　これらの「部分経路の推定量」が強化学習における「価値」に対応します。価値は元の問題の期待収益問題を状態、状態／行動に分解し、それらの期待収益の推定値を与えます。価値を介して**さまざまな試行を一つの期待値としてまとめ、推定のばらつきを抑える**ことができます。

　そして、これらの共通部分がどのような関係でつながっているのかを表すのが次に紹介する「ベルマン方程式」です。

> 統計量を要約した「価値」を介して最適方策を推定する　　　Note
> 　試行結果の収益の平均を使って期待収益を推定する場合、この推定量は不偏推定ですが、分散が大きくなりがちで、十分な精度で期待収益を推定するには、多くの試行回数を必要としてしまいます。この解決のために、方策ごとに期待収益を推定する代わりに、分散の小さい価値を推定し、価値を経由して最適な方策を求めることを考えます。

4.5
ベルマン方程式　隣り合う時刻間の価値の関係を表す

それでは、強化学習において最も重要な方程式である「ベルマン方程式」について説明します。

[入門]ベルマン方程式

ベルマン方程式は、強化学習だけでなく制御工学や経済理論など広い分野で使われている方程式です。**ベルマン方程式**(*Bellman equation*)を使って、**価値を効率良く推定することができます**。強化学習問題では、「ベルマン期待値方程式」と「ベルマン最適方程式」が登場します。

最初に、**ベルマン期待値方程式**(*Bellman expectation equation*)を紹介します。

●⋯⋯状態価値のベルマン期待値方程式

はじめに、状態価値の定義を再掲します(方策に依存している部分は省略している)。状態価値は、ある時刻の状態 s_t が s であり、その後の行動列 $a_t, a_{t+1}, \ldots$ は方策 π に従って選択した場合、得られる期待収益を表します。

$$V(s) = \mathbb{E}_\pi[G_t | s_t = s]$$

このとき、次が成り立ちます。

$$V(s) = \mathbb{E}_\pi[r_{t+1} + \gamma V(s') | s_t = s]$$

ただし、s' は、方策に従って行動を選択した場合の次の時刻の状態を表します。これを**状態価値のベルマン期待値方程式**と呼びます。

この今の行動をとった状態の直後に得られる報酬 r_{t+1} を**即時報酬**と呼びます。この方程式は「ある時刻の状態価値は、即時報酬と割引率をかけた次の時刻の状態価値の和に等しい」といえます。

このようにきれいに分解できるのは、問題がマルコフ性を持つためであり、ある状態より前と後が完全に独立しているためです。

状態価値のベルマン期待値方程式は、後ほど登場する「TD学習」などで使います。

●⋯⋯⋯**行動価値のベルマン期待値方程式**

また、行動価値は、ある状態sで、最初は行動aを選択し、その後の行動$a_{t+1}, a_{t+2}, ...$は方策πに従って行動を選択した場合に得られる期待収益です。

$$Q_\pi(s, a) = \mathbb{E}_\pi[G_t|s_t=s, a_t=\mathrm{a}]$$

このとき、次が成り立ちます。

$$Q(s, a) = \mathbb{E}_\pi[r_{t+1} + \gamma \sum_{a'} \pi(a'|s')Q(s', a')|s_t=s, a_t=a]$$

これを**行動価値のベルマン期待値方程式**と呼びます。この方程式は、「ある時刻の行動価値は、即時報酬と割引率をかけた次の時刻の行動価値の期待値の和に等しい」といえます。

なお、行動価値バージョンのベルマン期待値方程式では、$Q(s, a)$は特定の行動をとった場合の状態価値であるので、とりうるすべての行動について方策で各行動をとる確率による重みをかけた和($\sum_{a'}$)をとる必要があります。

行動価値のベルマン期待値方程式は、後述する「SARSA」で使います。

なぜ、強化学習においてベルマン方程式が重要なのか

なぜ、これらの方程式が重要なのでしょうか。

強化学習が難しいのは、**最適化対象の収益が将来にわたってすべての時刻の結果を足し合わせて定義されている**点です（G_tは$r_t+\gamma r_{t+1}+ ...$と将来にわたっての報酬であり、それらの報酬は状態、行動に依存する）。

さらに、エピソード長が無限大の場合は、**無限個の要素を扱う必要があり**ます。しかも、環境や方策の確率的要因を考慮した上での期待収益を求める必要があり、将来にとりうる**膨大な数の状態や行動を扱う必要があります**。このままでは直接扱うことができません。

これに対し、ベルマン方程式にはこうした無限個の要素は登場せず、**隣り合う時刻の「価値」と「報酬」しか登場しません**。後で見るように、状態価値のベルマン期待値方程式を使って、状態価値を推定し、行動価値のベルマン期待値方程式を使って行動価値を推定することができます。無限個の要素を扱わず、**わずか2つの要素、しかも隣り合う時刻の要素を扱うだけ**で、価値を推定できるのです。

ベルマン期待値方程式の証明

それでは、ベルマン期待値方程式の証明をしてみましょう。ここでは、状態価値のベルマン期待値方程式の証明をします。

状態価値について収益 G_t をその定義である各時刻の割引付き報酬の合計 $G_t = r_{t+1} + \gamma r_{t+2} + \dots$ で表すと、

$$
\begin{aligned}
V(s) \\
&= \mathbb{E}_\pi[G_t | s_t = s] \\
&= \mathbb{E}_\pi[r_{t+1} + \gamma r_{t+2} + \gamma^2 r_{t+3} + \dots | s_t = s] \\
&= \mathbb{E}_\pi[r_{t+1} + \gamma(r_{t+2} + \gamma r_{t+3} + \dots) | s_t = s] \\
&= \mathbb{E}_\pi[r_{t+1} + \gamma V(s') | s_t = s]
\end{aligned}
$$

となります。$V(s') := \mathbb{E}_\pi[r_{t+2} + \gamma r_{t+3} + \dots]$ であることに注意してください。

このようにして、状態価値のベルマン期待値方程式が導出されます。また、行動価値のベルマン期待値方程式も同様に証明できます。

ベルマン最適方程式　最適方策の価値で成り立つ価値の関係

ベルマン期待値方程式は、任意の方策について成り立つ方程式でした。

次に、「ベルマン最適方程式」について紹介します。これは「最適方策」と呼ばれる方策について成り立つ式です。

●⋯⋯ 最適方策と、最適状態価値、最適行動価値

はじめに、「最適方策」「最適状態価値」「最適行動価値」を定義します。

2つの方策 π, π' が与えられたとき、すべての状態 s において状態価値が $V_\pi(s) \geq V_{\pi'}(s)$ を満たすとき、$\pi \geq \pi'$ と定義します。この方策間の状態価値の良さを定義する $\geq$ は「半順序」を定義します。

半順序　　　　　　　　　　　　　　　　　　　　　　Note

すべての要素間で順序が定義されない場合を半順序と呼びます。たとえば、先ほどの方策間の $\geq$ の定義では、ある状態と別の状態で状態価値の大きさが逆転している場合、その二つの方策間で順序は定義でき、半順序となります。

このとき、任意の方策πに対し、$\pi_* \geq \pi$が成り立つような方策π_*が存在すること、またそのような方策は唯一であることを証明できます。このπ_*を**最適方策**と呼びます。

また、この最適方策π_*を使った場合の状態価値を**最適状態価値**$V_*(s)$、行動価値を**最適行動価値**$Q_*(s, a)$と呼びます。

●⋯⋯⋯ベルマン最適方程式が表す関係

もし最適行動価値$Q_*(s, a)$がわかっていれば、（決定的である）最適方策は、

$$\pi_*(s) = \arg\max_a Q_*(s, a)$$

と、すぐに求めることができます。

また、最適状態価値は、最適行動価値を使って次のように求められます。

$$V_*(s) = \max_a Q_*(s, a) \quad \boxed{\text{式4.A}}$$

つまり、**ある状態のsの最適状態価値は、その状態における最適行動価値で最も高い価値を達成する行動をとったときの価値と一致します。**

状態sのときに行動aを選択した際、状態s'へ遷移する確率を$p(s'|s, a)$とします（決定的な遷移の場合は、遷移する確率だけ$p(s'|s, a) = 1$、そうでない場合は0である確率分布で扱えば良い）。このとき、最適行動価値と最適状態価値との間には、次の関係が成り立ちます。

$$Q_*(s, a) = r(s, a) + \gamma \sum_{s'} p(s'|s, a)V_*(s') \quad \boxed{\text{式4.B}}$$

ここで、$r(s, a)$は、状態sで行動aをとったときに受け取る報酬です。

$\boxed{\text{式4.A}}$中の$Q_*(s, a)$に$\boxed{\text{式4.B}}$を代入すると、次の最適状態価値のみを含む方程式が得られます。

$$V_*(s) = \max_a r(s, a) + \gamma \sum_{s'} p(s'|s, a)V_*(s')$$

また、$\boxed{\text{式4.B}}$中の$V_*(s')$に$\boxed{\text{式4.A}}$を代入すると、次の最適行動価値のみの式が得られます。

$$Q_*(s, a) = r(s, a) + \gamma \sum_{s'} p(s'|s, a)\max_{a'} Q_*(s', a')$$

これらを**ベルマン最適方程式**（*Bellman optimality equation*）と呼びます。行動価値のベルマン最適方程式は、後述の「Q学習」で使います。

●········状態遷移が決定的である場合

なお、状態遷移が確率的でなく決定的である場合、とりうる次の状態s'すべてについての和を求める必要はなく、決定的に遷移する先の状態s'のみの項だけになり、次のような単純な式で表せます。

$$V_*(s) = \max_a r(s,a) + \gamma V_*(s')$$
$$Q_*(s,a) = r(s,a) + \gamma \max_{a'} Q_*(s',a')$$

ベルマン期待値方程式の解

ベルマン期待値方程式を解き、**状態価値**、**行動価値**を求めてみましょう。

ここでは、状態をすべて列挙できる場合に状態価値をどのように求めるかを説明します。各状態における即時報酬を状態ごとに並べたベクトルを$\mathbf{r}$とします[注10]。

同様に、状態価値を状態ごとに並べたベクトルを$\mathbf{v}$とします。また、遷移行列Pは、方策に従って各状態から次の状態に遷移する確率が入っている行列であったことを思い出しましょう。すると、状態価値のベルマン期待値方程式は、次のように簡潔に表せます。

$$\mathbf{v} = \mathbf{r} + \gamma P\mathbf{v}$$

上の式には方策πは書かれていませんが、即時報酬$\mathbf{r}$と遷移行列Pは方策に依存して決まっていることに注意してください。

この式を変形すると、単位行列をIとしたとき、

$$\mathbf{v} - \gamma P\mathbf{v} = \mathbf{r}$$
$$(I - \gamma P)\mathbf{v} = \mathbf{r}$$
$$\mathbf{v} = (I - \gamma P)^{-1}\mathbf{r}$$

となります。ここでは$I-\gamma P$は逆行列が存在するとします。

このようにして、状態がすべて列挙でき、即時報酬$\mathbf{r}$、遷移行列Pがわかっており、$(I-\gamma P)$の逆行列が求まる場合、状態価値を解析的に求めることができます。

注10 正確にはr_iは、i番めの状態の際に方策に従って行動した場合に受け取る即時報酬の期待値です。

●········**状態価値は後続表現と報酬の積で計算できる**

この式の$(I-\gamma P)^{-1}$はどのような意味を持つのでしょうか。等比数列の和の公式から、$I+A+A^2+ \ldots = (I-A)^{-1}$であることに注意すると、この$(I-\gamma P)^{-1}$は、将来にわたって各状態に到達する確率を割引率で割り引いた結果の和$(I+\gamma P+\gamma^2 P^2+ \ldots)$を表しています。さらに、現時点で各状態に存在する確率を並べたベクトルを$\mathbf{s}$としたとき、$(I-\gamma P)^{-1}\mathbf{s}$は将来にわたって各状態にエージェントが到達する割引付き確率を表します。

この各状態に到達する確率の割引付き合計は、**後続表現**(*successor representation*)と呼ばれ、**状態価値は後続表現と報酬の積で計算できます**。このような状態価値を後続表現と報酬に分解することで、報酬(それが定義する目標タスク)が変わった場合でも$(I-\gamma P)^{-1}$はそのまま使えて、状態価値をすぐに計算できます。

本書では後続表現については詳しく扱いませんが、報酬や目標が変わった場合に転移学習できる表現として注目されています。

多くの問題ではベルマン方程式、ベルマン最適方程式は解析的に解けず数値的に解く

このように、ベルマン期待値値方程式は解析的に解くことができます。しかし、理論的に重要であるものの、実際に使われることは稀です。なぜなら、多くの場合、状態数が列挙できないほど多い(連続状態、状態が高次元など)、遷移行列Pが既知でない、逆行列を求める計算量が大きすぎるという問題があるためです。

また、ベルマン最適方程式は非線形の$\max$操作が含まれるため、解析解が求められるベルマン期待値方程式とは違って最適状態価値関数、最適状態行動価値関数を解析的に求めることができません。

そのため、解析的に解く代わりに**数値的に解く必要があります**。数値的に解く際に効率的に解く手法が、次に紹介する「ベルマンバックアップ操作」です。

動的計画法による最適化

問題を解く際にそれを部分問題に分解し、それぞれの部分問題を順に解いていき、すでに得られた部分問題の解を再利用することで、全体の解を効率的に求めるような手法を**動的計画法**(*dynamic programming*、DP)と呼びます。

　たとえば、ニューラルネットワークの学習で使う誤差逆伝播法は動的計画法を使って、途中の変数についての勾配を、各パラメータの勾配推定時に何度も再利用することで計算量を劇的に減らすことができています。

　ベルマン期待値方程式やベルマン最適方程式が示すように、状態価値や行動価値は他の価値と報酬の和（$V=r+V'$や$Q=r+\sum Q'$の形）に分解することができます。

　この分解を利用して、動的計画法を使って効率的に価値を推定できます。一般に、動的計画法で部分解を後で再利用しておくように記録することを**メモ化**（*memoization*）と呼びますが、強化学習ではこの「メモ」を利用して現在の価値の推定を更新していきます。

状態価値を推定する

　以降では簡略化のために「方策は決定的であり、次の状態も決定的に決まる」と考えます。この場合のベルマン期待値方程式は、次のとおりです。

$$V(s) = r + \gamma V(s') \quad （\text{すべての状態}s\text{について}）$$

　ここで、rは状態sで方策に従った行動をとったときに「受け取る即時報酬」、s'はこの方策をとったときの「次の状態」を表します。

　それでは、この状態価値のベルマン期待値方程式を使って、状態価値を推定することを考えてみましょう。戦略としては状態価値関数を適当に初期化した上で、逐次的に価値関数を更新して推定していきます。初期化としては、たとえばすべての状態sについて$V(s)=0$とします。

ベルマンバックアップ操作

　次に、方策πに基づいて状態sからs'へと遷移し、報酬rを受け取ったとき、$V(s)$を、

$$V(s) := r + \gamma V(s')$$

と更新します。これを**ベルマンバックアップ操作**（*Bellman backup*）と呼びます。先ほどのベルマン期待値方程式では左辺と右辺は等式で結ばれていましたが、上の式では更新式であり$V(s)$を新しい$r+\gamma V(s')$に置き換えてい

いることに注意してください。

●········ **ベルマンバックアップ誤差**

ベルマン期待値方程式は $V(s)$ が真の状態価値である場合のみ成り立ち、そうでない場合は左辺 $V(s)$ と右辺 $r+\gamma\ V(s')$ は等しくありません。この差を**ベルマンバックアップ誤差**(*Bellman backup error*)と呼びます。真の状態価値の場合、ベルマンバックアップ誤差はすべての状態で 0 であり、それ以外ではベルマンバックアップ誤差は 0 より大きい値をとります。

ベルマンバックアップ操作は、**今の状態 s について、この誤差を 0 にするような更新操作**といえます。

●········ **ベルマンバックアップ操作により、価値は真の価値に収束する**

このベルマンバックアップ操作をすべての状態に対して同時に適用することで、状態価値 $V(s)$ は真の状態価値に収束します。以下、これを証明します。

まず状態価値間の距離として、**∞-ノルム**(*infinity norm*、無限大ノルム)を導入します。状態価値 U, V 間の ∞-ノルムは、次のように定義されます。

$$||U - V||_\infty = \max_s |U(s) - V(s)|$$

これは同じ状態で、二つの価値の差の絶対値が最大となるときの値を表します。

また、ある操作 f が任意の U、V、正の実数 γ について $||f(U)-f(V)||_\infty \leq \gamma||U\text{-}V||_\infty$ を満たすとき、この操作を **γ 縮退** と呼びます。ここで、割引率 γ と同じ記号を使っているのは、ベルマンバックアップ操作では、この割引率に応じて縮退するためです。

●········ **ベルマンバックアップ操作は γ 縮退**

このとき、先ほどの「ベルマンバックアップ操作が γ 縮退である」ことは、次のように示せます。

すべての状態における状態価値を並べたベクトルを $\mathbf{v}$、即時報酬を並べたベクトルを $\mathbf{r}$、遷移行列を P と置きます。また、ベルマンバックアップ操作を T で表すとします。T は次のように定義されます。

$$T(\mathbf{v}) = \mathbf{r} + \gamma P \mathbf{v}$$

このとき、任意の2つの状態価値ベクトル$\mathbf{u}$、$\mathbf{v}$について、それぞれをベルマンバックアップ操作Tで更新した後のそれらのベクトル間の∞-ノルムは、

$$\begin{aligned}
&||T(\mathbf{u}) - T(\mathbf{v})||_\infty \\
&= ||\mathbf{r} + \gamma P \mathbf{u} - \mathbf{r} - \gamma P \mathbf{v}||_\infty \\
&= ||\gamma P(\mathbf{u} - \mathbf{v})||_\infty \\
&\leq ||\gamma P||_\infty ||\mathbf{u} - \mathbf{v}||_\infty \\
&\leq \gamma ||\mathbf{u} - \mathbf{v}||_\infty
\end{aligned}$$

となり、ベルマンバックアップ操作はγ縮退であることが示されました。

●········ **任意の状態価値間の距離が小さくなる＝真の状態価値に収束する**

上記のように、ベルマンバックアップ操作を適用するたびに、任意の異なる状態価値の差が割引率γぶんだけ指数的に小さくなっていきます。

比較対象の状態価値は任意なので、現在推定途中の状態価値をU、真の状態価値をVとしても同様に成り立ちます。

このため、ベルマンバックアップ操作を繰り返し適用していくと、任意の状態価値は真の状態価値に収束していきます[注11]。その収束速度は、∞-ノルムで測った場合、割引率γに対して線形です。

●········ **ベルマン最適バックアップ操作も最適制御の価値に収束**

行動価値についても同様に、それに対応するベルマンバックアップ操作（行動価値のベルマン期待値方程式を使う）を使って、真の行動価値に収束することを示せます。また、最適方策に対応する**ベルマン最適バックアップ操作**（$\sum$の代わりに$\max$を使う操作）も同様にγ縮退する操作であり、操作を繰り返していくと真の最適状態価値、最適行動価値に収束することが示せます。

このように、ベルマン（最適）バックアップ操作を使えば、さまざまな価値を推定することができます。

··

注11 真の状態価値は、ベルマンバックアップ操作をしても変わらない不動点であることに注意してください。

状態数、行動数が多く経験が限られる場合はオンライン推定が必要

しかし、ベルマン(最適)バックアップ操作をそのまま、現実的な強化学習の問題に適用する場合には問題があります。

それは、本章で扱うような、**状態や行動の種類数が多い場合**、**計算量が大きすぎる**、またはすべての状態や行動を更新時に列挙できないという問題です。たとえば、状態や行動が高次元であったり連続量であったりする場合、すべての状態、行動ペアを列挙することはできません。そのため、限られた情報から**価値をオンライン**(*online*)^{注12}**で更新していく必要があります。

次節からは、実際の強化学習で使われるような**オンラインで価値を推定していく手法**を紹介していきます。推定手法を「MC学習」「オンライン版MC学習」と発展させていき、強化学習で最も有名な「TD学習」を紹介します。

4.6
MC学習、オンライン版MC学習　オンラインでの方策の価値推定❶

実際の強化学習で使われる「オンラインで価値を推定していく手法」として、「MC学習」「オンライン版MC学習」「TD学習」を取り上げていきます。

まずは本節で、MC学習、オンライン版MC学習という、「方策が与えられたときの状態価値をオンラインで推定する手法」から見ていきましょう。

モンテカルロ学習　　履歴を全て得てから状態価値を推定する

代表的な手法として、「モンテカルロ学習」^{注13} を紹介します。

方策 π を使って、環境中で一定回数環境中で試行させ、そこで得られた経験から価値を推定することを考えます。実際に、エージェントを環境中で試行した結果を「経験」、それら経験を集めたものを「履歴」と呼ぶこととします。

注12　全データをまとめて使って処理するのではなく、データ全体の一部が与えられたとき、与えられたデータのみを使って逐次的に処理する場合を「オンラインである」と呼びます。

注13　念のため補足しておくと、前に述べた最適な方策を直接求める「モンテカルロ推定」とは違って、「モンテカルロ学習」は価値を推定する方法です。

履歴は状態s^{注14}、行動a、報酬rのタプル列$(s_1, a_1, r_2, s_2, a_2, r_3, ...)$から成ります。このタプル列は、状態$s_1$で行動$a_1$を選択し、環境から報酬$r_2$を受け取り、次の状態$s_2$に遷移した... という記録を表しています。

定義より、履歴のある状態s_tの割引付き収益G_tは次のようになります。

$$G_t = \sum_{i=t} \gamma^{i-t} r_{i+1}$$

一方、状態価値$V(s)$は、ある状態sにおいて割引付き収益の期待値として定義されていました。

もし履歴が無限にあれば、履歴中で状態sからスタートしている場合を列挙し、それらの実際の割引付き収益の平均を、割引付き収益の期待値として推定できます。よって、履歴中の状態s_tがsである数をN、それらの割引付き収益を$G_1, G_2, ..., G_N$としたとき、その平均値で状態価値を推定します。

$$V(s) = \mathbb{E}[G_t | s_t = s] \simeq \frac{1}{N} \sum_i G_i$$

このように、履歴を使って各状態の割引付き収益の平均を求めることで、状態価値を推定する手法を**モンテカルロ学習**（*Monte Carlo learning*、**MC学習**）と呼びます。

オンライン版MC学習

MC学習は、すべての履歴を集めて収益を推定してから、価値を推定する**オフライン推定**です。この場合、多くの経験データが集まるまで、価値は更新されません。

そこで、すべてのデータが集まるまで待たずに、新しく得られた履歴を使って求まった（サンプルが1つの）割引付き収益を使って、価値を少しずつ更新することが考えられます。**オンライン版MC学習**では、確率的勾配降下法と同様に、価値を毎回少しずつ、現在求められたG_tに近づけていくことを考えます。以下で見ていきましょう。

更新対象の状態がs、その割引付き収益Gが得られた場合、価値を、

注14　これ以降では、環境の状態とエージェントの観測が同じMDPの問題設定で扱い、すべて「状態」と呼ぶことにします。

$$V(s) \leftarrow V(s) + \alpha(G - V(s))$$

のように更新します[注15]。この$0 < \alpha < 1$は学習率です。

この更新式は、真の状態価値の近似値である割引付き収益の平均と今の推定値Vとの二乗誤差を目的関数$L(V)$とした最適化問題の**確率的勾配降下法**とみなすことができます。

$$L(V) = \frac{1}{2} \sum_{s_t} (V(s_t) - G)^2$$

実際、$L(V)$の$V(s_t)$について勾配を計算すると、

$$\frac{\partial L(V)}{\partial V(s_t)} = V(s_t) - G$$

であり、勾配降下法による更新式は、先ほどの更新式と同じになります。

・・

この割引付き収益Gを計算するには、エピソードが終わるまで待つ必要があります。しかし、エピソードが終わるのを待たずに、オンラインで推定された割引付き収益を使って更新するのが、次に紹介する「TD学習」です。

4.7
TD学習　オンラインでの方策の価値推定❷

前節に続いて、実際の強化学習で使われる「オンラインで価値を推定していく手法」を見ていきましょう。本節では「TD学習」を取り上げます。

TD学習とは何か

強化学習の最も重要な学習アルゴリズムの一つが、**TD学習**（*Temporal Difference learning*、時間差学習）です 図4.14 。TD学習は、**ベルマン期待値方程式**を使って状態価値を推定します。

注15　式変形すると、$V(s) = (1 - \alpha)V(s) + \alpha G$と書けます。前の$V(s)$を「$1 - \alpha$」ぶんに減らして、減らした$\alpha$ぶん$G$を加えているともみなせます。

図4.14　TD学習

$$V(s) \leftarrow V(s) + \alpha(G - V(s)) \quad \boxed{\text{モンテカルロ学習}}$$

$$G = \sum_i \gamma^i r_{i+1} \text{ は割引付き収益}$$

$$V(s) \leftarrow V(s) + \alpha(r + \gamma V(s') - V(s)) \quad \boxed{\text{TD学習}}$$

目標GがTD目標が$r+\gamma V(s')$に置き代わっている

　先ほど説明した、オンライン版MC学習は履歴から求められた収益Gに向かって価値関数$V(s)$を近づけていくような手法でした。このGは定義より、エピソードが終わるまで決定できません（Gは後続するすべての報酬を含んでいるため）。

　これに対し、TD学習は割引付き収益Gが決定されるのを待たず（すなわちエピソードが終わるのを待たず）に、次の時刻の状態の価値関数と即時報酬で定義される$r+\gamma V(s')$を目標とし、価値関数を更新します。

$$V(s) \leftarrow V(s) + \alpha(r + \gamma V(s') - V(s))$$

●········**TD目標**

　ここでrは履歴中で受け取った即時報酬、s'はsに後続する状態を表します。この$r+\gamma V(s')$を**TD**(*Time difference*、時間差)**目標**と呼びます。一つ先の時刻の目標との差を使っているため、「時間差」(TD)という名前がついています。

●········**なぜ収益Gの代わりにTD目標を使うのか**

　なぜ、Gの代わりに$r+\gamma V(s')$を使うかというと、ベルマン期待値方程式で示したように、真の状態価値では$V(s) = r+\gamma V(s')$が成り立つためです。今の$V(s)$は真の状態価値ではないので、この関係は成り立たないのですが、$r+\gamma V(s')$が、$V(s)$の良い近似値だと考えられます。また、Gは今回のエピソードの割引付き収益ですが、本当に目標にしたいのはその期待値である状態価値$V(s)$であり、その状態価値を使ったTD目標$r+V(s')$のほうが分散が低いことが期待できます。

TD学習は「ブートストラップ」でオンライン推定する

オンライン版MC学習の場合は、エピソードが終了するなど最終的な収益が確定するのを待ってから、価値関数を更新する必要がありました。それに対し、TD学習では、収益が確定するのを待たずに現在の状態と次の状態と即時報酬(s, s', r)が得られたら、オンラインですぐに更新することができます。

そのため、**経験を得るたびに次々と価値を更新していくことができます。**学習の際に、**過去の状態や記憶を覚えておく必要がありません。**

このような推定値を元に別の値を推定する手法は、一般に**ブートストラップ**(*bootstrap*)と呼びます。TD学習は、ブートストラップによって**推定途中の価値を利用して価値推定している**といえます。

> **ブートストラップとコンピュータ** Note
> ブーツのかかとに指を引っ掛けて引き上げるつまみを「ブートストラップ」と呼びます。自分でブートストラップを引っ張って自分を引っ張り上げるという寓話に因んだ、人の手を借りない努力で自分をより良くするという意味の比喩表現です。ブートストラップは「コンピュータの起動プロセス」などの意味でも使われます。

TD学習は不偏推定ではないが分散が小さい

MC学習では、得られた一つのエピソードから計算された収益Gが目標です。この収益Gは、そのときの状態sの状態価値$V(s)$の不偏推定量であるため、サンプル数を増やしていけば真の価値関数に漸近していくことが保証されます。それに対し、TD学習では、更新に利用する目標$r+V(s')$は真の状態価値ではない推定途中である$V(s')$を含む目標です。そのため、**不偏推定ではなく、TD学習によって状態価値が真の状態価値に収束する保証はありません。**

一方で、MC学習の目標Gは多くの確率的ステップを含む観測値なので、分散が大きいです。これに対して、TD目標は、**確率的なステップは1回しか含まないので分散が小さくなります。**

まとめると、MC学習は**不偏推定だが分散が大きい**学習、TD学習は**不偏推定ではないが分散が小さい**学習とみなすことができます。

nステップTD法

ここまで紹介したTD学習は、**即時報酬と1ステップ先の価値の和**を目標として設定していました。これを拡張し、nステップ先の価値関数とそれまでの割引付き即時報酬を使った推定値を考えることができます。

たとえば、現在の時刻がtのとき、以下のように学習を行います。

$$TD_n := \sum_{i=1}^{n} \gamma^{i-1} r_{t+i} + \gamma^n V(s_{t+n})$$

$$V(s) \leftarrow V(s) + \alpha(TD_n - V(s))$$

これを**nステップ**(*n-step*) **TD学習**と呼びます。通常のTD学習は「1ステップTD学習」と呼べます。

[比較]nステップTD法と、オンライン版MC学習、TD学習

nステップTD法は、オンライン版MC学習とTD学習の間の性質を持った推定となります。ポイントをまとめると、次のとおりです。

・目標の偏り

オンライン版MC学習(不偏推定) < nステップTD学習 < TD学習

> **目標の偏り** Note
> 「目標の偏り」は、使っている更新目標の期待値が、真の更新目標と一致しているかを指します。不偏推定である「オンライン版MC学習」は不偏推定であり、一致しています。

・推定の分散

TD学習 < nステップTD学習 < オンライン版MC学習

> **推定の分散** Note
> 「推定の分散」は、更新目標の各サンプルが真の更新目標と比べて、どのくらいばらついているかを示します。推定の際に確率的な要素を含むステップを含むほど、分散は大きくなります。

［小まとめ］オンラインでの状態価値推定

前節から本節にわたって、方策が与えられたときの**状態価値をオンライン
で求める方法**を紹介してきました。オフラインで求める方法も含め、方策が
与えられたときの価値を推定する手法をここでまとめてみましょう 図4.15 。

図4.15　　　予測問題の解き方

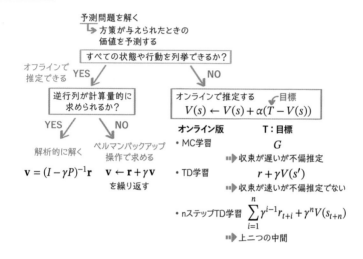

すべての状態や行動を列挙できる場合は、オフラインで推定することがで
きます。その場合、逆行列 $(I-\gamma P)^{-1}$ が解析的に求まるなら、それを使って
価値を推定することができ、求められないならベルマンバックアップ操作で
求めることができます。

これに対し、すべての状態や行動を列挙できない場合は、オンラインで価
値を推定します。この場合、何を目標に状態価値を更新していくかでいくつ
か種類があります。オンライン版MC学習は、各エピソードが終了するごと
に、その割引付き収益 G を目標に状態価値をオンラインで更新していきます。
TD学習は、各経験が得られるたびにTD目標 $r+\gamma\,V(s')$ に向けて状態価値
をオンラインで更新します。そして、nステップTD学習は、nステップTD
目標 $\sum_{i=1}^{n}\gamma^{i-1}r_{t+i}+\gamma^{n}V(s_{t+n})$ に向けて状態価値をオンラインで更新します。

4.8
予測から制御へ　問題のどこが変わるのか

次節から取り上げる制御と方策の学習について、本節で確認しておきます。

制御　「方策」の学習

前節まで紹介してきた手法（MC学習、オンライン版MC学習、TD学習、nステップTD学習）は、**与えられた方策がどのような状態価値をもたらすか**を推定する**予測問題**を扱ってきました。

ここからは、収益を最大にするような方策を求める「最適制御」、一般には**制御**の問題を考えます。これは方策を求める問題なので「方策の学習」ということができます。一般に強化学習というと、こちらの問題のことを指します。

制御の問題が予測の問題と大きく異なるのは、**制御の問題では学習途中で「方策」が変わっていき、収集されるデータが変わっていく**ことです。

方策オン型学習と方策オフ型学習

そのため、方策の学習の方法として、今の学習中の方策で取得したデータ（経験データ）のみを使って学習し、方策を更新したら、経験データを捨てていく**方策オン型学習**と、現在の方策とは違う方策で収集したデータも使えるよう工夫して学習に使う**方策オフ型学習**があります。

方策オン型は、現在学習対象の方策で収集した経験を用いて、その方策を改善する学習手法です。それに対し、方策オフ型は、他の方策で得られた経験を用いて、学習対象の方策を改善するような学習手法です。

方策オン型では、現在の方策が遭遇するデータ分布と経験データの分布は一致しますが、方策オフ型では、方策が遭遇するデータ分布と経験データの分布は一致しません。方策オフ型の学習は、他人の行動の様子を見て自分の行動の仕方を修正するようなものです。

方策オフ型では、自分の以前の学習途中の方策や他の方策が収集した経験データを利用することができ、学習効率を高められますが、異なるデータ分布を扱う工夫が必要です。それぞれについて順番に紹介していきます。

本書では、次節以降、方策オン型の学習として SARSA を紹介し、方策オフ型の学習として重点サンプリングを使った手法と Q 学習を紹介します。

4.9 方策オン型学習 基本の考え方とSARSA

本節では「方策」の学習手法として、「方策オン型学習」について説明します。

方策オン型学習の基礎知識

方策オン型（*on-policy*）学習では、現在の価値の中で最も価値が高い状態や行動を選択するようにすることで、現在の方策より、期待収益が改善された方策を見つけることができます。このアプローチは一種の「貪欲法」とみなすことができます。この場合、状態価値ではなく行動価値を使って改善された方策を探すことが一般的です。

なぜ状態価値ではなく行動価値を使うのかを見るために、はじめに状態価値 $V(s)$ を使って方策を改善する場合を考えてみましょう。

状態価値 $V(s)$ を使って方策を改善する場合、方策を次のようにします。

$$\pi(s) = \max_a r(s, a) + \gamma \sum_{s'} p(s'|s, a)V(s')$$

各行動を選んだときに遷移する、次の状態 s' のときの状態価値 $V(s')$ を参照した上で最適な行動 $\max_a$ を求める必要があります。

このようにして状態価値を使って方策を改善する場合、学習時に環境の遷移確率 $p(s'|s, a)$（状態 s で行動 a を選択したとき、各状態 s' にどのくらいの確率で遷移するか）、つまり環境のダイナミクスを知っている必要があります。多くの強化学習では環境のダイナミクスは前もって与えられず、この更新式はそのまま使うことができません。

それに対し、行動価値 $Q(s, a)$ を使って方策を改善する場合、方策を次のようにします。

$$\pi(s) = \arg\max_a Q(s, a)$$

この場合、最大値をとる部分には環境のダイナミクス $p(s'|s, a)$ は含まれて

いません。そのため、方策を改善する場合には環境の遷移確率を知らなくても、行動価値を最大化するような行動を選択するだけで済みます。

このように、**行動価値を使った方策改善は**、**環境の遷移確率 P を推定する必要がありません**。そのため、行動価値を使った方策改善が使われています。

行動価値を推定し、最適な行動を貪欲に選択する　SARSA

それでは、**行動価値を使って方策を改善していく場合を考えてみましょう。**

●⋯⋯ ϵ-greedy法による探索

はじめに、「経験をどのように集めるか」についてですが、現在推定中の行動価値を使って最も価値が高い行動だけを選んでしまうと、同じ行動ばかり選ばれるようになり、他の行動を選んだ場合の結果が得られないため、局所解に陥ってしまう恐れがあります。これは、先述した「探索と利用のジレンマ」における、得られた知識の利用だけが優先されてしまい、探索ができていない状態です。

そこで、行動を選ぶ際に一定の確率 ϵ でとりうる行動の中から**行動を一つランダムに選び、残りの確率**（「$1-\epsilon$」）で、**現在の行動価値に基づいて最も行動価値が高い行動を選ぶ**ような方策を考えます。このような方策を「行動価値 Q に基づく ϵ-greedyな方策」と呼びます。

この ϵ-greedyな方策を使って、経験を集めていきます。

●⋯⋯ SARSA

ϵ-greedyな方策によって収集された経験を使って、行動価値をTD目標に向かって更新します。

$$Q(s,a) \leftarrow Q(s,a) + \alpha[r + \gamma Q(s',a') - Q(s,a)]$$

この s', a' は s, a の次の時刻に到達した状態と、選択した行動です。

この学習アルゴリズムを「SARSA」と呼びます。SARSAの名前は、更新の際に (s, a, r, s', a') の5つ組を使うことからつけられています。

SARSAの更新式自体は、TD目標を使っているので予測、つまり現在の方策に基づく行動価値を推定するような更新式であり、**制御は解いていません。**

しかし、経験を収集する際に方策は ϵ-greedy法を使い、大部分は最も行動価値が高い行動を選択します。この最も行動価値が高い行動を選択する際に、

方策は改善されます。

　SARSA はベルマン期待値方程式を使って行動価値を推定し、求められた行動価値の中で最も良い行動を ϵ-greedy 法によって選択することを繰り返していくことで最適方策を求め、**結果として制御の問題を解いています。**

4.10
方策オフ型学習　人の振り見て我が振り直せ

　本節では、「方策オフ型学習」について紹介します。現在の方策を使って学習する方策オン型学習とは違って、方策オフ型学習では、異なる方策から得られた経験を用いて現在の方策を改善していきます。

　方策オフ型学習は「過去の学習途中の方策が集めた経験」を利用できるほか、「探索目的でまったく違う方策を使って集められた経験」を利用できます。

● ‥‥‥‥**方策オフ型学習ではデータ分布の違いに対応する必要がある**

　方策オフ型(*off-policy*)学習では、学習に使う履歴によるデータ分布と、今の方策が遭遇するデータ分布が異なる問題があります。もし、履歴データ分布がどのような分布をしているかを知っていれば、データ分布の違いは重点サンプリング(後述)を用いて修正することができます。具体的には現在の方策が $p(a|s)$、履歴データ中のある状態 s で行動 a を選択する確率を $q(a|s)$ としたとき、

$$V(s) \leftarrow V(s) + \alpha \frac{p(a|s)}{q(a|s)} (r + \gamma V(s') - V(s))$$

のように更新します。この、現在の方策の分布と履歴データの分布の比 $\dfrac{p(a|s)}{q(a|s)}$ を「重み」と呼びます。

　この式の意味は、学習時には各データが、履歴データの分布 $q(a|s)$ に従ってサンプリングされます。上の更新は、$q(a|s)$ の確率で期待値をとって行われます。そして、この期待値(q)と重み($\frac{p}{q}$)が掛け合わされると $q * \frac{p}{q} = p$ というように、重みの分母にある q と期待値をとる際の q が打ち消し合って p のみが残り、結果として方策 p の分布で期待値をとって更新することになります。

●⋯⋯⋯**重点サンプリング**

　このように、**重み付きで期待値をとることで、ある分布に従ってサンプリングしながら別の分布の期待値を求めることができる**ような方法を一般に**重点サンプリング**(*importance sampling*)と呼びます。

　方策オン型のSARSAは、別の方策で収集した履歴データから学習する場合はこの重点サンプリングを使う必要があります。

　この重点サンプリングは、現在の方策の分布で期待値をとった場合の不偏推定ですが、分散が大きくなることが問題です。分散が大きいと、推定に時間がかかったり、そもそも収束しないことがあります。

　たとえば、履歴データで、ほとんど遭遇したことのない状態と行動の組み合わせが、現在の方策の分布で遭遇する確率が高い場合($q(a|s) \sim 0$であり、$p(a|s)>0$であるようなケース)、重みは非常に大きくなります。このように、方策の分布と履歴データの分布が大きく異なる場合は分散が大きくなってしています。

　さらに、データ収集の際に複数の方策を使っている場合は、履歴データの分布の推定がさらに難しくなります。

Q学習　重点サンプリングを使わない方策オフ学習

　このような重点サンプリングを使わない方策オフ学習として、「Q学習」が提案されています。Q学習もTD学習と並んで強化学習を代表する学習手法です。慣習として「行動価値」を表すのに「Q」という文字が使われており、**最適行動価値を求める**ことから**Q学習**(*Q-learning*)と名づけられています。

　Q学習では、どのような方策を使って経験データを集めても、それが十分さまざまな状況をカバーできているのであれば、それを使って学習できます。

●⋯⋯⋯**Q学習の更新式**

　Q学習では、**行動価値のベルマン最適方程式を使って**、行動価値を以下のように更新します。

$$Q(s,a) \leftarrow Q(s,a) + \alpha(r + \gamma \max_{a_*} Q(s',a_*) - Q(s,a))$$

　この更新式はSARSAと似ています。SARSAは、次の時刻に実際にとった行動a'を使った$r+\gamma\, Q(s',a')$を目標としていたのに対し、Q学習は次の

時刻に最適な行動a_*を使った$r+\gamma \max_{a_*} Q(s', a_*)$を目標にしているという違いがあります。この違いによって、SARSAは方策オン型であったのに対し、Q学習は方策オフ型の学習ができています。

そして、Q学習は、ベルマンバックアップ法のγ縮退と同じ議論を使って（後述する関数近似を使っていなければ）最適方策に収束することを証明できます。

方策オフ型学習は過去に作ってある履歴データを何度でも再利用できるという利点があり、また履歴データを収集するための方策を制御できない（たとえば、実世界で使える方策に制限があるなど）場合でも使える大きな利点があります。一方で、最適方策と現在の経験方策に大きな差がある場合には収束に時間がかかってしまいます。

［小まとめ］ここまで登場した各手法と、予測&制御

ここまででまとめると、オンライン学習において、ベルマン期待値方程式を使って状態価値$V(s)$を推定するのがTD学習、ベルマン期待値方程式使って行動価値$Q(s, a)$を推定するのがSARSA、ベルマン最適方程式を使って最適行動価値$Q(s, a)$を推定するのがQ学習となります 図4.16 [注16]。

TD学習は「予測」を解き、SARSA、Q学習は「制御」を解きます。前述のように、SARSAの更新式自体は予測を解いていますが、「ϵ-greedy方策」を使う部分で方策を改善し、制御問題を解いています。そして、方策オフ学習の場合、TD学習、SARSAは「重点サンプリング」を行う必要がありますが、Q学習では重点サンプリングを行わなくても最適方策に収束します。

図4.16 TD学習、SARSA、Q学習の比較

		更新対象	
		$V(s)$	$Q(s,a)$
ベルマン 期待値 方程式		TD 学習	SARSA
ベルマン 最適 方程式		―	Q学習

注16　オンライン版MC学習も、計算コストが問題とならない場合は使うことができます。

4.11 関数近似
価値をパラメトリックモデルで近似する

本節では、関数近似にまつわる基本事項と、効果や注意点を押さえます。

関数近似とは何か

　ここまでの話で状態価値 $V(s)$、行動価値 $Q(s, a)$ をどのように保存したり表すのかについては詳しく説明してきませんでした。

　状態や状態行動ペアをすべて列挙できる場合は、各状態価値や行動価値を表やハッシュ関数などを使って正確に誤りなく保存することができます。しかし、興味のある多くの問題では状態種類数や行動種類数が多すぎて、すべてを誤りなく保存することが難しくなります。たとえば、三目並べゲームでとりうる状態種類数は 3^9 程度なので、すべての状態価値を正確に保存できますが、将棋や囲碁では状態種類数は非常に多く、現在や将来の計算機を使っても、すべての状態価値を正確に保存することはできません。

　また、状態価値や行動価値を履歴データから推定することを考えると、各状態や状態行動を十分な回数訪問することは難しく、現実的な試行回数で各状態価値や行動価値を十分な精度で推定することができません。

　そこで、**近い状態や状態行動ペアは近い価値を持つだろうという事前知識を利用し、価値関数をパラメータで特徴づけられた関数を使って近似する**ことを考えます。たとえば、状態や、状態行動ペアを入力として受け取り、スカラー値を出力するようなニューラルネットワークを使って状態価値や行動価値を近似することを考えます。このように、**価値関数をパラメトリックモデルで近似する**ことを**関数近似**（*function approximation*）と呼びます。

●⋯⋯⋯関数近似の効果と注意点

　関数近似を使うことで、経験を有効活用することができ、より少ない経験数で価値を精度良く推定することが可能となります。関数近似は**価値を不可逆圧縮している**とみなすこともできます[注17]。これにより、多少の誤差を許し

注17　圧縮して復元したときに、完全に元に戻せないような圧縮を「不可逆圧縮」と呼びます。一方、完全に元に戻せる圧縮を「可逆圧縮」と呼びます。不可逆は誤りを許すことで、可逆圧縮よりもずっと高い圧縮率を達成することができます。

ながら、似た価値をまとめて効率的に保存することを実現します。

たとえば、先ほどの将棋や囲碁の例でも、その関数近似に100万個のパラメータから成るニューラルネットワークを使った場合、状態数がどれだけ多くとも100万個のパラメータの容量を使って状態価値を表します。

ただし、このような関数近似を使う場合、**保存する価値に誤りが発生します**。そのため、関数近似を使った場合は、γ縮退の議論であったような**ベルマンバックアップ更新によって唯一解に収束する**といった保証はなくなってしまいます。

● ········ **ニューラルネットワークを使った関数近似の例**

たとえば、「価値」をニューラルネットワークを使って関数近似する例として、次のような方法があります **図4.17** 。

❶状態 s を入力として、状態価値 $V(s)$ を出力とする

❷状態 s と行動 a を入力とし、行動価値 $Q(s, a)$ を出力とする

❸状態 s を入力とし、各行動 $a_1, a_2, ..., a_m$ についての行動価値 $Q(s, a_1), Q(s, a_2), ..., Q(s, a_m),$ を出力

これらの関数はニューラルネットワークで表されているため、更新する場合はTD目標との差を使った「TD誤差」などを目的関数とし、それを最小化するようにニューラルネットワークのパラメータを更新していきます。この場合、価値関数は、$Q(s, a; \theta)$ のようにニューラルネットワークのパラメータで特徴づけられます。具体的な事例については、ディープラーニングを使った強化学習についての解説部分で説明していきます。

図4.17 価値をニューラルネットワークで関数近似する

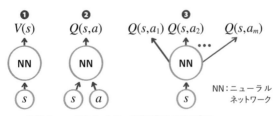

価値をニューラルネットワークで関数近似する際は、
❶状態 s から $V(s)$ を出力、状態、❷行動から $Q(s,a)$ を出力、
❸状態のみ受け取り、各行動の $Q(s,a)$ を出力する例がある

4.12

方策勾配法 方策の勾配を使って最適方策を学習する

　これまで、「価値」を使って最適方策を求める手法を紹介していきました。本節では、「方策の勾配」を使って最適方策を学習する方策勾配法を紹介していきます。

方策勾配法の基礎知識

　方策は$\pi_\theta(s, a) = p(a|s; \theta)$のように、状態で条件付けした行動の確率分布で表現されます。本章冒頭で述べたように、方策はパラメータθで特徴づけられており、どのような方策が良いかをパラメータ上で探索できるようになっています。

　このような、方策から期待収益に対する方策のパラメータについての勾配を求め、その勾配に従ってパラメータを更新し、直接期待収益を最大化していく手法を**方策勾配法**（*policy gradient method*）と呼びます。

価値ベースと方策勾配ベースの比較

　「価値」$Q(s, a)$を使って最適方策を求める**価値ベース**の方策学習のアプローチ$\pi(s, a) = \arg\max_a Q(s, a)$と、「方策勾配」を使って最適方策を求める**方策勾配ベース**のアプローチには、一長一短があります。

　価値はこれまでの履歴データを要約しており、学習サンプルごとのばらつきを「価値」というクッションで一度吸収しています。そのため、価値ベースの最適方策の学習は**安定して学習しやすい**という特徴があります。一方で、価値ベースの手法で使われるTD学習やQ学習などは、推定結果を元に推定する「ブートストラップ」を使っており、不偏推定ではないサンプルを使って推定しているため、**サンプルをいくら増やしても正しい学習ができる保証はありません**。

　方策勾配を使って最適方策を求める方策勾配ベースの場合、価値ベースのアプローチの逆の特徴を持ち、サンプルごとのばらつきの影響を直接受け、推定値の分散が大きく、**学習は不安定になりやすい**問題があります。しかし、

不偏推定であるという特徴を持ちます。

また、価値ベースで最適方策を求める場合、**価値が最大となる行動（arg max$_a Q(s, a)$）を高速に求められるか**が問題となります。行動が連続値だったり、高次元な場合、行動価値が最大となる行動を求めることは容易ではありません。

方策勾配法を使った場合、状態を渡すと行動を返す（確率に応じてサンプリングしてくれる）ようにモデル化できます。そのため、方策勾配法は、**行動が連続値の場合によく使われます**[注18]。

また、これら両者の長所を組み合わせて、方策勾配法を使いながら、**アドバンテージ価値**（行動価値から状態価値を引いた価値）を使うことで、安定した学習かつ不偏推定を達成することもできます。

方策勾配法の解説の流れ

はじめに、方策勾配法で使う「勾配」をどのように求めるのかを、簡単なケース（エピソード中に行動を1つしか取らない）で説明します。そこでは、確率分布（方策）のパラメータについての勾配をとる問題が登場し、それに対しては**対数尤度比法**を使って解決できることを見ていきます。また、一般のケース（エピソードが長い場合）でも行動価値さえ求められれば、方策の勾配を効率良く求められるという**方策勾配定理**を紹介します。

この行動価値をどのように推定するかで**REINFORCE**と**Actor-Critic法**という二種類のアプローチがあり、それらについて紹介します。

最後に、対数尤度比法による勾配推定は分散が大きい問題があり、これを解決するために行動価値の代わりに**アドバンテージ価値**を使って推定する手法について紹介します。

［アドバンス解説］方策勾配法の導出

方策のパラメータをθとします。方策勾配法は、期待収益のθについての勾配を求め、その勾配を使ってパラメータを更新します。

注18 ただし、行動が連続値であっても、arg max$_a Q(s, a)$の最適化問題を解いて行動を求める場合もありますし、また連続値を離散化して、最大値を求めやすくするアプローチもあります。

●········ **エピソード中に行動は1つしかとらない場合**　対数尤度比法

　方策勾配法の導入として、最初の状態 s が $d(s)$ の確率に従ってサンプリング $s \sim d(s)$ され、行動 a は方策 $a \sim \pi(a|s; \theta)$ に従ってサンプリングされ、環境から報酬 $r(s, a)$ を受け取り、そこでエピソードが終了するケースを考えてみましょう。つまり、エピソード中に行動は1つしかとらない場合です。

　このときの期待収益を $J(\theta)$ とします。方策のパラメータに依存して期待収益が変わることを表して $J(\theta)$ としています。

　期待収益は、次のように表されます。

$$J(\theta) = \sum_s d(s) \sum_a \pi(a|s; \theta) r(s, a)$$

　この式の意味は初期状態が $d(s)$ であり、次に方策 $\pi(s, a; \theta)$ の確率に従って行動 a を選択し、そのときの報酬 $r(s, a)$ をもらう場合をすべて足し合わせたたときの期待収益です（収益は一つの報酬しかないことに注意）。

　このとき、$J(\theta)$ の θ についての勾配は、次のようになります。

$$\frac{\partial J(\theta)}{\partial \theta} = \sum_s d(s) \sum_a \frac{\partial \pi(a|s; \theta)}{\partial \theta} r(s, a)$$

　方策のみパラメータに依存するので、上の式のようになるのですが、問題があります。VAEの解説（3.2節）でも説明しましたが、確率分布のパラメータについて勾配を計算すると、**確率分布からのサンプリングを使ったモンテカルロ推定ができなくなってしまいます**。また、VAEで有効だった**変数変換トリックをこの問題に直接適用することはできません**。なぜなら、報酬 $r(s, a)$ がどのような関数であるかは未知であり、微分が計算できないためです（p.200のコラム「対数尤度比法と変数変換トリック」も参照）。

　そこで、**確率分布を残す**ように、次のような変形を考えます。

$$\frac{\partial \pi(a|s; \theta)}{\partial \theta} = \pi(a|s; \theta) \frac{\partial \log \pi(a|s; \theta)}{\partial \theta}$$

　ここで、$\log$ の微分の公式 $(\log x)' = x'/x \leftrightarrow x' = x(\log x)'$ を使っています。このように変形することで、**確率の微分を確率と確率の対数の微分の積**で表します。この式を先ほどの式に代入すると、

$$= \sum_s d(s) \sum_a \pi(a|s; \theta) \frac{\partial \log \pi(a|s; \theta)}{\partial \theta} r(s, a)$$

$$= \mathbb{E}_{s \sim d(s), a \sim \pi(a|s; \theta)} [\frac{\partial \log \pi(a|s; \theta)}{\partial \theta} r(s, a)]$$

となります。**全体が期待値の形で表される**のがポイントです。この場合、$d(s)$、$\pi(a|s;\theta)$ からサンプリングされた $\dfrac{\partial \log \pi(a|s;\theta)}{\partial \theta} r(s,a)$ は、勾配の不偏推定となり、モンテカルロ推定が使えます。

このようにして、勾配を計算する手法を**対数尤度比法**（*log likelihood ratio*）と呼びます。

●········**エピソード長が1より長い場合**　方策勾配定理

この結果を一般化し、各エピソードが行動1回で終わらず、ずっと続く場合を考えます。この場合、報酬の代わりにエピソードの収益を求める必要があり、勾配計算は難しくなりそうです。しかし、この場合も、上記の式で報酬 $r(s,a)$ を単に行動価値 $Q(s,a)$ に置き換えるだけで方策の勾配が求められることがわかっています[注19]。

$$\frac{\partial J(\theta)}{\partial \theta} = \mathbb{E}_{s \sim d^{\pi}(s), a \sim \pi}\left[\frac{\partial \log \pi_{\theta}(a|s;\theta)}{\partial \theta} Q(s,a)\right]$$

ここで $d^{\pi}(s)$ は方策 π を使って環境を遷移したときの定常分布であり、方策 π を使って各状態を訪問した履歴データからのサンプルを使うことができます。

この結果は**方策勾配定理**と呼ばれ、強化学習の重要な定理の一つです。この方策勾配定理を使うことで、**方策のパラメータについての勾配は、行動価値** $Q(s,a)$ **さえわかれば正確に求めることができます**。

REINFORCE、Actor-Critic法

行動価値 $Q(s,a)$ を求める方法として、「REINFORCE」と「Actor-Critic法」があります。

最初のアプローチは、現在のエピソードで得られた収益 G を行動価値の不偏推定のサンプルとし、この収益を使って方策を更新する方法で、これを**REINFORCE**（またはモンテカルロ方策勾配法）と呼びます。

$$\frac{\partial J(\theta)}{\partial \theta} = \mathbb{E}_{s \sim d^{\pi}(s)}\left[\frac{\partial \log \pi_{\theta}(a|s;\theta)}{\partial \theta} G\right]$$

注19 ・参考：R. Sutton and et al.「Policy Gradient Methods for Reinforcement Learning with Function Approximation」（NIPS、1999）

　次のアプローチは、$Q(s, a)$ も方策推定と同時にデータから TD 学習を使って推定する手法です。この行動価値と方策を同時に求めていく手法を **Actor-Critic法**と呼びます。

　このとき、行動価値を $Q(s, a)$ を「Critic」と呼び、方策 $\pi(a|s; \theta)$ を「Actor」と呼びます。文字どおり、Critic（批評家）は Actor（演技者）の良し悪しを評価し、それを行動価値として提供し、Actor は Critic の評価を最大化するように行動を修正していきます。Critic は TD 法を使って更新し、Actor は方策勾配法で学習していきます。

アドバンテージ価値を使った方策勾配法

　対数尤度比法を使って勾配をモンテカルロ推定した場合、各サンプルは真の勾配の不偏推定ですが、分散が大きくなりがちです。これは式の中で、確率で割る項 $1/p(x)$ が出てくるためです。

　たとえば、$p_\theta(x)$ が $x=0$ のときに 0.01 で、$x=1$ のときに 0.99 をとるとしましょう。この場合、$x=0$ のとき、推定値は $1/p(x)=1/0.01=100$ 倍大きくなります。そのため、**サンプリング時に $x=0$ をたまたまサンプリングするかどうかで結果が大きく異なり、分散が大きくなります。**

　この分散を小さくするために、確率変数 x に依存しない定数を推定値から引き、分散が小さくなるように設計することができます。この確率変数に依存しない定数を**ベースライン**（*baseline*）と呼びます。

　ベースライン C を引いておいても、勾配は変わりません。なぜなら、その勾配は $\dfrac{\partial \sum_x p(x;\theta)}{\partial \theta} = 0$ であることから、$\dfrac{\partial \sum_x p(x;\theta)}{\partial \theta}C = 0$ となるためです（確率分布のパラメータを変えても確率分布の合計は 1 のまま変わらないため）。

　このベースラインを使って、**不偏推定を保ったまま方策勾配法の推定時の分散を下げる**ことができます。方策勾配法のベースラインとして最も使われているのは、**状態価値 $V(s)$** です。状態価値 $V(s)$ は確率変数である行動 a には依存せず、かつ分散を最も小さくできるようなベースラインに近い値であることがわかっています。

　この場合、$A(s, a) = Q(s, a)\text{-}V(s)$、つまり**アドバンテージ価値を目標に最適化する**ことになります。

$$\frac{\partial J(\theta)}{\partial \theta} = \mathbb{E}_{s \sim d^\pi(s)} \left[\frac{\partial \log \pi_\theta(a|s;\theta)}{\partial \theta} A(s,a) \right]$$

　この更新は、アドバンテージ価値が正であれば、つまり現在の方策に従って行動を選択した場合の価値より、ある行動をとった際の価値が高い場合は、その行動をより選択するように方策を更新します。

C o l u m n

対数尤度比法と変数変換トリック

　先ほど説明した方策勾配法では、期待値をとっている確率の変数について勾配を計算する必要がありました。この問題は、一般には次のような式で表せます。

$$\frac{\partial \sum_x p(x;\theta) F(x)}{\partial \theta}$$

　方策勾配法の場合は $F(x)$ は収益、$p(x;\theta)$ は方策でした。この式全体の θ についての勾配を求めるには $p(x;\theta)$ の θ についての勾配を求めれば良いですが、勾配 $\nabla_\theta p_\theta(x)$ は確率分布ではなくなってしまうので、サンプリングを使って式全体の勾配を推定することができなくなってしまいます。

　3.2節（VAE）で、このような問題に対しては「変数変換トリック」を用いて解決していました。変数変換トリックでは、この式を次のように変換し、$p(\epsilon)$ からのサンプリングを使ったモンテカルロ推定を使っていました。

$$\sum_\epsilon p(\epsilon) \frac{\partial F(g(\epsilon;\theta))}{\partial \theta}$$

　しかし、強化学習の問題設定のように $F(x)$ が未知であったり、微分不可能である場合、変数変換トリックを使えません。

　そこで、log の微分の公式 $(\log x)' = x' / x \leftrightarrow x' = x(\log x)'$ を使って、以下のように変形します。この変換を「対数尤度比法」と呼びます。

$$\frac{\partial \sum_x p(x;\theta) F(x)}{\partial \theta} = \sum_x p_\theta(x) \nabla_\theta \log p_\theta(x) F(x)$$

　このように、確率分布のパラメータについての勾配を計算するときでも、その確率分布でサンプリングできるように、確率の対数（対数尤度）の勾配の期待値を求めるように変形するテクニックは、強化学習、制御など広い分野で使われています。

4.13
DQN　ディープラーニングと強化学習の融合

　これまで、強化学習の基本概念や学習手法を紹介してきました。本節から
は、ディープラーニングと強化学習を組み合わせた手法を紹介していきます。
　本節では、ディープラーニングと強化学習について概観してから、ディープ
ラーニングを使った具体的な強化学習を使った例として「DQN」を紹介します。

ディープラーニングと強化学習の関係

　ディープラーニングは、教師あり学習や教師なし学習（生成モデルなど）で
成功を収めてきましたが、強化学習でも同様に大きな成功を収めています。
　強化学習における**モデル化対象**は、**価値**（状態価値、行動価値）、**方策**、**環
境**などです。こうした価値、方策、環境をニューラルネットワークを使って
モデル化することで、状態や行動、環境といった情報をどのように**最適**に「**表
現**」できるのかを学習することができます。
　たとえば、状態として画像や時系列データの履歴などの高次元データが与
えられたとします。こうしたデータに対し、画像であればCNN、時系列デー
タであればRNNなどのニューラルネットワークを使って「表現」に変換し、そ
の表現から価値や方策を出力するようにします。
　本書では、ディープラーニングを使った強化学習の代表例として、DQN
（本節）とAlphaGo（次節）を紹介していきます。

DQNの基礎知識

　ディープラーニングを強化学習に適用した例として、はじめに**DQN**（*Deep
Q Network*）[20] を取り上げます。DQNは、ディープラーニングと強化学習を
組み合わせた最初の大きな成功事例であり、これをきっかけにディープラー
ニングと強化学習の融合が進んでいきます。

注20　•参考：V. Mnih and et al. 「Human-level Control Through Deep Reinforcement Learning」
　　　（Nature、2015）

DQNは、強化学習の研究を進めるために、限られた環境のみで強化学習の性能を評価するのは不十分であり、**まったく異なるジャンルのさまざまなタスクを単一の学習アルゴリズムで学習させ、それらの平均のスコアを使って評価するのが重要**だと提唱しました。この思想に基づき、Atariのゲーム[注21]中の49種類のゲームで、人がプレイした場合のスコアと比べて、どれだけのスコアを達成できるのかで評価をするようにしました。

DQNの基本のしくみ

DQNは、コンピュータゲームのシミュレーターを「環境」、プレイヤーを「エージェント」、ゲーム画面を「入力」として、スコアを最大化するよう「行動」を選択していきます。

DQNは行動価値関数$Q(s, a; \theta)$をニューラルネットワークを使ってモデル化し、Q学習を使って最適制御を学習します。

具体的には、状態sとしてゲーム画面である入力画像を受け取り、CNNを使って特徴ベクトルに変換し、そこから有効な行動すべて（コントローラーの操作）についての行動価値を返します。そして、次の目的関数を最小化するようにしてパラメータθを更新します。

$$L(\theta) = \mathbb{E}_{(s,a,r,s') \sim B}[(r + \gamma \max_{a'} Q(s', a'; \theta^-) - Q(s, a, \theta))^2]$$

これは「Q学習そのもの」であり、$r + \gamma \max_{a'} Q(s', a')$を目標に$Q(s, a)$を更新しているとみなすことができます。また、期待値をとっている分布のBは「リプレイバッファ」であり、過去に経験したデータをバッファに入れておき、それをランダムに再生します（後述）。

DQNの工夫

一方で、強化学習とディープラーニングをそのまま組み合わせると、学習が不安定であることが知られていました。DQNはその不安定の主要因を突き止め、それらを抑えるための次の二つの工夫を導入しました　**図4.18**。

注21　1977年から米国を中心に販売された家庭用ゲーム機Atari 2600（VCS）のビデオゲームで、ビデオゲームの先駆けであった『Pong』（ポン）や『Breakout』をはじめとしたゲームソフトが研究時に用いられました。

図4.18　　DQNの工夫

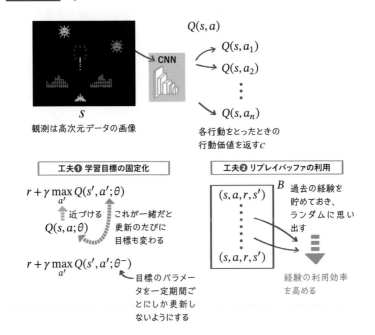

一つめは、学習目標 $r+\gamma \max_{a'} Q(s', a'; \theta)$ の中の Q に現在の価値関数 $Q(s', a'; \theta)$ を使うと、更新するたびに学習目標が変わってしまい、学習が振動してしまうという問題があることがわかりました。そこで、DQNでは、**一定期間ごとにしか更新しない固定したパラメータ θ^-** を用意し、$r+\gamma \max_{a'} Q(s', a'; \theta^-)$ を、**学習目標として設定**します。この工夫で学習が大幅に安定化しました。

　二つめは、**リプレイバッファ** (*replay buffer*) と呼ばれるしくみの導入です。過去の学習で得られた「経験」をバッファに貯めておき、そこからランダムにサンプルを読み出して更新します。先ほどの式で、期待値をとっている確率分布中の B がリプレイバッファを表し、そこからランダムに現在の状態、行動、報酬、そして次の時刻の状態 (s, a, r, s') を読み出しています。

　従来の強化学習は、比較的少ない量の経験データを使って更新していました。この場合、方策/価値を表すニューラルネットワークは現在の経験データに過学習してしまいます。

大量のリプレイバッファを使うことで、こうした**過学習を抑える**ことを実現します。このような**大きなリプレイバッファを使って学習できる**ことは、**方策オフ学習である Q 学習の大きな特徴**です。

．．

DQN は多くのゲームを、画像を入力とし、**一つのネットワークアーキテクチャ、同じ学習手法で学習する**ことができ、ゲームによっては**人に匹敵する**性能で解けることを示し、大きな衝撃を与えました。

Double Q 学習

DQN の登場後、多くの改良が行われています。ここでは、その一つである**Double Q 学習**[注22] を紹介します。

●········ 学習目標が楽観的な値になりやすいという問題

DQN のような Q 学習において、行動価値 Q をニューラルネットワークを使って関数近似する場合、学習目標が楽観的な値になりやすいという問題があります。

Q 学習は、とりうる行動の中で期待収益が最大となる価値 $r + \gamma \max_{a'} Q(s', a'; \theta)$ を目標に更新します。

この行動価値 Q の推定には誤差があり、真の行動価値よりも小さかったり、大きかったりします。そして、この誤差がある関数中で最大値を求めると、誤差のせいで真の最大値よりも大きな値をとった値が最大値として得られがちです。つまり、**楽観的に推定された最大価値を目標に学習しがちという問題**が発生します。

●········ Double Q 学習の特徴

これを防ぐため、Double Q 学習は 2 つの行動価値関数モデル $Q(s, a; \theta^a)$、$Q(s, a; \theta^b)$ を用意します。そして、一つめの価値関数 $Q(s, a; \theta^a)$ は、価値が最大となるような行動を選択するために使い、もう一つの価値関数 $Q(s, a; \theta^b)$ は、その上で TD 目標を評価するために使います。

．．

注22 ・参考：H. van Hasselt and et al.「Deep Reinforcement Learning with Double Q-learning」（AAAI、2016）

　これによって、一つめの価値関数 $Q(s, a; \theta^a)$ の推定がたまたま関数近似誤差によって、誤って最適ではない行動を選択したとしても、もう一つの行動価値関数 $Q(s, a; \theta^b)$ が同じようにたまたま同時に上振れしている可能性は低いので、楽観的な推定値を目標とせずに更新することができます 図4.19 。

図4.19　　Q学習とDouble Q学習

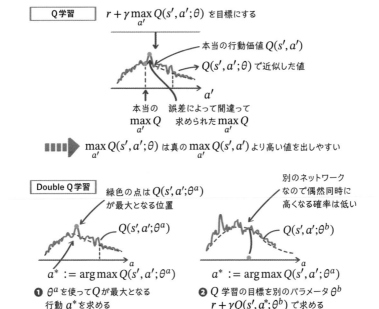

　なお、DQNでは元々学習を安定化するために、固定されているパラメータ θ^- と、更新している現在のパラメータ θ の2つを使っていました。Double Q学習では、これら2つを θ^a, θ^b として使うことができます。

4.14 AlphaGo コンピュータ囲碁での強化学習の適用例

　続いて、本節では、ディープラーニングを利用した強化学習が非常に大きなインパクトを与えた例として、コンピュータ囲碁「AlphaGo」とその後継について紹介していきます。

コンピュータ囲碁の難しさ

　これまでさまざまなゲームにおいて、AI（ディープラーニングとは限らない）を使ったゲームシステムが人のトップを破ってきました。たとえば、チェスでは1997年にIBMのDeep Blueが世界チャンピオンであったGarry Kasparov（ガルリ・カスパロフ）を破り、将棋では（計算性能を制限しなければ）レーティングとしては2012年頃には人のトップを超えていたと考えられます。しかし、チェスや将棋に比べ、囲碁はコンピュータが勝つのは相当難しいと当時は考えられていました。

　その理由として、囲碁は候補手数の平均が250、深さの平均数が150と他のゲームと比べて大きく、ゲームの盤面の場合数で比較すると、チェスの盤面数は10^{120}、将棋の盤面数は10^{200}なのに対し、囲碁の盤面数は10^{300}（別の見積もりでは10^{760}）であり、世界中で最も複雑なゲームの一つとされるためです[注23]。また、駒が黒石と白石しかなく、盤面評価をするための特徴設計、評価関数設計が他のゲームと比べて難しいことも強いコンピュータ囲碁を作る上での障壁となっていました。

　そうした中、ディープラーニングと強化学習を使った「AlphaGo」と呼ばれるコンピュータ囲碁が、2015年10月に囲碁のヨーロッパチャンピオンFan Hui（ファン・フイ）を破り、その半年後に世界トップ棋士の一人であるLee Sedol（イ・セドル）を5戦中4対1で破りました。この勝利は、当時勝つのは難しいと思われていた業界に衝撃を与えました。著者もその結果に驚いた一人です。

　2015〜2016年当時も、コンピュータ囲碁ソフトウェアとプロ棋士との差は

注23　一方、意図的にもっと難しい問題を作ることもできますが、そうしたゲームはおもしろくなくってしまう場合が多いです。人の能力でぎりぎり扱えるような"おもしろい"ゲームの中では、囲碁が最も難しいゲームの一つと見られます。

大きく、追いつくには数年から10年はかかるのではないかと思われていた中、AlphaGoが一気にトップに追いつき、超えていったことになります。

AlphaGoの学習

それでは、DeepMindの **AlphaGo**[注24]の詳細を説明していきます。

AlphaGoは状態価値、行動価値、方策をニューラルネットワークを使ってモデル化し、教師あり学習と強化学習を組み合わせて学習しています。また、実際の手を選ぶ際には「モンテカルロ探索木」を使って探索します。これらで利用する各ニューラルネットワークは、入力として盤面をサイズが19×19であるような画像として受け取り、畳み込みニューラルネットワークを使って特徴ベクトルに変換し、それを元に価値や次の手を予測します。

●⋯⋯教師あり学習を使って次の手を予測する

AlphaGoは、**複数のネットワークから構成されます**。これらのネットワークは、次のように順番に学習させます。

まず、強い棋士の次の手を予測するような方策ネットワーク$\pi(a|s;\sigma)$を、教師あり学習を使って学習します。この$\pi(a|s;\sigma)$は盤面sを状態とし、次の手aを選択するネットワークであり、パラメータσで特徴づけられています。この学習にはオンライン囲碁KGS(*KGS Go Server*)[注25]の対戦記録の中でレーティングが高く強いプレイヤーの対戦記録を16万局、3000万手を使用し、教師あり学習を利用しました。

具体的には、$\pi(a|s;\sigma)$の対数尤度に対するσについての勾配、

$$\nabla\sigma \propto \frac{\partial \log \pi(a|s;\sigma)}{\partial \sigma}$$

を求め、この勾配$\nabla\sigma$を使って、パラメータσを更新($\sigma := \sigma + \alpha\nabla\sigma$)していきます。

このネットワークには13層から成るネットワークを使い、強い人の手を57%の精度で予測することができました。

⋯⋯⋯

注24　•参考：D. Silver and et al.「Mastering the game of Go with deep neural networks and tree search」(Nature、2016)

注25　**URL** https://www.gokgs.com

●………**真似た人より強い手を指せるようにする**

次に、盤面sを「状態」とし、次の手aを選択する方策$\pi_\rho(a|s; \rho)$を方策勾配法のREINFORCEで学習します。先述したように、REINFORCEは行動価値をその不偏推定である収益で近似し、方策勾配法で更新する手法です。

この囲碁の強化学習としての問題設定は、最終的に勝った場合は$+1$の報酬を受け取り、負けた場合は-1の報酬を受け取ると考えます。つまり、各エピソードの収益zを勝った場合に$+1$、負けた場合に-1とします。この強化学習の際に用いる方策は、先ほど教師あり学習で学習した方策で初期化します($\rho: \sigma$)。これにより、強化学習が初期に不要な探索をすることを防ぐことができます。

このとき、REINFORCEによるパラメータρについての勾配は、

$$\nabla \rho \propto \frac{\partial \log \pi_\rho(a|s)}{\partial \rho} z$$

と推定されます。先ほどの教師あり学習の更新式とよく似ていますが、行動aはエージェントが選択した行動であり、最終的に勝ったかどうかを表す収益zが掛けられていることに注意してください。勝ったときにはその行動をもっと選択するように、負けたときはその行動を選択しないように更新しています。

●………**状態価値を推定し、盤面評価を行う**

続いて、このREINFORCEで獲得した方策π_ρを使って対戦させたときの状態価値を推定するネットワーク$V(s; \theta)$を作ります。この状態価値は、現在の盤面で両プレイヤーがπ_ρに従って手を選択した場合に、どのくらい勝てそうかという盤面評価を表します。

従来のコンピュータ囲碁では、こうした盤面評価には、実際に対戦を大量にシミュレーションして、その結果を使う、**モンテカルロロールアウト**が使われていました。これに対し、その状態価値をニューラルネットワークで推定する場合、ニューラルネットワークで1回推論するだけで済み、モンテカルロロールアウトに対し、同じ精度で15000倍の高速化が達成できたと報告しています。

> *Note*
>
> **ロールアウトとモンテカルロロールアウト**
> ロールアウト(*rollout*)は「展開する」という意味。モンテカルロロールアウトは、実際にたくさん展開して、その結果で期待収益をモンテカルロ推定します。

この状態価値は、期待収益 z との二乗誤差を最小化するよう勾配降下法を使って学習します。この場合の θ についての勾配は、次のように求められます。

$$\nabla\theta \propto \frac{\partial V(s;\theta)}{\partial\theta}(z - V(s;\theta))$$

この状態価値推定には3000万局の自己対戦を行った結果を利用し、その各対戦結果を利用し、学習していきます。

●……… 高速な評価と探索を組み合わせて「強い手」を作る

最後に、これら学習されたネットワークを組み合わせた上で、実際の手を選ぶ際には、再度先読みして評価し直した上で、手を選択します。この先読みして評価し直す部分に、「モンテカルロ木探索」を利用します。

なぜ、強化学習で価値が推定できているのに、再度実行時に先読みし、価値を再評価する必要があるのでしょうか。それは、学習だけでは価値推定は不正確であり、新しく与えられた盤面で評価し直すことによって、正確な価値を計算できるためです。このように、使う際に再度モンテカルロ木を使って再評価するのは、現在の学習した価値や方策を初期値とし、オンラインで価値をニュートン法で更新することに相当し、価値や方策をそのまま使うよりもずっと強いシステムを作ることができるためです[注26]。

モンテカルロ木探索

それでは、**モンテカルロ木探索**（*Monte Carlo tree search*、**MTCS**）を説明します 図4.20 。

囲碁は候補手が多く、先読みをする際に、すべてのありうる手を展開することは不可能なので、有望な手を探索しつつ、まだ探索していない手を効率的に展開していくのかが重要です。モンテカルロ木探索は、オンラインで状態価値や行動価値を推定して、有望かどうかを評価します。さらに、まだ探索をしていない不確実性が大きい手には、ボーナスを加えて優先して展開します。

注26 ・参考：D. Bertsekas「Lessons from AlphaZero for Optimal, Model Predictive, and Adaptive Control」（arXiv:2108.10315）

図4.20 モンテカルロ木探索

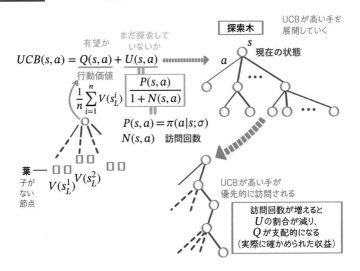

モンテカルロ木探索による探索

まず、現在の盤面から「探索木」を展開し、候補手を探します。

> Note
>
> **探索木**
>   探索木(*search tree*)とは現在の状態を「根」として、各行動をとったときに遷移した次の状態を「子」とし、これを繰り返していって、今後のありうるさまざまな可能性を「木」として表したものです。

　木の各頂点は「状態」(盤面)に対応し、各枝はその状態のときにとった「行動」に対応します。モデルの各枝(開始頂点の状態s、行動a)には、行動価値$Q(s, a)$、訪問回数(その手を探索時に訪問した回数)$N(s, a)$、事前確率$P(s, a)$を格納します。

　探索は、現在の盤面に対応する根から始まります。そして、それぞれの節点において、その節点がどれだけ有望なのか表す行動価値$Q(s, a)$と、どれだけ不確実か(まだ十分探索されていないか)を表す$U(s, a)$とを足し合わせた**UCB**(*Upper confidence bound*)と呼ばれる尺度を計算します。

$$UCB(s,a) = Q(s,a) + U(s,a)$$

事前確率には、強い強化学習で得られたモデル $\pi(a|s; \rho)$ ではなく、次の手を予測するモデル $\pi(a|s; \sigma)$ を使います。この理由として、人のさまざまな手から学習しているので手の多様性があったためと報告しています。

この不確実性を表す $U(s, a)$ は、事前確率 $P(s, a)$ と訪問回数 $N(s, a)$ を使って、以下のように表されます。

$$U(s,a) \propto \frac{P(s,a)}{1+N(s,a)}$$

そして、UCBが一番大きい手 a を選択し、次の状態 s' に対応する子へと移動します。

$$a = \arg\max_a Q(s,a) + U(s,a)$$

探索が葉(子がない節点) s_L に到達したら、その盤面を次の手の予測を行う方策で評価し、その結果を事前確率 $P(s_L, a) = \pi(a|s_L; \sigma)$ に格納しておきます。この評価は毎回行う必要がなく、節点ごとに最初の1回だけ必要です。

また、現在の状態価値 $V(s_L; \theta)$ と速い方策を使ってロールアウトして求めた期待収益 z_L も求め、線形結合した結果を、この葉の状態価値とします。

$$V(s_L) := (1-\lambda)V(s_L;\theta) + \lambda z_L$$

この展開が終わったら、探索中に訪問した枝の訪問回数と行動価値を次のように更新します。

$$N(s,a) = \sum_{i=1}^{n} \mathbf{1}(s,a,i)$$

$$Q(s,a) = \frac{1}{N(s,a)} \sum_{i=1}^{n} \mathbf{1}(s,a,i)V(s_L^i)$$

この s_L^i は i 番めの探索時に到達した葉であり、$\mathbf{1}(s, a, i)$ は枝 (s, a) を i 番めの探索時に訪問していたら1、そうでなければ0である変数です。

探索が終了したら、最も訪問された節点を次の手として選択します。探索は有望な手から優先的に選択され重点的に調べられており、**最も訪問された**

節点が最も有望な手であるためです。

●········**モンテカルロ木探索による探索の様子**

　例として、探索中に、各枝の評価がどのように変わっていくのかを見ていきましょう。最初は $Q(s, a)$ は 0 であり、また $N(s, a)=0$ なので UCB は事前確率 $\dfrac{p(s, a)}{1+0} = p(s, a)$ に対応します。よって、まだまだその先を展開していないときにその枝を探索する確率ということで、$p(s, a)$ は事前確率を意味します。その後、その枝を多く試行していくと、評価値として、事前確率の割合は小さくなっていき（$N(s, a)$ が大きくなるため）、展開した結果得られた情報（$Q(s, a)$、つまり実際に展開した葉における $V(s')$）を重視する評価になっていきます。

　最終的な手は最も多く探索された手、つまり**最も有望な手の分布に従って選択します**。

Column

アルファ・ベータ法

　候補となる手を展開して得られた木上で最適な手を探索するゲーム木探索の中で、アルファ・ベータ法も広く使われています。

　アルファ・ベータ法（*alpha-beta pruning*）は、対戦ゲームにおいて探索木を展開していく際に、これまでの探索ですでに求まっている価値の上限と下限を元に、探索手を打ち切ることによって高速化します。囲碁でも広く使われていますが、AlphaGo では採用されませんでした。これはニューラルネットワークによる価値推定に時々、ひどい誤差がある場合があり、そうした誤差によって誤った打ち切りが発生しまうことが問題になるためです。

　これに対し、モンテカルロ木探索の場合は価値推定に平均を使うので、時々大きな誤差があったとしても平均で打ち消されて安定して有望な手を探索することができます。

・「Deepmind AlphaZero - Mastering Games Without Human Knowledge」（D. Silver、NeurIPS 2017 キーノート）
URL https://www.youtube.com/watch?v=Wujy7OzvdJk

AlphaGoはどの人よりも強いシステムとなった

AlphaGoは、

- 強化学習を使って「最適な方策」や「価値」を推定したこと
- ニューラルネットワークを使って盤面評価したこと（CNNを使って次の手の予測をすることは、この数年前よりなされていた）
- 従来から使われていたモンテカルロ木探索を組み合わせたこと

によって、性能を飛躍的に向上させることができ、世界トップ棋士に勝てるほど強くなることができました。

　ここで、学習時には強い棋士の手を使っていますが、それから教師あり学習するだけでは、参考にした棋士以上は強くなれないことに注意してください。強化学習および、モンテカルロ木探索を組み合わせることで学習に利用した手よりも強くなることができます。AlphaGoは、強化学習が単なる予測や模倣ではなく、最適化ができ、まだ人が到達できていないところに到達できることを示しています。

AlphaGo Zero

　AlphaGoは人よりも強くなりましたが、これまで人が培ってきた知識（棋譜）を利用して学習していました。具体的には、最初のステップでの次の手を予測する方策を学習する際に、強い棋士の大量の棋譜を利用していました。これでは、囲碁以外の問題で、エキスパートの行動履歴がないような問題に対しては、同じ方法を適用できません。

　エキスパートの行動履歴がなくても、AlphaGoと同じように強くできることを示したのが、2017年に登場した**AlphaGo Zero**[注27]です。学習時に、エキスパートの行動履歴を使わないだけでなく、AlphaGoよりもさらに強くなっています。具体的には、AlphaGoをさらに強くした「AlphaGo Master」（2016年12月に登場）は世界のトップ棋士に60連勝しましたが、AlphaGo Zeroはその AlphaGo Masterに100回中89回勝てるほどの強いシステムになってい

注27　・参考：D. Silver and et al.「Mastering the game of go without human knowledge」（Nature、2017）

ます。

このAlphaGo Zeroは、人の棋譜を真似ず、ゼロから学習をし、しかも学習を開始してから数日で、現在使われている多くの囲碁の定石を発見するとともに、多くの未知の定石を発見することができました。

●········ **AlphaGo Zeroは自分より少し強い目標を作ることで学習を達成する**

AlphaGo Zeroは学習に、今の学習しているシステムより少し強いプレイヤーを作り、そのプレイヤーが選択する手をとるように学習することで、強くなるという**新しい学習手法**を提案し、利用しています。この**自分より少し強いプレイヤー**は、今のシステムより深く先読みした上で手を選ぶことによっていくらでも作ることができます。

AlphaGo Zeroのネットワーク

AlphaGoでは複数のネットワークを使っていましたが、AlphaGo Zeroは一つのネットワーク$f(s; \theta)$を使います。このネットワークは盤面sが与えられたとき、各手を打つ事前確率ベクトル$\mathbf{p}$とその盤面の状態価値$v = V(s)$のペア$(\mathbf{p}, v)$を出力します。事前確率ベクトルは各手を選択する確率を並べて得られたベクトルであり、方策とみなすこともできます。先ほどのAlphaGoの事前確率$P(s, a)$に相当します。

このように、**盤面評価と指し手の予測モデルを共有する**ことで、共通する知識を共有でき、学習効率を上げることに貢献します。また、ネットワークに**ResNet**(*residual network*)を使ったことも性能改善に貢献しています。

●········ **AlphaGo Zeroのモンテカルロ木探索**

この一つのネットワークを使って、AlphaGo Zeroはモンテカルロ木探索を行います。基本的にAlphaGoと同じ「モンテカルロ木探索」を使いますが、AlphaGoとAlphaGo Zeroのモンテカルロ木探索では違う点が二つあります。

一つは、AlphaGoは各節点の事前分布(葉を展開するときに一度だけ評価する)に次の手予測$\pi(s|a; \sigma)$を使っていたのが、AlphaGo Zeroでは**ネットワークが出力する事前確率$\mathbf{p}$**を使います。

もう一つは、葉での評価において、モンテカルロロールアウトを行わず、**ネットワークが出力する状態価値をそのまま使う**ことです。

そして、最終的な手は**訪問された回数に従って選択**します。

$$\pi(s, a) \propto N(s, a)^{1/\tau}$$

このτは温度パラメータであり、温度が高い場合はすべての手から一様に選ぶようになり、低い場合は探索回数が最大の手のみから選ぶようになります。

> **温度パラメータ**　　　　　　　　　　　　　　　　　　　　　Note
> 　確率分布において、このような形で温度が高い場合は一様分布、低い場合は最も値が高い確率変数だけが確率が1となり、他が0となるようなパラメータを温度パラメータと呼びます。

　このモンテカルロ木探索を使って、状態sから最終的に行動aを選択する方策を$\pi(s, a)$と置きます。

深く読んだ手を今の自分より強い目標として利用できる

　このようにして得られた$\pi(s, a)$は、今のネットワークが出力する事前確率が定義する方策$\mathbf{p}$(このベクトルは各成分が状態s、行動aを選択する確率を表している)よりも強い手を選ぶことができます。なぜなら、$\mathbf{p}$は今の盤面のみを使って評価しているのに対し、$\pi(s, a)$は実際に手を試して展開していき、より先の状態で評価した結果を使っているためです。$\pi(s, a)$は先の手を深く読んでそれぞれの場合を検討した結果で、よく考えて選んだ手であり、$\mathbf{p}$は今の盤面を見て瞬間的に思いついた手と思っても良いでしょう。

　この考え方に基づき、事前分布$\mathbf{p}$を、より強い分布である$\pi(s, a)$を目標にして更新します。これは、πと$\mathbf{p}$間のクロスエントロピー損失の最小化で実現できます。その盤面を見た評価が先読みした評価と同じになるように更新し、さらにこれで強くなった評価を使って先読みした結果を目標にする、ということを繰り返していくことでどんどん強くなっていきます。

　一方、盤面評価を行う行動価値$V(s)$の目標は、その手番(自分の番)の人が最終的に勝つかどうかを予測することです。状態sのときに、そのときの手番の人が勝った場合を$z=1$、負けた場合$z=-1$とし、状態変数$v=V(s)$が予測できるように最小二乗法で予測します。これは、**状態価値をその不偏推定である収益を使って推定している**とみなすことができます。

AlphaGo Zeroの学習

これらをあわせた、最終的な目的関数は次のとおりです。

$$l = (z - v)^2 - \pi^T \log p + c||\theta||^2$$

一つめの項が**状態価値についての損失**、二つめの項が**クロスエントロピー損失**であり、三つめの項が**パラメータについての正則化項**です。

AlphaGo Zeroは、**モンテカルロ木探索によって得られた方策を目標に、現在の事前確率の方策が合うようにと、そのときの状態価値を推定して学習します**[注28]。

AlphaZero

このAlphaGo Zeroに工夫を加え、さらに囲碁以外のチェスや将棋なども同じように解けるように拡張したのが2018年に登場した**AlphaZero**[注29]です。

AlphaZeroは、AlphaGo Zeroの学習手法にさらに工夫を加えるとともに、引き分けに対応するなどもしています。また、AlphaGo Zeroまでは盤面の対称性を考えていなかったのですが、AlphaZeroでは盤面を反転させたり回転させても評価は変わらないことを考慮するために、反転や回転させたデータをデータオーグメンテーションで加えています。また、モンテカルロ木探索をする際にも、これらのデータオーグメンテーションを加えています。

また、AlphaGo Zeroでは全イテレーション（*iteration*）の中で最も強いプレイヤーのみからデータを生成していましたが、AlphaZeroでは常に一つのニューラルネットワークを管理し、それを各データ生成の途中でも継続的に更新させていきます。

このAlphaZeroは2時間で将棋、4時間でチェスのAIの最強プログラムに勝利し、8時間でAlphaGo Zeroも上回るぐらい強くなったと報告しています。

注28　これは、従来のTD誤差を最小化する手法や、直接収益を最大化するように方策を最適化する方策勾配を使った手法とは異なる手法です。

注29　・参考：D. Silver and et al.「A general reinforcement learning algorithm that masters chess, shogi, and Go through self-play」（Science、2018）

MuZero

　DQN や AlphaGo は、環境の完璧なシミュレーターが存在している問題設定を扱っていました。ゲームルールがわかっており、選択した行動の次にどのような状態や報酬が得られるのかが完璧にわかっているような問題設定です。この場合、不確定要素である対戦相手に関しても、学習途中の自分自身（エージェント）のモデルをコピーして使うことでシミュレーションできます。

　それに対し、世の中の多くの問題では、このようなシミュレーターは存在しません。たとえば、多くのゲームでは、キャラクターの行動に対し、環境や敵キャラクターがどのように行動（遷移）するのかはわかりませんし、現実世界の問題でも環境がどのようなものであり、行動に対して環境がどう変わるのか、わかりません。

●⋯⋯⋯シミュレーターを使わない学習

　このような環境が未知である場合も、観測から環境をシミュレーションできるようなモデルを学習することができます。このようなモデルを一般に「世界モデル」と呼びます。世界モデルについては後で詳しく説明します。

　しかし、一般に観測だけから、次の観測を完全に再現できるような世界モデルを作ることは非常に困難です。そこで、必要最小限の予測だけができるような世界モデルを学習することが考えられます。

　MuZero[注30] は、このような必要最低限の世界モデルを作り、それを使って強化学習を行うモデルです。MuZero は世界モデルを学習する際に、すべてを予測できるように学習するのではなく、将来の報酬、価値、そして方策がうまく予測できるように学習します。

　モンテカルロ木探索には観測は必要なく、報酬、価値、そして方策のみが必要です。そのため、一般の予測モデルのように、将来の観測を予測しません。このようにして作られた世界モデル上で、モンテカルロ木探索を動かし評価することができます。

注30 ・参考：J. Schrittwieser and et al.「Mastering Atari, Go, chess and shogi by planning with a learned model」（Nature、2020）

●⋯⋯⋯**シミュレーターが使えない場合でも有効**

　MuZeroはAlphaZeroとは違って、ゲームルールを知らない状態から囲碁や将棋など多くのボードゲームが強くなっただけでなく、これまでモデルベース強化学習が成功していなかったAtariのゲームに対する強化学習においても、従来手法を大きく上回る性能を達成しています。

　MuZeroの登場により、「完璧なシミュレーターが存在し、環境にも何回もアクセスできる場合」（コンピュータ碁、将棋など）と、「シミュレーターは存在しないが、環境には何回もアクセスできる場合」（Atari Games[注31]など）が**統一的な手法で解ける**ようになりました。

　これにより、AlphaGoのアプローチを**現実世界の問題にも適用できる**ようになります。たとえば、YouTubeのビットレート制御に適用し、人が設計したモデルを超える性能が達成できたと報告しています[注32]。

　このような**環境のシミュレーター**を作った上で、それを利用して強化学習するアプローチを「モデルベース強化学習」と呼びます。モデルベース強化学習については後ほど改めて詳しく説明します。

コンピュータ囲碁の変遷

　本書で取り上げたコンピュータ囲碁の変遷を **図4.21** にまとめました。

　最初に登場した**AlphaGo**は、人の指し手を必要とし、そこから次の手を予測するモデルを作った上で、それを使って自己対戦して強化学習しました。

　次の**AlphaGo Zero**は、人の指し手を使わずに学習できるように、常に今のエージェントよりも少し強い手をさせるようなエージェントをより深く読んで指すことで実現し、それを目標に学習しました。

　AlphaZeroは、囲碁以外のゲームにも対応できるよう、また盤面の対称性や学習時の更新を速く反映できるよう工夫しました。

　MuZeroは、ゲームのシミュレーターやルールについての事前知識すら知らない場合でも学習できるように拡張しました。

注31　**URL** https://www.atari.com/atari-games/

注32　• 参考：A. Mandhane and et al.「MuZero with Self-competition for Rate Control in VP9 Video Compression」（arXiv:2202.06626）
　　　• 参考：**URL** https://deepmind.com/blog/article/MuZeros-first-step-from-research-into-the-real-world

図4.21 コンピュータ囲碁の発展の歴史[※]

AlphaGo
2016

人の囲碁対戦記録から次の手予測を作る。
それから強化学習で強いシステムを作る。
トップ棋士に勝利した

AlphaGo Zero
2017

人の対戦記録を使わず0から学習。
今の自分より強い自分を作り、
それを目標に学習する

AlphaZero
2018

囲碁以外のチェス、将棋なども
解けるように改良した

MuZero
2020

環境のシミュレーターを必要とせず、
データからシミュレーターを学習する

※参考（一部）：**URL** https://deepmind.com/blog/article/muzero-mastering-go-chess-shogi-and-
atari-without-rules

4.15
モデルベース強化学習

　強化学習は環境と相互作用し、試行錯誤を必要とします。この試行錯誤を
実際の環境ではなく、履歴データから構築した内部モデル上で行うアプロー
チが「モデルベース強化学習」です。実際の環境で必要な試行錯誤数を、大き
く減らすことができます。

環境での試行錯誤をいかに減らせるか

　強化学習は、学習の過程で**環境と相互作用**しながら、**エージェントが試行
錯誤**していく必要があります。

　しかし、現在の強化学習で十分な精度を達成するには、**非常に多くの試行
錯誤が必要なこと**がわかっています。人であれば簡単なタスクであれば数回、
難しいタスクでも数日の試行錯誤で獲得できるようなスキルが、強化学習だと
数年分の経験が必要になる場合も少なくありません（ただし、並列かつ加速さ
れたシミュレーション環境を使えるなら実時間では数十分、数時間で終わる）。

　なぜ人が、現在の強化学習に比べて圧倒的に試行錯誤の回数が少なくても
学習できるのかについて、いくつか理由が考えられていますが、その大きな
理由の一つに人は実際の環境と試行錯誤せずとも**想像上で試行錯誤ができて
いる**ことが挙げられます。たとえば、崖のある場所に一度も行ったことがな
くても、その崖の場所を想像し、そこでどのように行動をするべきかをシミ
ュレーションして準備しておくことができます。

　このような実際の環境で試行錯誤せず、内部で持ったモデルで強化学習す
るようなアプローチを「モデルベース強化学習」と呼びます。これについて説
明していきます。

モデルベース強化学習とは何か

　最初に提案されたディープラーニングと強化学習の組み合わせの主流は、
モデルフリー強化学習（*model-free reinforcement learning*）です。これは環境の
遷移モデルを構築せずに、直接、観測や状態から価値を推定したり、方策を
学習するような手法です。

　一方で、とった行動によって環境がどのように変化するかを表す遷移モデ
ルを構築し、それを使って強化学習を行うようなアプローチを**モデルベース
強化学習**（*model-based reinforcement learning*）と呼びます 図4.22 。

図4.22　　**モデルベース強化学習**

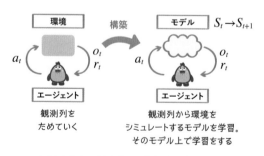

モデルを作り、それを使って学習する強化学習を
モデルベース強化学習と呼ぶ

　モデルがわかっていれば、エージェントは環境と直接相互作用しなくても、
このモデル上で仮想的に行動を試し、その結果がどうなるのかというのをシ

ミュレーションでき、それらを経験として使って学習できます。モデルベース強化学習を使うことで、学習や検証の大部分をモデル上で行うことができ、環境との相互作用を大きく減らすことができると期待されます。

　この遷移モデルは、必ずしも現実世界を忠実に再現する必要はありません。現在の学習対象のタスクに重要な部分だけ、正確に再現できれば良いです。このような**必ずしも完璧に再現しない、抽象化したモデル化**は、学習を簡単にするだけでなく、**環境変化に対する汎化を達成できます**。先ほど説明したMuZeroは、この具体例です。

　たとえば、晴れの日と曇りの日では車の運転は観測は違いますが、状態や行動はほとんど一緒だと考えられます。この場合、モデルフリー強化学習では晴れと曇り、それぞれで別のモデルを学習する必要があります。これに対し、見た目を抽象化して、車の位置や道路の形状などを状態としたモデルを使ったモデルベース強化学習は、同じ価値や方策を使って最適制御を達成することができます。

世界モデル

　この、想像した世界上でシミュレーションを動かし制御をしていくような手法を**世界モデル**(*world model*)と呼びます。

　世界モデルの例として「World Models」[注33]を紹介します。これは、観測をVAEを使って低次元の潜在ベクトルに変換し、この潜在ベクトルをモデルの状態とします。そして、潜在ベクトルの遷移モデルをRNNを使って学習します。観測を直接予測するのでなく、それぞれの時刻の観測を独立に変換して得られた潜在ベクトルを予測することで、観測の重要ではない情報を予測しなくて済むようにしています。

　観測データを使って、VAEを使った潜在ベクトルへの変換の学習とRNNによる潜在ベクトルの予測を学習してから、潜在ベクトルと、RNNの内部状態をつなぎ合わせたベクトルを用いて強化学習で最適な方策を学習します。とくに、RNNは未来の状態を予測できるように学習しているため、内部状態は未来の状態を含んでおり、より方策を獲得するのに有効です。

　世界モデルを使った場合、モデルも微分可能なニューラルネットワークで表されるため、最適方策を誤差逆伝搬法で直接学習させることもできます。

注33 ・ 参考：D. Ha and et al. 「World Models」（NeurIPS、2018）

しかし、一般に誤差逆伝搬法を使った学習は難しいとされます。続いて説明するように、不確実性を考慮する必要があり、また学習が不安定になりがちなためです。RNNと同様に、勾配が消失したり発散したりする問題（勾配消失/勾配発散）も発生します。そのため、強化学習や進化計算などを使って、最適方策を学習する場合が多いです。

世界モデルでは不確実性の取り扱いが重要

先ほど触れたとおり、モデルベース強化学習では**不確実性を扱う**ことが重要です。その理由は3つあります。

●………[不確実性を扱える重要性❶]モデルの不正利用を防ぐため

一つめは、学習した世界モデルを元に制御の学習を行う場合、世界モデルの学習が不十分で、間違っている部分を制御が悪用し、間違った最適制御を導いてしまうことがあります。これを「Model Exploitation」と呼びます。

たとえば、アクションゲームで、環境のモデル化が不十分で壁をすり抜けてしまうという間違った遷移モデル（バグ）を持っていた場合、方策はこの壁をすり抜けるバグを突いて、それを利用としてしまいます。

そこで、最初の環境モデルを学習する際には「学習されていない領域がある」という**不確実性をモデル化**し、**不確実性が高い状態や行動を利用しないようにする工夫**が必要となります。

●………[不確実性を扱える重要性❷]実際の環境の遷移は確率的な場合が多いため

二つめは、**実際の環境の遷移の多くは確率的であり、決定的ではない**ことです。このような状態が確率的に遷移するようなモデルでは、現在の状態の推定を分布として持ち、次々と得られる観測を用いてオンラインで更新していく必要があります。このような問題は、過去からカルマンフィルタ（*Kalman filter*）やパーティクルフィルタ（*particle filter*）などを使って解かれていました。

一方、世界モデルの状態は観測よりは次元数が少ないといっても、ありえそうな状態をすべてを列挙することは不可能なくらい高次元です。さらに、遷移やダイナミクスに何も制約がない場合、推定された分布は発散していってしまうことがわかっています。**確率的な遷移を使っても長い時間の予測ができるような工夫**が必要となります。こうした確率的な遷移を含んだ場合の、長時間の予測モデルの学習は未解決問題です。

●‥‥‥‥［不確実性を扱える重要性❸］実際の環境と学習したモデル間の違いを吸収するため

　三つめは、世界モデルと実際の環境の違いによって、方策の学習に影響が出る部分を抑えるために不確実性の導入が必要となります。

　世界モデル上でうまく動くモデルが得られたとしても、その世界モデルに過学習してしまっている場合、実際の環境でうまく動く保証はありません。

　ドメイン乱択化（*domain randomization*）と呼ばれる手法は、環境を決定する未知のパラメータ（たとえば、物理シミュレーションでは摩擦係数や剛性など）をランダムに変えた環境をたくさん作り、その上で方策を学習します。エージェントは、ランダムなどんな環境でもうまく動くように学習していきます。

　実環境は、それら多くのランダムな環境の一つとみなすことができ、エージェントははじめて見る実環境でもうまく動くことができます。このドメイン乱択化を使って多くの困難な問題が解かれていますが、どのようにランダムな環境を自動的に作るのか、実際の環境がこれらランダムに作られた環境に含まれることをどのように保証するのかという問題があります。

4.16 本章のまとめ

　本章では、強化学習について説明しました。強化学習が教師あり学習と違う点として、正解が与えられず、相対的な評価しかできない報酬のみ与えられること、時間差の信用割当問題を解き、非i.i.d.問題を扱う必要があることを説明しました。

　強化学習は、与えられた**方策の期待収益を推定する予測の問題**と、それを元に**最適な方策を学習する制御の問題**に分けられることを説明し、期待収益を要約した**価値**を介して、これらを求めることが有効であることを説明しました。そして、代表的な学習手法として、**価値ベースの手法はTD学習、Q学習、SARSA、方策勾配ベースの手法はREINFORCE と Actor-Critic 法**を紹介しました。

　ディープラーニングと融合した例としては**DQN、AlphaGo**を紹介しました。

　最後に、実際の環境を模したモデルを学習し、そのモデル上で強化学習する**モデルベース強化学習**を紹介しました。

第5章
これからのディープラーニングと人工知能
どのように発展していくか

図5.A　本章の全体像

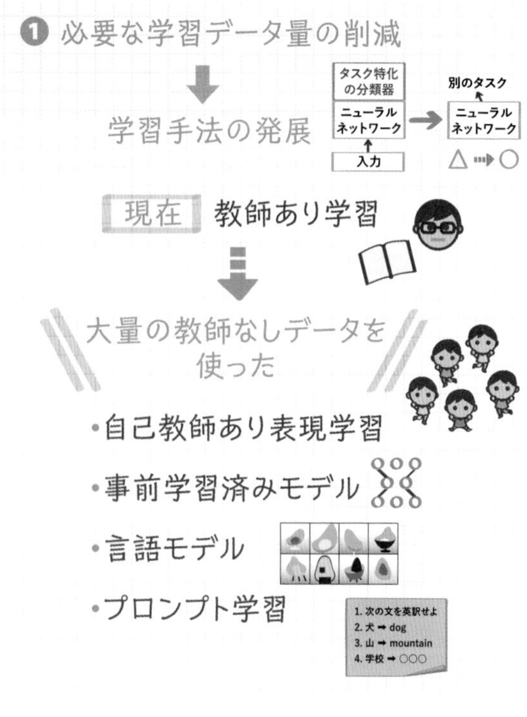

1 必要な学習データ量の削減
学習手法の発展
タスク特化の分類器
ニューラルネットワーク
入力
別のタスク
ニューラルネットワーク
現在 教師あり学習
大量の教師なしデータを使った
・自己教師あり表現学習
・事前学習済みモデル
・言語モデル
・プロンプト学習
1. 次の文を英訳せよ
2. 犬 ➡ dog
3. 山 ➡ mountain
4. 学校 ➡ ○○○

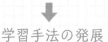

本章では、ディープラーニングや人工知能が今後どのように発展していくかについて、4つの視点から紹介していきます 図5.A 。

　一つめは学習手法の発展についてです。現在の主流である教師あり学習には、大量の学習データが必要である点、訓練データ以外のデータに汎化しにくい点で限界があります。ここでは、今後有望な教師なしデータを使った「自己教師あり学習」を紹介します。二つめは計算性能と人工知能の関係についてです。これまでの人工知能の発展には「計算性能の改善」が最も重要でした。今後も計算性能の改善が重要であり、一方でどのような課題があるのかについて議論します。三つめは現実世界に見られる特徴や制約を、学習にどのように導入していくのかについてです。不変性、同変性といった対称性を考慮した学習手法を紹介します。四つめは現在のディープラーニングや人工知能がまだ達成していないこと、今後どのような発展が必要かについて考えます。

❷ 必要な計算リソースの拡大 ➡ 計算性能の改善
● べき乗則　　大きなデータ、モデル、計算資源
　　　　　　　　→ より汎化するモデル
● Bitter Lesson　計算性能の向上を活かした手法が有効

❸ 問題固有の知識をどう組み込むか
　　　　　　➡ 問題が持つ対称性の導入

幾何：対称性　　　　　　　　　　　　　　・学習効率　　劇的に改善
不変性、同変性　　　　　　　　　　　　・汎化性能　　できる！

入力に対して何らかの　　　入力に対して出力結果
操作をしても予測結果は　　が一定の法則に従って
変わらないという性質　　　変化する性質

❹ まだAIが実現していないこと、これからの発展
　　　　　➡ システム2への拡張
現在のAIはシステム1を実現。システム2を実現することが課題

意思決定 ┌ システム1 ・速い思考（速いが不正確）
　　　　 │　　　　　　・よく知っている問題を扱う場合に発動
　　　　 │　　　　　　・直感的、高速、自動的、並列処理、連想が得意
　　　　 └ システム2 ・遅い思考（遅いが正確）
　　　　　　　　　　　・未知の問題に対処できる
　　　　　　　　　　　・論理的、遅い、注意力が必要、同時に一つしか処理できない

5.1
学習手法の発展　自己教師あり学習

　これまでディープラーニングを使ったタスクの多くが、大量の教師情報が付いた（正解付き）訓練データを使った「教師あり学習」で実現されてきました。しかし、教師付きデータを作るには多くのコストと労力が必要であり、問題によっては入手できない場合もあります。

　そうしたことから、今後は「教師なしデータ」、つまり正解が何も付いていないデータを使った「自己教師あり学習」が重要になると考えられます。

> **教師ありデータ生成**　　　　　　　　　　　　　　　　　　　　**Note**
> 　紙幅の都合もあり本書では詳しく取り上げませんが、もう一つ重要な方向としてシミュレーターや生成モデルを使った教師ありデータ生成があります。

自己教師あり学習とは何か

　自己教師あり学習（*self-supervised learning*、SSL）は、学習に必要な教師情報をコストや労力なしにデータの構造や制約、ドメイン知識などを使って自動的に得た上で教師あり学習を行い、表現方法やタスクを解くのに必要な知識を学習していきます。

　たとえば、動画や音声といった時系列データにおいて、「過去」の情報から「未来」を予測するタスクは、正解である未来のデータは（時間さえ経てば）コストなし（タダ）で手に入ります。また、入力の一部分を隠し、残りの入力から隠された入力を予測するタスクも、教師情報はマスクされる前の情報としてコストなしで手に入ります。

　このほかにも、すでに学習したモデルを使って、教師なしデータに対して予測し、その予測を正解として、教師あり学習をする**ブートストラップ学習**も有効です。この場合、予測結果をそのまま利用しただけでは、何も新しい情報は得られませんが、たとえば予測を与えるときはアンサンブル[注1]を使う

注1　独立に学習した複数のモデルの予測の多数決や平均をとった値は、個々のモデルより汎化性能が優れています。

など、今のモデルよりも強力なモデルを使って正解を付与することが有効です。もしくは新たに学習する場合は、入力にノイズを加えて、あえて難しい問題にした上で解かせることで新しい情報を付与することができます。

近年では、膨大な量のテキストを使って言語モデルを学習させ、それをさまざまなタスクに利用することが急速に広がっています。こうしたテキストには単なる単語の予測だけでなく、世の中のさまざまな知識や記録も含まれており、学習されたモデルを使って多くのタスクをこなすことができることがわかっています。

＊＊＊＊＊＊＊＊＊＊＊＊＊＊＊＊＊＊＊＊＊＊＊＊＊＊＊＊＊

以下では、教師あり学習や強化学習の問題点を述べた後に、自己教師あり学習の例を紹介していきます。

教師あり学習は「大量の訓練データ」を用意する必要がある

はじめに、現在の教師あり学習や強化学習の問題について取り上げます。

現在のニューラルネットワークを使った教師あり学習は、十分な性能を達成するためには大量の訓練データ(教師データ)を用意する必要があります。たとえば、画像分類であれば、分類対象(クラス)ごとに数百〜数千枚の正解付き画像が必要となります。

しかし、この訓練データを作るには、人手で正解を付与するアノテーションコストがかかってしまいます。たとえば、画像分類でもクラス数が数千〜数万と増えてくると、1枚の画像を分類するのにも時間がかかります。

分類はまだなんとかなるかもしれませんが、セマンティックセグメンテーションやトラッキング(*tracking*、追跡)などはより膨大なコストがかかります。たとえば、車載カメラで撮影した雑踏で、周辺の車や人を正確にアノテーションするには、1フレームあたり数分〜数十分かかります。さらに、複数のフレーム間で同じ車や人を追跡するトラッキング用の正解データを作る場合は、さらに大変な作業になります。

また、そもそも訓練データ用の入力データが手に入らない場合も多くあります。たとえば、医用画像などで疾患を分類したり検出するモデルを学習させようと思った場合、疾患データは十分な量、手に入らないといった問題があります。

強化学習は「大量の試行錯誤」が必要である

これに対し、強化学習は教師データは必要はなく、報酬を設計できれば学習することができます。

しかし、強化学習も十分な性能を達成するためには、数万〜数百万回といった大量の試行錯誤を必要とします。報酬も環境から自動的に得られる場合はアノテーションコストはありませんが、各試行には時間もコストもかかりますし、現実世界でこれだけの回数試行させるにはハードウェアが壊れてしまうかもしれません。並列可能で再現可能なシミュレーションが使える場合以外の環境に対して、強化学習を適用することは一般に困難です[注2]。

人は非常に少ないデータから学習できる

その一方で、人は非常に少ない数の訓練データから学習することができます。

たとえば、子供にゾウ（象）の写真を数枚見せるだけで次に動物園でゾウを見たとき、それをゾウだと認識することができます。さらには、本物のゾウの写真ではなく、ゾウの絵やスケッチを見せただけでも、そこから本物のゾウを学習することができます。また、強化学習でも、人は自転車の乗り方を1週間ぐらい、回数にすれば数百回程度、練習すれば乗れるようになります。

このように、人は少ないデータからの学習を実現できていますから、今の大量の訓練データが必要な教師あり学習や強化学習とは違う、何かしら効率の良い学習方法が存在するはずです。

・・

この大きな理由の一つとして考えられているのは、人はデータや問題の表現方法を「教師なしデータから獲得している」ためだと考えられています（他の理由については後述）。続いて、この点について説明します。

注2　後述するさまざまな自己教師あり表現学習などを利用したり、シミュレーションでの学習を併用することで、現実世界でも強化学習を適用できる例が登場しています。たとえば、現実世界における2時間の試行錯誤でAtari Gamesを学習することができています。
・参考：W. Ye and et al.「Mastering Atari Games with Limited Data」（NeurIPS、2021）

表現学習とタスク学習

　新しいタスクを学習する際、その学習は、データを含めた問題をどのように表現するかという**表現学習**と、その表現上でタスクを実現するような分類や回帰を学習する**タスク学習**に分けられます。そして、**良い表現さえ獲得できていれば、タスク学習に必要なデータは少なくて済む**ことがわかっています。

　今のディープラーニングを使った教師あり学習や強化学習が大量の訓練データを必要とするのは、**表現学習に大量の訓練データが必要なため**と考えられます。

　たとえば、画像は元々は高次元データであり、画像分類を学習するには高次元データと分類先のクラスとの関係を求めなければいけませんが、良い表現が獲得されていれば、画像はすでに各物体の情報、背景情報、それらの関係を表す情報に分解された状態で表現されていることになります。

　そして、「タスクを学習する」ことは、それら分解された状態の情報を使った簡単な線形モデル、もしくは必要な情報のみをフィルタリングするだけで済むためです。実際、ニューラルネットワークを使って分類などを学習した場合、途中の層では情報がこうした表現に分解されていることがわかっています。

　教師あり学習の場合は、教師ありデータを使って**表現学習とタスク学習の両方を行っています**。この場合、タスクに関する損失のみを使って学習していき、表現学習はそれを解くために必要なタスクとして副次的に解いています。

　この表現学習部分は、教師ありデータを使わずに、大量に入手可能な教師なしデータを使って事前に学習しておくことが可能だと考えられます。

　強化学習の予測や制御でも同様です。強化学習においても「どのように表現するのか」という表現学習と、表現した上でそこから「価値を予測したり最適方策を求める」学習に分けることができます。このうち、前半の表現学習は、事前に教師なしデータを使って学習しておくことが可能だと考えられます。

教師あり学習は訓練データ分布外の汎化が難しい

　また、教師あり学習は、訓練データ分布外への**汎化に問題がある**ことがわ

かってきました[注3]。

たとえば、画像からさまざまな動物(牛やラクダなど)を分類できるよう学習する場合を考えてみましょう。収集した訓練データでは牛の背景には常に草むらや牧場が写っており、ラクダの背景には常に砂漠などが写っているとします。

こうしたデータを使って教師あり学習した場合、画像認識モデルは背景に草むらや牧場が写っていれば牛と分類し、砂漠が写っていればラクダと分類するように学習します。この場合、もし牛がたまたま砂漠に来ていたときの画像を認識させるとラクダと認識されてしまいます。

このように、関係のない特徴に依存して分類モデルを作ってしまった場合、学習データ分布外のデータに汎化しないモデルができてしまいます。

この問題を教師ありデータのみを使って解決するのは、簡単ではありません。前述のように、教師ありデータは数やバリエーションが限られており、そうした限られた情報から、どの情報とどの情報が独立であるか、因果関係があるのかを推定することが難しいためです。

もし大量の教師なしデータから表現学習を行うことができ、情報中でどの情報が独立であるか、相関があるか、さらには因果関係があるのかを学習できれば、このような誤った特徴に基づいて分類する可能性を減らすことができ、訓練データ分布外への汎化能力を改善できると期待されます。

教師なしデータを使った自己教師あり学習

このような中、さまざまなタスクに汎用的に使える「表現」を獲得できる**自己教師あり学習** 図5.1 を使った表現学習が注目されています。

自己教師あり学習は、教師情報をコストなしで得られるような問題設定を考え、その上で教師あり学習を行います。

●……コストなしで教師情報を作る方法

このように、コストなしで教師情報を作る方法は無数に存在します。そうした中でも、さまざまなタスクに有効な表現を副次的に獲得できるような良

注3 ・参考：M. Arjovsky「Out of Distribution Generalization in Machine Learning」(arXiv:
2103.02667) B. Schölkopf and et al.「Towards Causal Representation Learning」
(arXiv:2102.11107)

い問題設定を設計する必要があります。

　代表的なアプローチが過去から未来を予測する、またはデータの一部を隠し、残りからそれを予測する方法です。この**予測に基づくアプローチ**は、おもに自然言語処理の表現学習で成功しています。

　もう一つのアプローチが共通する情報を持つデータ間の表現を近づけ、持っていないデータ間の表現を遠ざける「対比学習」です。この**対比に基づくアプローチ**はおもに画像や音声処理などの表現学習で成功しています。

　はじめに自然言語処理における表現学習を紹介し、次に画像、動画や音声など他の種類のデータでの学習を紹介していきます。

図5.1　　　**表現学習の現在と将来**

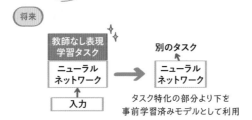

現在　**教師あり学習で表現学習**

タスク特化
の分類器

ニューラル
ネットワーク

入力

別のタスク

ニューラル
ネットワーク

タスク特化の部分より下を
事前学習済みモデルとして利用

問題点 1 教師ありデータ作成にコストがかかる

問題点 2 特定のタスクに特化した表現になってしまう

将来

教師なし表現
学習タスク

ニューラル
ネットワーク

入力

別のタスク

ニューラル
ネットワーク

タスク特化の部分より下を
事前学習済みモデルとして利用

● 大量の教師なしデータが利用できる

● さまざまなタスクに利用可能な「表現」が得られる

［予測による表現学習❶］自然言語処理の自己教師あり学習
Word2vec、BERT

　自然言語処理では、文の一部を隠してそれを予測したり、過去から将来の単語を予測することで表現学習するアプローチが成功しています。

　最初に登場したのが、単語列から次の単語を予測するタスクを解くことで各単語の表現を学習するアプローチです。その代表的手法として、2013年に**Word2vec**が登場しています[注4]。Word2vecは、多層のニューラルネットワークを使わず、各単語の表現を足し合わせた情報を元に単語を予測できるようにするといった単純なモデルを使っていましたが、有効な表現を獲得することができました。

　その後、ディープラーニングの発展とともに、それを利用した表現学習が登場してきます。その中でとくに成功したのが、BERT（2018年に登場）を使った自己教師あり学習です。この場合、入力文の一部の単語を隠した上で、残りの単語からその単語を予測できるように学習していきます。そして、モデルにTransformerを使うことで、表現力を大幅に上げることができました。

　その後もさまざまな手法が登場していますが、以下ではその代表例であるGPT-3について紹介します。

GPT-3　言語モデルを使った事前学習

　2020年にOpenAIが発表した**GPT-3**[注5]は、**言語モデルを学習して表現学習を行います**。言語モデルは、第3章で紹介した自己回帰モデルを使って、テキストの生成モデルを学習したモデルです。次のように、過去の入力に条件付けして次の単語を次々と予測するタスクとみなすことができます。

$$P(x_1, x_2, ..., x_n) \quad \text{【同時確率分布】}$$
$$= P(x_1) \times P(x_2|x_1) \times \ ... \ \times P(x_n|x_1, ..., x_{n-1})$$

　言語モデルは以前より表現学習に有効だと思われていましたが、GPT-3の登場以前は、得られた表現を利用して後続タスク（後述）を学習させても、他の表現学習手法に比べて精度面で大きく負けていました。

注4　•参考：T. Mikolov and et al.「Distributed representations of words and phrases and their compositionality」（NeurIPS、2013）

注5　•参考：T. Borwn and et al.「Language Models are Few-Shot Learners」（NeurIPS、2020）

自己回帰モデルには「べき乗則」が成り立つ

なぜ言語モデルを使った表現学習が有効でないかについてを調べる中で、学習に使うデータやモデル、投入する計算リソース量をもっと増やす必要があることがわかってきました。これを具体的に示したものとして、自己回帰モデルを使って学習させた場合、投入する学習データ量、計算リソース量、モデルサイズと、テストデータのクロスエントロピー誤差(以下、テスト誤差)の間に**べき乗則**(*scaling laws*)が成り立ち、さらに本来は関係のないように思える、「**テスト誤差**」と「**後続タスクの性能**」間に強い相関があるということが発見されました[注6]。

テスト誤差の違いがわずかなものであっても、それが後続タスクの性能に大きく影響することもわかりました[注7]。

べき乗則　　　　　　　　　　　　　　　　　　　　　　　　　　Note

　べき乗則とは、世の中の多くの現象で見られるものです。たとえば、ジップの法則(*Zipf's law*)は、出現頻度がk番めに大きい単語の頻度は出現頻度が1位の単語と比較して$1/k$の頻度であるとか、パレートの法則(*Pareto principle*、全体の数字の8割が2割の構成要素で実現される。80:20の法則)、友人の数の分布や、地震の大きさの分布などで成り立ちます。

　式では、ある変数xとその結果yにおいて$y = ax^k + c$という関係が成り立つというものです(a, k, cは定数)。機械学習のべき乗則では入力変数のxが学習データ量、計算リソース量、モデルサイズであり、yがテスト誤差となります。

こうした考察のもとに、GPT-3は、大量のテキストデータをこれまでにないような大きなモデルを使って学習させることで、**さまざまなタスクで有効な表現を獲得することができました**。学習データは4100億トークン[注8]から成るWebクロールデータ、700億トークンの本など、さまざまな自然言語データを収集し作られました。また、パラメータ数も1750億と、当時としては

注6　　・参考：J. Kaplan and et al.「Scaling Laws for Neural Language Models」(arXiv.、2020)、T. Henighan and et al.「Scaling Laws for AutoRegressive Generative Modeling」(arXiv.、2020)

注7　　クロスエントロピー誤差は、データ自身のエントロピーとKLダイバージェンスに分解されます。学習が進むにつれ、テスト誤差のうち、エントロピーが支配的になりますが、KLダイバージェンスを小さくすることが後続タスクに重要であると考えられます。

注8　　言語モデルを学習する場合には単語単位、文字単位で処理するのではなく、頻出するバイト/トークン列をトークン(*token*、チャンク/小片)に置き換える操作を繰り返していき、トークン列に変換しておくのが一般的。

とても大きなモデルを使いました。

　諸説ありますが、GPT-3の学習1回分には12億円程度（1ドル100円換算）かかったと試算されています。

● GPT-3は「条件付け生成」で「後続タスク」を学習する

　通常の表現学習の場合（BERTなど）、事前学習として表現を学習した後に、実際に興味のあるさまざまなタスクを学習させます。これらのタスクを**後続タスク**（*downstream task*）と呼びます。後続タスクの学習データを使って、後続タスクが解けるようにモデル全体のパラメータの**ファインチューニング**（*fine tuning*、微調整）を行います。ファインチューニングとは、通常の学習と同様に訓練事例を使ってモデルを勾配降下法を使って更新していくことです。通常は、数千～数十万といった数の訓練データを使って、こうしたファインチューニングを行います。

　それに対し、GPT-3はモデルのファインチューニングを行わずに、条件付け生成のしくみを使ってタスクの学習を行います **図5.2** 。

　GPT-3はテキストを使って事前学習していますが、この場合、単に自然言語処理を行う際に有効な表現を獲得するだけでなく、**学習テキストに含まれるさまざまな知識も獲得すること**ができます。GPT-3はこうした知識も生かして、**さまざまなタスクを「条件付け生成」で学習（調整）**します。

　具体的にはGPT-3は、あるタスクを解く場合には、

❶タスクの指示文
❷いくつかの事例
❸解いてほしい問題の入力

を最初に与え、それらに後続する単語列は何かを予測することで問題を解かせます。

　たとえば、日本語から英語への翻訳の問題を学習する場合は、「次の文を英訳せよ：犬 ==> dog, 山 ==> mountain, 学校 ==> ???」といった文（実際には???は入力として与えずに、その直前まで入力として与えて次を予測する）の次の単語を予測させることで単語を予測させます。この入力の指示（上記例では学校 ==>）を「プロンプト」（*prompt*）と呼びます。

| 図5.2 | GPT-3は条件付け生成を使ってタスクの学習を行う |

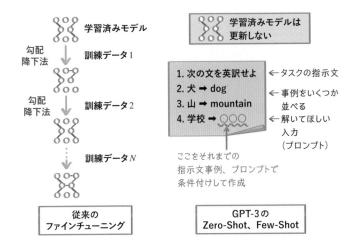

このように、タスクの説明/指示と、いくつか具体的な例を示してタスクを伝える方法は、人と人の間でもしばしば行われています。

GPT-3では事例を与える場合も、いくつかの事例を与える**Few-Shot**、一つしか事例を与えない**One-Shot**、そして指示文だけで事例を与えないで解かせる**Zero-Shot**でタスクを解く場合を評価しました。

●⋯⋯⋯ GPT-3の性能

実験の結果、GPT-3は多くのタスクで従来のFew-Shot、One-Shot、Zero-Shotの学習手法を大きく上回る性能を達成し、また、大量のタスク用訓練データを使ったファインチューニングに匹敵する性能を達成しました。

学習テキスト中に、これらのタスクを解くために必要な知識が含まれており、それらを自己回帰モデルで学習すれば知識を抽出し、プロンプトや事例を見せることで、それらの知識を引き出せるということがわかりました。

また、訓練データサイズが同じときには、モデルサイズが大きければ大きいほど、後続タスクの性能が大きく改善されることがわかりました。**大きなモデルのほうが（後で何に役に立つかわからないが）あらゆる知識をさまざまな形で保存しておけること、また幅が広いニューラルネットワークのほうが学習がしやすくなること、層数が増えるとより複雑な表現が扱える**ためだと考えられています。

プロンプト学習

　この条件付け生成で問題を解く場合、タスクで「どのようなプロンプトを利用するか」については自由度があります。

　たとえば、先ほどの例では簡単な単語の英訳でしたが、実際は文章を読んだ上でその内容を問うような問題や、「Barack Obama（バラク・オバマ）は何代めのアメリカ大統領か」（答えは第44代）といったような一般知識を問う問題も対象となります。こうした場合は、どのようにプロンプトを作るかにも自由度が大きくあります。

　このプロンプトも工夫して与えることで、タスク性能が大きく変わることがわかっています[注9]。また、プロンプトとして必ずしも人が読める文ではなく、機械しか読めない連続量を持つベクトルを与えても良く、実際、このような機械しか読めないような埋め込みベクトルをプロンプトに与えたほうが性能が良いという結果も報告されています。

●……… プログラムの生成　Copilot、AlphaCode

　このプロンプト学習のように、条件付け生成を使ってさまざまなタスクを解くことができます。代表例は「プログラミングコードの生成」です[注10]。コメントを含んだプログラミングコードに対し、同様に自己回帰モデルを学習させ、コメントで書かれた指示に基づいてプログラミングコードを生成することができます。

　この技術「Codex」は**GitHub Copilot**[注11]に利用されており、コメントからのプログラミングコードの自動生成を実現しています。

　同様に、**AlphaCode**も、言語モデルを使ったシステムで、課題文を読み、それに対応するプログラムを生成することができ、プログラミングコンテスト（Codeforces）に参加した平均的なプログラマーと同程度のスコアを達成できたと報告しています[注12]。

注9 　●参考：P. Liu and et al.「Pre-train, Prompt, and Predict: A Systematic Survey of Prompting Methods in Natural Language Processing」（arXiv.、2021）
注10 　●参考：M. Chen and et al.「Evaluating Large Language Models Trained on Code」（arXiv.、2021）
注11 　**URL** https://copilot.github.com
注12 　**URL** https://www.deepmind.com/blog/article/Competitive-programming-with-AlphaCode

［予測による表現学習❷］離散化自己回帰モデル

　画像や音声などでも、「自己回帰モデルによる予測」を使った表現学習が提案されています。しかし、こうしたデータは「連続量」であり、**一般に高次元の連続量の予測は難しい問題です**。

　そのため、これらの連続量のデータをベクトル量子化を使って離散化した上で、それをあたかも言語のように扱って自己回帰モデルで予測し、表現を学習するアプローチが登場しています。たとえば、画像[注13]、動画[注14]、音声[注15]などは高次元データをベクトル量子化した上で、GPTとほぼ同じモデルを使って予測モデルを作り、事前学習をしています。これらのモデルは後続タスクのための表現学習だけでなく、生成目的でも利用されています。たとえば、歌手やジャンル、歌詞に条件付けして音声（歌声）を生成できます。

Masked AutoEncoder

　このような予測を使った表現学習は従来、画像や音声で成功していませんでしたが、Masked AutoEncoder（MAE）[注16]ははじめて、画像の自己教師あり表現学習も予測タスクで達成できることを示しました。

　MAEは、ViT（*Vision transformer*）[注17]と同じモデルを使います。まず、MAEは、画像を**重複しないパッチに分割します**（たとえば、各パッチのサイズが16×16など）。続いて、ランダムに**いくつかのパッチをマスクし、捨てます**。たとえば、75％のパッチをマスクします。次に、残ったパッチに位置符号を加えた上で、それらを線形変換し、特徴ベクトルに変換します。この特徴ベクトルを「トークン」（*token*）と呼びます（テキストのトークンと同様）。そして、これらのトークン列を入力とし、Transformerを使った符号化器を使い、符号に変換します。

注13　•参考：M. Chen and et al.「Generative Pretraining from Pixels」（ICML、2020）

注14　•参考：W. Yan and et al.「VideoGPT: Video Generation using VQ-VAE and Transformers」（CVPR、2021）

注15　•参考：P. Dhariwal and et al.「Jukebox: A Generative Model for Music」（arXiv.、2020）

注16　•参考：K. He and et al.「Masked Autoencoders are Scalable Vision Learners」（arXiv:2111.06377）

注17　ViTは、画像をパッチに分割し、それらを線形変換でトークン列に変換した後は、テキストに対する処理と同様にTransformerを使って変換するアプローチです。CNNを使った分類と同じか、それを超える性能を達成するだけでなく、分布外汎化や頑健性でとくに優れていると報告されています。

　続いて、符号と再度位置符号を加えた結果を入力とし、Transformerを使った復号化器を使ってマスクされたパッチごとに特徴ベクトルを求めます。各特徴ベクトルから各パッチの画素を復元し、元の画素値との二乗誤差を最小化するように学習します。復号化器は学習時に必要ですが、学習が終わったら必要がないので捨てます。利用時には、画像をパッチに分割した後、マスクせず、すべてのパッチに対して符号化器を適用し、得られたトークン列を表現として利用します。この画素値を予測する際、**正規化された値を予測することが重要**だと報告されています。

●………なぜ有効な表現が獲得できるのか

　なぜ、このようなアプローチで有効な表現が獲得できるのでしょうか。

　マスクされずに残ったパッチから、残りのパッチを予測するためには画像全体の意味を推定できるような表現を獲得しなければなりません。このタスクを解くことで優れた表現が獲得できると考えられます。たとえば、人の画像の一部がマスクされている場合は、符号化器はそれが人であり、どのような人で、どの領域が隠されているのかを推定できていないと、マスクされた部分を正確に復元できません。

　このアプローチは、自然言語処理で利用されていたBERT[注18]とよく似ていますが、重要な違いとして、MAEは**マスクする割合**をBERTが使っていた15%ではなく、**75%**と大きくしています。

　画像は、単語に比べて**空間冗長性**（隣接領域で同じ情報を持っている）が大きいため、パッチ単位かつ、多くの部分をマスクしないと、画像の意味を予測できてしまいます。簡単に予測できず、かつ残されたパッチから画像全体の意味が推定できるような割合が75%だったといえます。また、**復号化器として BERT は MLP**（*Multi-layer perceptron*、多層パーセプトロン）を使っていましたが、**MAEは層数は少ないとはいえ、Transformerを用いたモデルを使っている**点も異なります。

注18 ・参考：J. Devlin and et al.「BERT: Pre-training of Deep Bidirectional Transformers for
　　　　Language Understanding」（NAACL、2019）

［予測による表現学習❸］マルチモーダルなデータの
　　　　　　　　　　　　自己回帰モデルも成功している

　さらに、DALL-E[注19]はテキストで条件付けして画像を生成する問題で、画像をベクトル量子化で離散化した上でトークン列にした上で、テキストに後続した画像のトークン列の自己回帰モデルを最尤推定で学習させることで、画像生成をすることができるようになっています。

　この画像生成を拡散モデルに置き換えたGLIDE[注20]はより高忠実な画像かつ多様な画像を生成することに成功しています。

　一方で、画像からテキストを生成するというアプローチは、まだ成功していません。CLIPと呼ばれるモデルでは、複数のテキストからどのテキストが尤もらしいのかを選ぶというタスクを解いて、画像の表現を学習する部分だけ成功しています[注21]。

　なぜ、テキストからの画像生成は最尤推定でできたのに、その逆の画像からテキスト生成(キャプション生成と似ている)を最尤推定するのがうまくいかないかについては、多様性が大きいためだとか、学習の不安定性があるとか、さまざまなことが考えられていますが、まだよくわかっていません。

　このように、画像と自然言語を結びつける試みは、記号と現実世界の概念を結びつけるという**バインディング問題**(*binding problem*)を一部解いているとみなすことができます。

［連続値に対する表現学習］対比学習　画像や音声で成功しているアプローチ

　続いて、画像や音声などで成功している「対比学習」を使った自己教師あり表現学習を紹介します。

　テキストでは予測(自己回帰モデル)による自己教師あり表現学習が有効でしたが、画像、音声の表現学習では「対比学習」が広く使われています。

　画像や音声で予測学習ではなく、対比学習が使われる理由として、テキストとは違って画像や音声は連続量を扱っており、とりうる値が多いこと、そ

注19　•参考：A. Ramesh and et al.「Zero-Shot Text-to-Image Generation」(CVPR、2021)

注20　•参考：A. Nichol and et al.「GLIDE: Towards Photorealistic Image Generation and Editing with Text-Guided Diffusion Models」(arXiv:2112.10741)

注21　•参考：A. Radford and et al.「Learning Transferable Visual Models From Natural Language Supervision」(CVPR、2021)

の上で予測分布に**多峰性**があり、モデル化が難しいことが挙げられます。

　たとえば画像で、一部をマスクした場合、残りの部分からそのマスクされた領域を予測する場合、そこにありうる画像は一つだけが正解ではなく、無数のさまざまな可能性があります（たとえば、カゴの上の領域を隠したとき、そこにりんごが写っていたり、みかんが写っていたり、何もないという可能性がそれぞれある）。

　このような複数の可能性がある予測をモデル化する場合、学習目標の分布も複数の可能性があることを表した**多峰分布**になります。言語モデルの場合も予測に多峰性がありますが、予測対象の単語は離散値であるため、多峰性がある分布であってもSoftmaxを使った分布でうまく表現して学習できます。たとえば、Aという単語もDという単語も可能性があり、AとDに0.4といった高い確率を割り振るといったことが可能です。これに対し、動画や音声は連続量をとるため、列挙できないほど無数の可能性があります。このような高次元、連続量、多峰性を持つ分布をうまく表現することは簡単ではありません。そして、最尤推定を使った場合は、観測した事例（正例）の確率を上げ、観測しなかったすべての事例（負例）の確率を下げる必要があります。しかし、画像や音声では、観測しなかったすべての事例を列挙することは簡単ではありません[注22]。

●⋯⋯⋯**画像や音声では「対比学習」が成功している**

　こうした理由のため、動画や音声では「対比学習」と呼ばれるアプローチが成功しています。

　対比学習（*contrastive learning*）では、データ x を1つ選んだとき、そのデータ x と共通の情報を持っているようデータを「正例」と呼び、持っていないようなデータを「負例」と呼びます。そして、データ x と正例との表現を近づけ、負例との表現を遠ざける**対比損失**（*contrastive loss*）を使って学習します。

注22　一方で、前出のMAEのように、予測で表現学習を獲得している例も最近登場しています。この場合、パッチ単位でモデル化することで予測問題を扱いやすくしていると考えられます。

　たとえば、画像の対比学習では、画像xに異なる2種類のデータオーグメンテーションを適用して2つの画像X_A, X_Bを得ます。また、別の画像x'にデータオーグメンテーションを適用した画像X'を用意します。そして、2つの画像が同じ画像由来(X_A, X_B)であればそれらの表現を近づけ、異なる画像由来(X_A, X')であれば、それらの表現を遠ざけます。このようにして表現を学習します。

　以下では、対比学習による成功例として、SimCLR、BYOLを紹介します。

SimCLR

SimCLR(*Simple framework for contrastive learning of visual representations*)[注23]
図5.3 は、N個の画像から成るバッチの各画像にそれぞれ2種類の異なるデータオーグメンテーションを適用して、$2N$個の画像を得ます。バッチ中のi番めの画像$\mathbf{x}_i$をニューラルネットワークによる符号化器fを使って変換して、得られた表現を$\mathbf{h}_i = f(\mathbf{x}_i)$とします。

図5.3　　　SimCLR

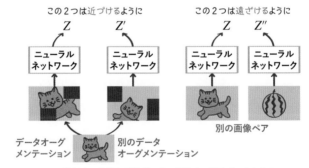

この2つは近づけるように　　　この2つは遠ざけるように

教師なし画像表現学習の SimCLR は、同じデータ由来の異なるデータオーグメンテーションを適用した画像対は近い表現、異なるデータ由来の画像対は異なる表現になるよう学習

注23　• 参考：T. Chen and et al.「A Simple Framework for Contrastive Learning of Visual Representations」(ICML、2020)

この表現上で直接似ているかどうかを比較しても良いのですが、より良い表現を獲得するために、さらに射影用のニューラルネットワーク g（射影ニューラルネットワークと呼ぶ）を使って、比較用の表現 $z_i = g(h_i)$ を求めます。そして、2つの画像（u、v、これらには先ほどの z_i が代入される）間の類似度に、以下のような**コサイン類似度**（*cosine similarity*）[注24] を利用します。

$$\mathrm{sim}(\mathbf{u}, \mathbf{v}) = \mathbf{u}^T \mathbf{v} / ||\mathbf{u}|| \, ||\mathbf{v}||$$

そして、同じ画像から作られた表現を正例とし、正例とは類似度が高くなるように、異なる画像から作られた他の $2(N-1)$ 枚の画像から得られた表現を負例とし、負例とは類似度が低くなるように学習します。

これを実現する損失関数は、i 番めの正例が j のとき、(i, j) に関する損失関数は Softmax 関数と似た形で、

$$l_{i,j} = -\log \frac{\exp(\mathrm{sim}(\mathbf{z}_i, \mathbf{z}_j)/\tau)}{\sum_{k=1}^{2N} \mathbb{1}_{[k \neq i]} \exp(\mathrm{sim}(\mathbf{z}_i, \mathbf{z}_k)/\tau)}$$

と定義されます。τ（tau）は温度パラメータであり、$\mathbb{1}_{[k \neq i]}$ はこれが成り立つときは1、そうでないときは0をとるような関数です。

この損失は、正例との類似度が大きくなるほど、負例との類似度が小さくなるほど小さくなるようなスコアです。

この損失を小さくするように学習することで、最適な表現を獲得できるような符号化器 f を獲得できます。

SimCLR は、データオーグメンテーションが与えられたとしても、同じ画像由来の画像は同じだと見極められるような表現を獲得します。

良い対比学習には「大量の負例」が必要だが、計算量が大きい

この SimCLR のように対比学習では、正例と負例の両方を使う必要があります。もし正例だけ使い、正例に対する類似度だけを大きくするよう学習した場合、どんな画像が与えられても常に定数（たとえば、すべての値が0）であるような表現が類似度を最大化できてしまいます。

[注24] 2つのベクトルが与えられたとき、それらがどれだけ似ているかを測る尺度。ベクトルが同じ向きを向いているときに最大の1、反対を向いているときに最小の-1の値をとります。

　明らかに、このような常に定数であるような表現は、後続タスクで有効な表現ではありません。そのため、有効な表現を獲得するには、正例に近づけると同時に、負例と引き離すことが重要です。さらに、負例は多ければ多いほど、良い表現が得られることがわかっています[注25]。しかし、負例を増やした場合、計算量は大きく、また必要なメモリ量も大きくなってしまいます。

●⋯⋯⋯ **BYOL**　負例を使わず学習する

　この対比学習で大量の負例を使わなければならない問題に対し、正例だけを使っても学習できる方法として **BYOL** (*Bootstrap your own latent*)[注26] が提案されました。

　BYOLは、先ほどと同様にニューラルネットワークによる符号器 f と、その符号器のパラメータの移動指数平均をパラメータに使った目標ニューラルネットワーク(これを目標ニューラルネットワークと呼ぶ)による符号器 f_{target} の2つを用意します。SimCLRと同様に、画像ごとに2種類のオーグメンテーションを適用し、適用後の画像を各 f, f_{target} を使って変換して表現を得ます。そして、射影ニューラルネットワークで変換した後の類似度が大きくなるように f を更新します。この際、目標ニューラルネットワーク f_{target} のほうには誤差逆伝播しないようにします。

　このBYOLは、正例との類似度のみを最大化するように学習していても、表現が定数に潰れることがありません。なぜ、定数に潰れないのかについては、**目標ニューラルネットワークに誤差を逆伝播しないことが重要**[注27]であり、これによって学習のダイナミクスが、表現が定数に潰れてしまう解に到達しないようになります。

　BYOLは、一種の「ブートストラップ学習」[注28]とみなすことができます。ニューラルネットワークのパラメータの移動指数平均を使ったモデルの推定結果は、複数のニューラルネットワークのアンサンブル推定の近似とみなすこ

注25　たとえば、以下が参考になります。
　　　K. He and et al.「Momentum Contrast for Unsupervised Visual Representation Learning」(CVPR、2020)

注26　•参考：J. Grill and et al.「Bootstrap your own latent: A new approach to self-supervised Learning」(arXiv.、2020)

注27　•参考：Y. Tian and et al.「Understanding self-supervised Learning Dynamics without Contrastive Pairs」(ICML、2021)

注28　他の推定結果を使って推定するアプローチで、推定結果を元に、別の（より良い）推定をすること。ブートストラップ（学習）は、第4章でも登場しました。

とができ、単体のニューラルネットワークよりも優れた予測ができます。今回の場合は移動指数平均を使って、常に今の学習中のニューラルネットワークよりも少し優れた表現を出力できるようにし、それを目標にして学習することで、学習が進むようになっています。

　負例が必要ないことは、メモリ使用量が少なくて済むというメリットもあり、たとえば、BYOLを使うことではじめて、大きなグラフの表現学習が可能になったことが報告されています[注29]。

画素、物体単位での対比学習

　また、画像全体を対比させるのではなく、画像中の画素や物体単位で対比させる例も登場しています。たとえば、DetCon[注30]は、教師なし学習手法を使って粗くセグメンテーションした後に、それらのセグメンテーション領域上の表現が一致するように学習します。また、EsVit[注31]は画像を領域に分割したあと、生徒ニューラルネットワークの各領域の表現が教師ニューラルネットワークの一番似ている領域の表現と同じになるように学習します。

　画像単位で対比する場合と比べ、画素、領域、物体単位で対比させた場合、データあたりの学習シグナル（学習に役立つような情報）を増やすことができ、少ない数の画像から効率的に学習することができます。

対比学習は「データ生成の因子」を推定できる

　対比学習がなぜ有効かを、理論的に解明する研究も進められています。たとえば、いくつかの仮定のもとでは、対比学習がデータが潜在変数から可逆変換で生成される過程を逆向きにたどり、生成因子を一定の自由度を除いて同定できるため[注32]ということがわかっています。

注29 ● 参考：S. Thakoor and et al.「Large-Scale Representation Learning on Graphs via Bootstrapping」(ICLR、2022)

注30 ● 参考：O. J. Henaff and et al.「Efficient Visual Pretraining with Contrastive Detection」(CVPR、2021)

注31 ● 参考：C. Li and et al.「Efficient Self-supervised Vision Transformers for Representation Learning」(CVPR、2021)

注32 ● 参考：R. S. Zimmermann and et al.「Contrastive Learning Inverts the Data Generating Process」(ICML、2021)

多くのタスクでは**データを生み出す生成因子**が特徴として**重要**であり、対比学習はそうした因子を見つけ出せるため、後続タスクに有効な特徴を獲得できるのではないかと考えられます。

．．．．．．．．．．．．．．．．．．．．．．．．．．．．．．．．．．．．．．．

今後、このような自己教師あり学習を使って事前学習しておき、さまざまなタスクについては少ない学習データ（数例や一例）で学習できるようになると考えられます。

Column

相互情報量最大化による表現学習

画像や音声など高次元データの表現学習の難しさは、情報の何を残して、何を捨てるのかを決める部分にあります。これら高次元データには、多くのタスクでは重要でない多くの詳細情報が含まれています。たとえば、画像でJPEGなどは歪みありデータ圧縮を使って、元のデータの大部分の意味を保ったままサイズを1/10から1/100に小さくすることができます。歪みありデータ圧縮では復元したときに元のデータには正確に戻らず誤りが含まれていますが、人が見るぶんには問題がありません。このように、高次元データの表現学習では、高次元データの膨大な情報を重要な情報と、重要でない情報に分け、重要な情報だけ抽出し、かつその情報をその後のタスクが扱いやすいように分解された形で表現することが行われます。

これまで、潜在変数モデルを用いた生成モデルを使って表現学習を行う場合が多くありました。データをうまく生成できるような潜在変数上の表現は、良い表現になっていると期待できるためです。一方で、生成モデルの学習では、データの細部も含めたすべての情報を正確に復元することが求められます。この場合、もしかしたら、潜在変数の表現の大部分は重要ではない情報を正確に復元することに使われ、重要である情報の表現はないがしろにされるかもしれません。

たとえば、入力画像が街並みの画像であり、人や車が写っており、背景に木が写っているとします。この背景の木の一枚一枚の葉がどのような形状でどのような姿勢であるかというのは、その後の多くのタスクには（おそらく）役に立ちませんが、この葉の姿勢を正確に表現するためには膨大な情報量が必要となります。もしこれらの葉の姿勢は適当に復元しても良いの

であれば、前景をもっと正確に表すことができ、より良い表現が獲得できる可能性があります。

そこで、生成モデルの学習のように、元のデータを完全に生成できるような表現を学習するのではなく、データを元のデータが復元できないような形で符号化し、その符号がデータの必要な情報を十分持っているかで、良い表現を獲得する手法が提案されています。

たとえば、代表的な手法である InfoMax は入力と符号間の相互情報量を最大化するようにして、符号、すなわち「表現」を学習します。入力 x と符号 c 間の相互情報量というのは、2つのデータ（正確にはデータ分布）がどれだけ共通する情報を測る指標であり、

$$I(x;c) = \sum_{x,c} p(x,c) \log \frac{p(x,c)}{p(x)p(c)}$$

として定義されます。この量は、片方の変数 c（または x）を知ったときに、もう片方の変数 x（または c）について、どれだけの情報が得られるか、別の言い方をすると、もう片方の変数のエントロピー（*entropy*、不確実性）がどれだけ減るかを表します。

相互情報量が大きければ大きいほど、2つのデータが共通の情報を持っているようになります。相互情報量を直接計算することは難しいですが、その変分近似[注1]を使って表現を学習できることが報告されています[注2]。

ただ、情報量を最大化するという観点だけでは、重要ではない情報もすべて残すのが最適表現となってしまいます。そこで、人為的に重要な情報を共通して持っていて、重要ではない情報は共通には持っていないようなデータを用意し、それらのデータ間の相互情報量を最大化することで適切な表現を学習する手法が提案されています。

たとえば、画像に対して、その意味を大きく変えないようなデータオーグメンテーションで使われるような変換（白黒を変える、歪みを加える、反転するなど）を適用して別の画像を得て、その画像間の相互情報量を最大化することで表現を獲得することが期待されます。

また、視点だけが変わって撮られた画像や、動画で近い時刻間のフレーム間なども重要な情報は共通して持っているようなデータだと考えられます。こうした情報に対しても、相互情報量最大化を適用することで適切な表現を獲得できることがわかっています[注3]。

....

注1　VAEが使ったELBOと同様に下限、上限を求めてそれらを最適化する手法。

注2　•参考：R. Hjelm and et al.「Learning Deep Representations by Mutual Information Estimation and Maximization」（ICLR、2019）

注3　•参考：P. Bachman and et al.「Learning Representations by Maximizing Mutual Information Across Views」（NeurIPS、2019）

5.2
人工知能と計算性能の関係

続いて、本節では「人工知能と計算性能の関係」について考えていきましょう。

人工知能の進化と計算性能の向上

人工知能(*Artificial intelligence*、AI)は、計算性能の向上によって進化し続けてきました。とくに、機械学習やディープラーニングが成功するには、計算性能の向上は不可欠でした。計算性能の向上により、学習に長い時間をかけて、大きなモデル、大量の学習用データを扱えるようになったためです。

この人工知能の進化と計算性能の改善について、強化学習の創始者の一人であり、人工知能分野を長年にわたってリードしてきたRichard Sutton教授が「The Bitter Lesson」(苦い教訓)というタイトルでブログ記事を投稿しました[注33]。以下に、その内容をまとめます(日本語訳および要約は筆者)。

The Bitter lesson

この70年間のAI研究で得られた最も大きな教訓は、計算能力を活かした汎用の手法が最終的には最も有効であったということである。この背景にあるのはムーアの法則(*Moore's law*)として知られる計算能力の指数的な性能向上である。一般にAIの研究では、(人工知能の主体である)エージェントの計算能力は固定だと考える。この場合、AIを向上させるためには人が持っているドメイン知識をシステムに埋め込むしかない。しかし、一般的な研究プロジェクト期間(1～3年)より長い期間で見ると、最終的には計算能力の向上を活かした汎用の手法がドメイン知識を埋め込んだ手法に大きな差をつけて有効だとわかっている。

例として、チェスでは1997年にIBMのDeep Blueが世界王者のGarry Kasparovを破った。この実現のために特別なハードウェアを開発し、力技の探索ベースの手法を利用した。多くのAI研究者は人の知識を埋め込んだ手法が勝つことを願ったが、そうではなかった。囲碁はそれから20

注33 **URL** http://www.incompleteideas.net/IncIdeas/BitterLesson.html

年を必要としたが、Google DeepMind の AlphaGo が世界トップ棋士の Lee Sedol を破った。ここでは学習にニューラルネットワークに特化したハードウェアである TPU（*Tensor processing unit*）を利用し、自己対戦学習とモンテカルロ木探索を利用して破った。音声認識と画像認識でも、専門知識を持った研究者が設計した特徴や識別器を使った手法が多く開発されてきたが、それらは現在、大量の学習データと計算リソースを使ったディープラーニングを利用した手法に置き換わっている。

これらの経験をまとめると、AI 研究者たちは最初はドメイン知識をシステム上に構築する。それらは短期間では有効だが、いつしか停滞し始め進歩が止まってしまう。そして、長期的にはまったく別のアプローチである計算性能の向上を活かした探索と学習を中心とした手法が大きなブレークスルーとなる進化を遂げ、ドメイン知識を埋め込んだ手法を大きく上回る。これらの成功は人を中心としたアプローチではないため、AI 研究者たちには受け入れられず苦味を帯びた成功として受け止められる。

計算性能の改善だけで十分か

この記事は AI 研究者たちの間で議論を巻き起こし、考えを支持する人や反論する人が登場しました。

たとえば、iRobot や Rethink Robotics の創設者でも知られるロボット研究者である Rodney Brooks は次の 4 点を挙げ、Bitter Lesson の意見に批判的なコメントを寄せ、今後この傾向は続かないと主張しました[注34]。

❶現在ディープラーニングが最も成功している画像分類では、結局人が設計した CNN が重要な役割を果たしている

❷これらの学習には、人の学習とは違って大量の学習データを必要とする

❸人の脳は 20W で動くのに対し、現在のチップは数百 W を必要とする

❹ムーアの法則はすでに終焉を迎えつつある

こうしたことから、人工知能の改善には計算性能の向上による手法ではなく、人の知識を埋め込んでいく必要があると主張しました。

注34　**URL** https://rodneybrooks.com/a-better-lesson/

データ自身に語らせる

Bitter Lessonの考えを支持する意見として、機械学習やディープラーニングで重要な研究成果を多く挙げているMax Welling教授は、計算能力の向上が重要としてSuttonの考えに疑う余地はないが、これらの成功には「データが重要である」という観点が抜けていることを指摘します[注35]。

いくらでもシミュレーションが可能なコンピュータゲームのような環境や、学習データが比較的収集/作成しやすい画像や音声認識の問題であれば、データの問題はなく、強化学習や教師あり学習などを使うことができ、計算性能がボトルネックとなります。しかし、データが十分に得られない場合、または内挿では解けず、外挿が必要な場合(学習データがカバーしている範囲より外側で推論、予測する必要がある)は、計算性能がボトルネックではなく、データ取得が問題になると説明しています。

データが大量に取得できるような場合には、人がドメイン知識を入れる必要はなく、「データ自身に語らせる」ほうがうまくいきます。

一方で、十分なデータが取得できない、もしくは外挿が必要な場合は、ドメイン知識を使って、その問題のモデルを設計したり、シミュレーターを作り、それを元に直接システムを作ったり、それらモデルやシミュレーターで生成したデータを使って学習させたり、検証させたりすることが必要となるとします。

現時点では、世の中のさまざまな現象について、限られた問題でしか精巧なシミュレーションを作ることはできていません。

しかし、幸いなことに、世の中のデータは、前向き、生成的、因果関係の方向に沿って動いていることから、見かけよりもずっと少ない数のパラメータを推定するだけで、これらのデータを生成できるようなモデルを学習することができます。さらに、環境は複雑なように見えますが、実際はそれらを構成する要素に分解でき、それらの要素が**疎な関係**を持って相互作用している場合がほとんどです。こうした場合は、**少ないデータとドメイン知識を組み合わせてモデルやシミュレーターを作れる可能性**が出てきます。

こうした生成モデルや学習によって獲得するシミュレーターは、**新しい環境、問題に汎化しやすい利点**もあります。新しい環境も、その原因となる因

注35　URL https://staff.fnwi.uva.nl/m.welling/wp-content/uploads/Model-versus-Data-AI.pdf

子が変わっただけで、他の部分は再利用できるためです。これにより、新しい環境に遭遇しても、少ないサンプル数で、その環境をシミュレーションできるように学習することができる可能性があるためです。

この議論は決着を見ていませんが、著者はBitter Lessonの意見を支持する立場です。一方、今後AIがさらに発展していくためには、計算能力のさらなる向上は不可欠として、今と比べて圧倒的に高忠実で汎用性のある優れたシミュレーターや生成モデルの開発、さらにこの後に見るような世界や問題が持っている対称性を代表として、制約の導入、抽象化された概念や知識を扱う能力が必要だと考えています。

すでに巨大な計算リソースが必要となってきている

教師なしデータを使って学習できる自己教師あり学習においては、豊富なデータにアクセスすることが可能です。さらに、多くの問題では、学習によって得られたシミュレーションによっても、実世界の完全な模倣ではないが、学習には役に立つデータを作ることができます。

データが大きくなるだけではありません。GPT-3の項で先述した機械学習における「べき乗則」は、**さらに大きなモデルを使う**ことで、汎化性能やデータあたりの学習効率を改善できる可能性を示唆しています。自己教師あり学習のときに、さまざまな後続タスクに必要な情報をすべて覚えておくという観点からも、大きなモデルサイズが必要になると考えられます。また、敵対的摂動[注36]に対する頑健性を保証するためには、大きなモデルを使うことが必要条件であることもわかっています[注37]。

このような、事前学習を行ってさまざまなタスクに利用できるように作られた超巨大なモデルは「Foundation Model」と呼ばれます[注38]。

注36　ニューラルネットワークを使った分類モデルなどは入力に対し、わずかな摂動（入力に対するノイズ）を加えて出力を任意の分類結果に変えてしまうことができます。これにより、たとえば、自動運転やロボットなどで画像認識を使ったシステムを意図的に誤認識させ、攻撃することができてしまいます。

注37　• 参考：S. Bubeck and et al.「A Universal Law of Robustness via Isoperimetry」（NeurIPS、2021）

注38　• 参考：R. Bommasani and et al.「On the Opportunities and Risks of Foundation Models」（arXiv:2108.07258）

> **Foundation Model** Note
> Foundation Model として、BERT、GPT-3、DALL-E などが挙げられます。

　こうしたモデルは一部の企業しか作ることができなくなりつつあり、どのように世の中の研究者や他の企業がそのモデルにアクセスしたり利用できるのかが問題となりつつあります。

　また、大量のデータを使って、非常に大きなモデルを学習させるために必要な電力消費量も問題となることが予想されています。これらを解決できるようなハードウェアの工夫も必要となると思われます。

> **ハードウェアの工夫** Note
> 　たとえば、効率的な低ビット数演算（8ビット、4ビットなど）を柔軟にサポートできるようにしたり、多少の誤りを許して必要電力量を抑えたり、電力使用量で支配的になりつつあるメモリ-チップ間データ転送を減らすように、演算に近い位置に小さいが高速なメモリを置くなどの工夫が考えられます。

特定タスクに使うときは小さな専用モデルに蒸留する

　一方、特定のタスクだけを解く場合は、大きな汎用モデルから小さな専用モデルに「蒸留」することができます。

　蒸留（*distill*）[注39] は、**あるモデルの出力結果を目標として、他のモデルを学習させる**というアプローチです。これによって、特定のタスクだけをうまくこなせる小さなモデルを、後で作ることができます[注40]。

　たとえば、巨大な汎用のモデルを一度学習しておき、目的や必要な精度に応じて小さなモデルを蒸留して作っておくことが考えられます。

　今後は、タスクごとにモデルを一から学習させるのではなく、Foundation Model から蒸留などを使って、タスクごとのモデルを切り出して使うということも増えてくると考えられます。

注39 ● 参考：G. Hinton and et al.「Distilling the Knowledge in a Neural Network」（NeurIPS、2014）
注40 ● 参考：L. Beyer and et al.「Knowledge distillation: A good teacher is patient and consistent」（CVPR、2021）

学習ルールの改善

　データやモデルが大きくなっていくことが見えている中、**学習に必要な計算リソースを減らす努力が重要**となってきます。すでに多くの高速化のための工夫がなされていますが、抜本的に改善するためには、現在使われている「誤差逆伝播法」(BP) と「確率的勾配降下法」(SGD) そのものを見直す必要があるかもしれません。

　誤差逆伝播法と確率的勾配降下法の組み合わせは、驚くほど多くの問題でうまくいってます。一方で、これらの手法は、**計算リソースを多く必要とします**。

　誤差逆伝播法は、実行計算量としては優秀なのですが、**途中の活性値をすべて覚えておく必要があり、大量のメモリを必要とします**。また、各層の勾配を更新するためには、その層以降の「前向き計算」と「後ろ向き計算」(誤差伝播) を待つ必要があります。もし、待たずにすべての層を並列に更新することができれば、さらに計算効率を上げることができると期待されます。

　また、確率的勾配降下法はパラメータを少しずつ更新していく必要があり、**収束するまでに多くの更新が必要です**。とくに、訓練誤差が0に到達してからも、汎化性能を改善するために長い時間学習させる必要があります。この間に、マージンを徐々に最大化し、汎化性能の高いよりフラットな解を探索していると考えられます。

　これまで、誤差逆伝播法と確率的勾配降下法に代わる学習手法が多数提案されているものの、得られるモデルの精度や汎用性といった面では、この組み合わせに置き換わる方法はまだ見つかっていません。脳の研究から誤差逆伝搬法に置き換わる、または使うにしても効率の良い計算で実現する手法も多く提案されていますが、それらを計算機上で実現した場合、まだ誤差逆伝搬法を超えるような効率性や汎用性を持つ学習手法は登場していません[注41]。

　しかし、まだ見つかっていないだけであり、まったく新しい効率的な学習ルールが見つかる可能性は大いにあると考えます。

　少なくとも脳は20Wで動き、効率的に学習できていることはわかっています。そのため、脳での学習のしくみを解明することで、誤差逆伝搬法に変わるような効率的な学習手法が見つかるかもしれません。

注41 ・参考：T. P. Lillicrap and et al.「Backpropagation and the brain」(Nature Reviews Neuroscience、2020)

学習シグナルの改善

　また、**学習シグナルの改良**にも、大きな伸びしろがあります。今の教師あり学習で使われるより、リッチな情報を含む学習シグナルを設計することができれば、更新回数を大きく減らすことができると期待されます。

　とくに注目されているのは、学習済みモデルの予測結果を、他のモデルの学習シグナルとして使う方法です。人も、何か物事を学ぶ際に直接それを経験したりするよりも、それをよく知っている人にどうやるのかを聞くほうが効率が良かったりしますが、モデルも同様に、他のモデルに教えてもらうほうが効率良く学習できます。たとえば、他のモデルの予測結果を目標に学習する蒸留はその例です。

　また、人の脳も、非常に多くの**ブートストラップ**を利用して学習していることがわかっています。そして、幼少期にどの学習がどの時期に発動するのかは遺伝子レベルで決まっています。たとえば、視覚は、最初に一緒に動くものを一つの物体として認識できるよう**セグメンテーションモデル**を学習していき、次に、この作ったモデルを使って、静止画でもパーツに分けられるように学習していきます。そして、再度この作られたセグメンテーションモデルを使って、物体の動きや状態を正確に推定できるように学習していきます。

　このように、リッチな学習シグナルを利用することで、より効率的に学習することができると考えられています。

計算機ならではの特徴を活かす

　計算機ならではの特徴を生かして、計算リソースを減らすことも重要です。計算機が人の脳と決定的に違う点は**正確に記憶できること**と**内容をコピーできる**点です。これにより、最初に大きなコストを使って学習したとしても、その後にたくさんコピーして利用すれば、最初にかかったコストを償却することができます。

　また、さまざまな場所や時に学習したモデルを融合していくことも、今後できるかもしれません。

　このように、**さまざまなアプローチを組み合わせていく**ことで必要な計算リソースを抑えつつ、より高性能なAIを作っていくことができるのではないかと考えます。

5.3
問題固有の知識をどう組み込むか

　ここまで、Bitter Lessonや自己回帰モデルにおけるべき乗則を通じて大量のデータと計算リソース、大きなモデルを使って学習していくことが重要だということを説明しました。その一方で、問題固有の知識をうまく取り込むことで、学習に必要なデータ、計算リソース、モデルサイズを劇的に減らすことも可能です。本節では、その点について見ていきましょう。

幾何や対称性の導入

　機械学習で学習する際に問題固有の知識を取り込むことで、汎化性能を改善し、モデルサイズも減らすことができます。問題固有の知識の中で、とくに普遍的で有効だと思われるのが問題が持つ「幾何」や「対称性」です。**幾何**は元々、図形に対する変換への不変性を扱う分野ですが、ここではそれを一般化した**データに対する対称性**を扱います。

　対称性は、現実世界のあらゆる問題で多く見られる特徴です。これら対称性は、入力に対する変換に対して結果が変わらないという**不変性**と、その不変性を一般化した**同変性**として表されます注42。

　たとえば、球体は中心の周りに回転操作を適用しても、形は変わることはなく、左右対称な図形は真ん中の軸を中心に反転しても形は変わりません。

　画像認識では、認識対象の物体が多少上下左右に平行移動したとしても、また遠くに写っていても、近くに写っていても物体の意味が変わることはありません。犬は、右に1m動いて写っていても10m離れて写っていても、犬のままです(平行移動同変性)。また、衛星から地上を撮影した場合、その画像中の意味はどの位置に移動していても、回転していても変わりません。

　さらに、物理現象のダイナミクスをモデル化する場合(たとえば、物体の軌道を予測する場合)も、とる座標の原点の位置を変えたり、軸を回転させたとしても結果は変わらないはずです。同様に、将棋や囲碁、チェスなどのゲー

....

注42　物理世界においては座標のとり方によらず、物理法則が同じように成り立つ「共変性」といった概念も重要となります。共変性は、同変性の特殊例です。

ムも盤面を回転させたとしても、盤面評価が変わることはありません。

時系列データやテキストを処理する場合でも、単語列が前後に移動したとしても意味は変わりません（時間移動同変性）。

また、複数の要素から成る集合を計算機上で扱う場合は、それらの要素を適当に並べて格納します。各要素をベクトルで表している場合、これらの要素の集合は、ベクトルを各行に並べた行列で表現されます。この行列を入力とし何か処理を行う場合、行の順序には意味はないので、行を並び替えても結果は変わらないはずです。これは「置換不変性」といえます。

さらに、セマンティックセグメンテーションなどの例では、入力を動かしたとき、結果も同様に動きます。このような、入力に対する変換に応じて出力も決められた変換が適用される場合を「同変である」と呼びます。

ニューラルネットワークの層はこうした**不変性、同変性**を達成しています。

たとえば、**畳み込み層は平行移動同変性**を達成し、**回帰結合層は時間移動同変性**を達成しています。また、**グラフNN**（*graph neural network*、紙幅の都合もあり本書では紹介していない）や、Transformerが使う**自己注意機構**は、**置換同変性**を達成しています。同変な結果に対して、**プーリング層**などで平均をとると不変な操作となります。

以下では、これら対称性について説明した後に、今後どのような発展が考えられるかを見ていきます[注43]。

不変性　入力に対する操作を無視する

入力に対して、何らかの操作を適用しても変換結果が変わらないという性質を**不変性**（*invariance*）と呼びます。たとえば、入力画像を上下左右に平行移動させた後でも分類結果が変わらないことを、分類モデルが平行移動に対して不変性を持つと呼びます。

これは、次のように定式化されます。入力 x に対してある操作 g を適用して得られた結果 $x' = g(x)$ に対し、変換 ϕ を適用した結果 $\phi(x')$ が、元の入力をそのまま変換した結果 $\phi(x)$ と常に一致する場合、つまり、

注43　問題が持つ幾何や対称性の利用については、以下の文献で詳しく取り上げられています。
・参考：M. Bronstein and et al.「Geometric Deep Learning: Grids, Groups, Graphs, Geodesics, and Gauges」（arXiv:2104.13478）

$$\phi(x) = \phi(x') = \phi(g(x))$$

がすべての入力 x と操作 g に成り立つ場合、「変換 ϕ は操作 g に対し、**不変**（*invariant*）である」と呼びます[注44]。

たとえば、先ほどの画像を平行移動したとしても画像の分類結果が変わらないという場合、g は平行移動という操作、ϕ は入力画像から画像分類結果を予測する関数に対応します。

不変は、入力に対する操作を無視する操作といえます。入力に対し、過去どのような操作が適用されたかを、変換は潰すことができます。

同変性　入力に対する操作を覚えている

次に、同変性について紹介します。例として、画像の各画素ごとにクラス分類を行うセマンティックセグメンテーションを考えてみましょう。

この場合、入力画像を右に5ピクセルだけ平行移動させた場合、セグメンテーション結果も5ピクセルだけ右に平行移動した結果が得られることが期待されます。

このような入力に対して適用した操作が、出力に対しても反映されるような性質を**同変性**（*equivariance*）と呼びます。

これは次のように定式化されます。入力 x に対して、ある操作 g を適用した $x' = g(x)$ を変換した結果 $\phi(x')$ と、元の入力を変換した結果 $\phi(x)$ に g に対応する操作 $\pi(g)$[注45] を適用した結果が常に一致する場合、つまり、

$$\pi(g)(\phi(x)) = \phi(g(x))$$

が成り立つ場合、「変換 ϕ は操作 g に対して**同変**（*equivariant*）である」と呼びます。不変は、同変の特殊例であり、$\pi(g)$ が入力をそのまま返す変換 $\pi(g) = \mathrm{Id}$（恒等変換／*identity transformation*）である場合です。

また、多くの問題では $\pi(g) = g$、つまり入力に対する変換と出力に対する変換に同じものを使います。たとえば、先ほどのセマンティックセグメンテーションの場合は、入力に対して平行移動させた場合、出力に対しても同様

注44　操作集合が「群」（*group*）の性質を持つと考えるのが一般的です。

注45　π は操作を受け取り、別の操作を返すような関数です。$\pi(g)$ 自体は、引数をとる操作に対応することに注意してください。

に平行移動する場合であり $\pi(g)=g$ が成り立ちます。

　同変の場合は、不変の場合と違って、入力に対して適用した操作情報が出力にも残っている、つまり**出力は入力に対する操作を覚えている**といえます。

不変性、同変性を考慮した変換をデータのみから学習するのは難しい

　大量の学習データを使ったり、データオーグメンテーションを適用すれば（たとえば、大量の「平行移動をさせた結果」も学習させる）、こうした不変性や同変性もある程度は獲得できますが、このアプローチには問題があります。

　まず、これらの操作を適用した入力を別々の入力として扱っているため、それぞれの操作結果に対する変換を学習させなければならず、モデルサイズが不必要に大きくなってしまいます。

　また、操作が連続量であったり、組み合わせがある場合、すべての操作を列挙して学習することは現実的には不可能なため、未知の操作に対しての予測は不変/同変にならないという問題が発生します。データオーグメンテーションを使って学習するといっても、こうした、不変性や同変性を獲得するのは容易ではありません。

モデルに不変性、同変性をどのように導入するか

　こうした不変性や同変性は、モデル設計を工夫することで、データオーグメンテーションを使わなくても常に成り立つように保証することができます。

　代表的な例は、CNNやRNNです。CNNやRNNは入力が平行移動しても結果は同変になるように、各位置のパラメータを共有化しています（パラメータ共有）[注46]。

　このように、パラメータを共有することでパラメータ数を減らすことができ、ある位置で学習した結果をすべての位置で利用することができます[注47]。また、グラフNNやTransformerは置換不変性/同変性を達成することができ

注46　CNNやRNNで同変ではなく不変となっているのは、最後にプーリング操作など不変になる操作を適用しているためです。

注47　一方、CNNはパディング（*padding*）の情報を使ってどの位置にいるのかを把握し、平行移動に対して同変でないことがわかっています。

　　・参考：O. Kayhan and et al.「On Translation Invariance in CNNs: Convolutional Layers can Exploit Absolute Spatial Location」（CVPR、2020）

ます。これも、**頂点ごとのパラメータを共有して達成できます**。このように、不変性、同変性を導入すると、モデルサイズは劇的に小さくなり、学習効率も高くなります。

　現在のCNNやRNN、Transformerといったモデルが成功している多くの部分は、こうした不変性/同変性を考慮したモデル設計ができるからといえます。

　近年では、より一般的な回転や鏡面操作などに対する不変性、同変性を導入したモデルが登場しています注48。とくに、現実世界の問題を予測できるように、学習するモデルも物理世界で見られる不変性や同変性を導入することにより、学習効率を大きく改善する、もしくはそもそも導入しないと学習できないような問題を扱うことができます。

　たとえば、CGなどで登場するメッシュデータ（*mesh data*、格子状のデータ）注49や点群データ注50を扱う場合も、このような不変性/同変性の導入が重要であり、そもそも導入しないと最低限学習することすら難しいです。

　世の中には、人がまだ見つけ出していない対称性は多くあると考えられます。さらに、問題すべてに成り立たず、一部分だけ対称性が成り立つ場合や、特別な条件が成り立った場合のみ対称性が成り立つ場合は、あらかじめ列挙することができません。

　こうした不変性や同変性は、限られた学習データから獲得していく必要があると考えられます。

　さらに、少し崩れた対称性を扱う必要があるケースも多くあります。たとえば、数字を認識する場合、数字の6の多少の回転については6と認識してほしいですが、90度以上回転した場合は9と認識してほしい場合があります。このように、完全な対称性以外の崩れた対称性を扱うために、対称性を保った特徴量と対称性を破った特徴量を同時に持つ必要があります。Transformer自身は「置換同変性」を達成しますが、それぞれに位置符号を付け加えることで、位置情報も必要があれば使えるようにしています。

注48　●参考：M. Bronstein and et al.「Geometric Deep Learning: Grids, Groups, Graphs, Geodesics, and Gauges」（arXiv.、2021）

注49　●参考：R. Hanocka and et al.「MeshCNN: A Network with an Edge」（Siggraph、2019）

注50　●参考：H. Zhao and et al.「Point Transformer」（ICCV、2021）

対称性は「汎化能力」獲得に重要

これら対称性の考慮は、機械学習の最終目標である**汎化性能の獲得**において、とくに重要だと考えられます。

不変性は、**分類や回帰に関係のない情報を無視する能力**であり、誤った依存関係を排除することに貢献します。

また、**同変性**は、**もつれを解いた表現**と関係します。たとえば、カメラで撮影をした画像を得るという変換は、その撮影位置、光源情報、物体の位置といった操作に対して同変であると考えられます。この画像に対して、さらにこれらの操作に同変な画像認識を適用した結果は、これらの操作情報を覚えていることになります。こうしたさまざまな能力は、表現学習で述べた「disentangle」(もつれを解いた)表現獲得そのものです。

もしこれらの情報を混ぜずに別々に扱うことができれば、過学習の問題である**関係のない特徴に依存してしまう問題を解決できます**。

人も、自然界に見られる対称性の多くを考慮して学習していると考えられており、生得的に遺伝子にあらかじめ組み込まれていたり、実世界との相互作用の中で不変性や同変性を発見し利用していく能力があると思われます。対称性があるものを見たり、現象を見たりすると、綺麗だと思うような感覚は、こうした能力の獲得に役立っていると考えられます。機械学習もこのような対称性を獲得できるかは、今後の課題です。

5.4 ディープラーニングの今後の課題

ディープラーニングは画像認識や音声認識、自然言語処理など、いくつかの問題では目覚ましい発展を遂げ、場合によっては人を超えるような性能を達成することも見られるようになりました。一方で、ディープラーニングは人の能力と比べると劣っている部分があります。

本節では、ディープラーニングの課題、人工知能の発展について考えます。

今のディープラーニングは人と比べて何が劣っているか

ディープラーニングが人と比べて劣っているとされる代表的な点は、**人と比べて学習の効率が悪い**こと、**訓練データ分布外への汎化ができない**こと、そして、**抽象的な考え方ができない**ことです[注51]。

人と比べて学習の効率が悪いことについては、前述しました。以下では、学習データ分布外への汎化、そして抽象的な思考について紹介していきます。

経験したことがない現象への汎化　システム1とシステム2

訓練データ分布外への汎化については、「システム1」と「システム2」[注52] という概念におけるシステム2が対応します。

人の意思決定は「システム1」(速い思考)と「システム2」(遅い思考)と呼ばれる二つのしくみから成ると考えられています。**システム1**(*system 1*)はよく知っている問題を扱う場合に発動し、直感的、高速で自動的に働き、考えることに努力はほぼ必要なく、並列処理ができ、連想するのが得意です。それに対し、**システム2**(*system 2*)はシステム1がうまくいかない場合やはじめて見る問題を扱う場合に発動し、論理的で遅く、考えるには注意力が必要で、長時間使うと疲れ、同時に一つしか処理できません。

現在のディープラーニングはシステム1のみ達成している

このように考えた場合、現在のディープラーニングはシステム1は達成しつつあるが、システム2は達成できていないと考えられます。

現在のディープラーニングは、十分な量の学習データさえあれば、入力に対応する出力(分類結果、次の行動)を瞬時に求めることができるようになりました。これらの能力は、システム1に対応すると考えられます。

たとえば、犬か猫かを見てそれがどちらかを瞬時に判断する、音を聞いて理解する、将棋の盤面を見て、瞬時にそれがどちらが勝っているかを判断する、言葉を読んだり聞いたりしてすぐ理解する、こうしたことは大量のデー

注51 ・参考：Y. Bengio and et al.「Deep Learning for AI」(CACM、2021)

注52 ・参考：『ファスト&スロー』(上／下、Daniel Kahneman著、早川書房、2014)　システム1とシステム2という概念は『ディープラーニングを支える技術』の第1章でも取り上げていますので、必要に応じて参考にしてみてください。

タからパターンを学習し、そのパターンから自動的に得られる結果です。そこには、論理的な考察や試行錯誤はありません。

●········**システム1のパターン認識で分布内汎化は解ける**

　こうした能力は丸暗記とも似ていますが、ニューラルネットワークが持つ表現学習により、驚異的な内挿能力を達成することができます。学習データ中のデータと同じでなくても、(表現上)似ているデータであれば高い精度で予測することができます。しかし、学習中にまったく見たことがないデータを処理することは難しい問題です。

分布外汎化の実現にはシステム2が必要

　これに対し、システム2は、さまざまな情報を意識的に組み合わせたり、過去の似た状況を思い出したり、仮説を立ててそれを検証したりするなど、頭の中でさまざまな論理的な検証を行って問題を解こうとします。

　システム2を使った例をいくつか示します。一つめの例として、道に見たことがない物体が置かれており、それが何であるかを推測する場合を考えてみましょう。その物体が何であるかは、その形状や置かれている状況、過去の類似例を思い出すなどして推測します。さらに、何かの破片であるならなぜそのような破片が発生したのか、意図的に置かれたものだとしたら、どのような意図があるかなどを考察して推定していきます。もう一つの例として、不調を訴える患者さんを診断する場合を考えてみましょう。不調の原因に、どのような可能性があるかは検査結果だけではなく、問診や家族の病歴、さらに感染症かもしれないので周辺でどのような感染歴があったかを考えていきます。こうした中でも深い考察や試行錯誤を必要とします。

　このように、システム2を持つシステムを実現できれば、今とは違うレベルの学習データ分布外に外挿できるモデルができると考えられます。

●········**システム2は徐々に実現されている**　注意機構、先読み、逐次推論

　現在のディープラーニングでも、システム2は徐々に達成しつつあります。たとえば、注意機構を使ってさまざまな情報の中から必要な情報を抽出する、強化学習におけるモンテカルロ木探索で将来のさまざまな可能性を探索する、ResNetなどのスキップ接続などで逐次的に推論するといった部分です。

また、RNNや現在の解を逐次的に改善する手法が登場しています注53。

このような技術が発展していった先に、システム2のような能力を獲得できる可能性があります。

抽象化と具体化された知識の融合

また、人の知識は、抽象的な記号列で表される場合がほとんどですが、今のディープラーニングは、数式や言語から普遍的な知識を獲得することが人ほどうまくできていません。

たとえば、幼児や小学生が読むような本を読んでいき、同じような能力を獲得することはできません。これは、**言語と実世界の概念間の関係づけ**(*symbol grounding*、シンボルグラウンディング)ができていないためだと考えられます。GPT-3やその後続の研究では多くの言語理解の問題を解けるようになりましたが、たとえば「赤いポスト」が本当に何であるかはわかっていません。

この問題は、計算機や仮想空間で大量のテキストを読んでいるだけでは解決せず、**現実世界の具体化されている世界**(もしくは、それを模倣した**仮想世界**)上での試行錯誤を行い、そうした中で現実世界と記号列との対応関係を理解していく必要があります。

今後のディープラーニングは、現実世界の具体化されている情報と言語のような抽象化された情報を、自由に行き来できる能力を獲得することが課題になると思われます。

5.5
本章のまとめ

本章では、**自己教師あり学習**などを中心とした学習手法の発展、機械学習の**べき乗則**を代表とする計算性能と人工知能の関係、事前知識として強力な**幾何や対称性の導入**、そして、人の知識と今のディープラーニングとの差や今後の発展について解説しました。

注53　❶はオプティカルフロー(*optical flow*、画素ごとのフレーム間の動きを予測する問題)の例、❷は新しい環境でもそれまでの観測から状態を修正して制御できるようRNNで状態を持つ例。
　　　❶参考：Z. Teed and et al. 「RAFT: Recurrent All-Pairs Field Transforms for Optical Flow」(ECCV、2020)
　　　❷参考：I. Akkaya et al. 「Solving Rubik's Cube with a Robot Hand」(arXiv:1910.07113)

むすびに代えて

　本書は元々、前書『ディープラーニングを支える技術 ──「正解」を導くメカニズム[技術基礎]』とあわせて一冊の本として執筆していましたが、書き進めていく中で原稿の量が多くなり、また扱う領域も幅広く、テーマとしても分けたほうが良いのではないかという経緯があり、二冊に分けて作られた本です。前書と比べて、本書は発展的な内容が多く、また著者が個人的に興味を持っており、かつ今後重要だと思っているテーマである生成モデル、強化学習などが含まれています。

　本書の執筆を通じて、自分もわかったつもりでわかっていないことが顕在化していくとともに、実際に調べてみても世の中でもまだよくわかっていないことが数多くあるのだと知りました。また、さまざまな情報や知識が断片的であることにも気づきました。執筆の過程で、それらを俯瞰して見た場合、何が本質的な問題なのか、原理原則なのかといったことを考えていきました。こうして選ばれたトピックは必ずしも最新の切り口ではないかもしれませんが、今後の発展のために重要だと思います。また、直感的な理解というのも重要だと考えています。喩え話や抽象化した説明は不正確になりがちですが、本質を捉えるのに役立つ場合が少なからずあると思い、積極的に含めるようにしました。

　また、ディープラーニング、人工知能は、新しい実験結果が出るたびに、それまで信じていたことが180度変わってしまうことが何度もあるような分野であり、執筆中も何度も書き直しました。今の内容も、今後の発展次第で説明が変わる部分が出るかと思います。もしそうした説明が変わってしまう部分が出てきたとしても、この分野の醍醐味の一つとして寛容に捉えていただければと思います。

本書は幅広い分野やトピックを解説の対象としていますが、そのぶん、それぞれの説明が不十分になってしまったかもしれないと危惧しています。興味のある方は、ぜひ実際に論文やコードに触れて理解を深めていただけたらと思います。本書では、他書でコードを使って説明している本が充実していること、またほぼすべてのモデルがオープンソースで入手可能だということもあり、あえてコードを含めない解説にしましたが、実際にコードを書いてみて実験することは、技術やシステムを理解する上で極めて有効です。ぜひ実機でコードを動かして、理解を深めてもらえたらと思います。

　今後ディープラーニングや人工知能がどのように発展するかについて予測することは難しいですが、少なくとも今後しばらく現在の傾向である、モデルサイズや学習データが大きくなる流れは続くと考えられます。一方で現在、最も大きなモデルは、ほとんどの研究機関や企業でも作れないほど巨大になっています。今後は一部の組織がFoundation Modelと呼ばれる基本となるモデルを作り、多くのユースケースではそのモデルをファインチューン（*fine tune*）させたり、プロンプト学習のようにして変更して、目的にあったモデルを作るようになるのではないかと思われます。また、蒸留などを作って、目的に特化した小さなモデルを作ることも増えていくでしょう。

　そして、今までにもあったように、小さな連続的な変化が続いていった先に、ある地点で突然、それまで解けなかった問題が解けるようになることはあるかもしれません。また、数年単位で見たら、今の常識がひっくり返るような新しい概念がいくつか登場すると思っていますし、そうあってほしい、そうありたいと願っています。

　技術の発展自体に加えて興味深いのは、そのように発展したディープラーニングや人工知能を「どのように利用するか」という部分です。たとえば、現在将棋や囲碁のプロ棋士はコンピュータ将棋/囲碁を活用して研究を進め、新

たな知見などを見い出しています。同様に、科学領域でも、計算機が見つけ出した新しい方程式や、計算式を人間が解釈するといったことが進んでいます。こうした部分は、コンピュータやインターネットと同様に、人工知能が人のパートナーとして、人自身の能力をこれまでにないレベルに高めていくことにおいて不可欠になるのだと思います。

　前書でも触れましたが、人工知能が人の活動をすべて置き換えてしまうようなことは起こらないと思います。むしろディープラーニングなどの技術を使いこなし、最大限に活用する人々が出てきて、それまでなかったような製品やサービス、作品、発想を生み出し、科学も一層前進し、社会問題の解決に取り組んでいくのだと思います。

　本書を執筆するにあたり、編集者の土井さんに粘り強くお付き合いいただき執筆を励ましていただいたことに感謝します。ディープラーニングの発展に貢献されている業界やアカデミアの方々にも感謝しています。また、勤務先のPreferred Networksの同僚の方々には最初の草稿などを読んでフィードバックをいただき感謝しています。その後も追加変更をしており、本書中に間違いなどありましたら筆者の責任です。

　本書を通じて、ディープラーニングや人工知能への関心をより高めていただけたなら幸いです。

2022年4月　著者

索引

●著者プロフィール

岡野原 大輔 Okanohara Daisuke

2010年 東京大学情報理工学系研究科コンピュータ科学専攻博士課程修了（情報理工学博士）。在学中の2006年、友人らと Preferred Infrastructure を共同で創業、また2014年に Preferred Networks を創業。現在は Preferred Networks の代表取締役 CER および Preferred Computational Chemistry の代表取締役社長を務める。

・『ディープラーニングを支える技術 ——「正解」を導くメカニズム［技術基礎］』（技術評論社、2022）
・『深層学習 Deep Learning』（共著、近代科学社、2015）
・『オンライン機械学習』（共著、講談社、2015）
・『Learn or Die 死ぬ気で学べ プリファードネットワークスの挑戦』（西川 徹との共著、2020）
・連載「AI最前線」（日経Robotics、本書制作時点で連載中）

装丁・本文デザイン ……………… 西岡 裕二
図版 ………………………………… さいとう 歩美
本文レイアウト ………………… 酒徳 葉子（技術評論社）

Tech×Books plusシリーズ

ディープラーニングを支える技術〈2〉
ニューラルネットワーク最大の謎

2022年5月4日　初版　第1刷発行

著者 ………………………………… 岡野原 大輔
発行者 ……………………………… 片岡 巌
発行所 ……………………………… 株式会社技術評論社
　　　　　　　　　　　　　　　　東京都新宿区市谷左内町21-13
　　　　　　　　　　　　　　　　電話　03-3513-6150　販売促進部
　　　　　　　　　　　　　　　　　　　 03-3513-6177　雑誌編集部
印刷／製本 ………………………… 日経印刷株式会社

● お問い合わせについて

本書に関するご質問は記載内容についてのみとさせていただきます。本書の内容以外のご質問には一切応じられませんのであらかじめご了承ください。なお、お電話でのご質問は受け付けておりませんので、書面または小社Webサイトのお問い合わせフォームをご利用ください。

〒162-0846
東京都新宿区市谷左内町21-13
㈱技術評論社
『ディープラーニングを支える技術〈2〉』係
URL https://gihyo.jp（技術評論社Webサイト）

ご質問の際に記載いただいた個人情報は回答以外の目的に使用することはありません。使用後は速やかに個人情報を廃棄します。